Plastic
Injection
Molding

플라스틱 사출 성형
조건 CONTROL법

이 성 출 저

지금 이 순간에도 첨단 플라스틱 소재와 그것을 가공하기 위한 플라스틱 사출 성형 기술 개발은 끊이지 않고 있다. 여기에 필자의 생각과 경험 그리고 성형조건의 노하우(Know-How)를 독자들이 이해하기 쉽도록 서술식으로 풀어 썼다. 내용은 그 대부분을 현장체험 위주로 하였으며, 어려운 말보다는 가급적 쉬운 용어로 접근하였다. 실무 및 행정, 사원 교육용 등 다목적 효과가 기대된다. 특히 실무분야에서 여러모로 적용이 가능하리라 생각한다.

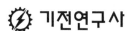 기전연구사

머리말

「플라스틱(Plastic) 사출 성형」이란 분야는 플라스틱의 역사가 그다지 길지 않은 것에 비한다면 오늘날 지구상의 어느 국가를 막론하고 그 차지하는 비중은 참으로 크다고 아니할 수 없다. 지금 이 순간에도 첨단 플라스틱 소재(素材)와 그것을 가공(加工)하기 위한 「플라스틱 사출 성형 기술」 개발은 끊이지 않고 있다.

필자는 플라스틱 사출 성형 공장의 생산현장에서 오랫동안 근무를 했고 지금도 사출 성형 기와 인연을 맺고 있다. 「플라스틱 사출 성형 조건 CONTROL법」이란 책자를 펴내게 된 동기는, 필자가 현장생활을 하면서 겪어온 나름대로의 경험적인 내용들을 플라스틱에 관심있는 독자들에게 소개함으로써 특별한 애로사항이 없이 짧은 시간 내에 기술습득이 가능하도록 도움을 주자는데 원래의 목적이 있다.

물론, 아직까지 부족한 점도 많다. 배워야 할 점도 많고, 알아야 할 점도 많다. 그만큼 기술(技術)이란 끝이 없는 것이기 때문이다. 다소 견해를 달리한다거나 미흡한 점이 있다면, 독자 여러분의 질책을 겸허하게 받아들여 뼈아픈 교훈으로 삼을까 한다.

집필과정(執筆過程)에서 적잖이 애로점이 많았다. 기존 플라스틱 관련서적들을 일부 참고로 하여, 여기에 필자의 생각과 경험 그리고 「성형조건」의 노하우(Know-How)를 독자들이 이해하기 쉽도록 서술식(敍述式)으로 풀어 썼다. 내용은 그 대부분을 현장체험 위주로 하였으며, 어려운 말보다는 가급적 쉬운 용어로 접근하였다. 실무 및 행정, 사원 교육용 등 다목적 효과도 기대된다. 특히, 실무분야에서 여러모로 적용이 가능하리라 생각한다.

참고로 한 관련 서적의 저자분들께 이 자리를 빌어 감사의 마음을 전할까 한다.

끝으로, 이 책이 미력이나마 「플라스틱 업계」에 몸담고 계시는 모든 분들에게 도움이 되었으면 하는 마음 간절하며, 출간을 위해 애써주신 기전연구사 사장님 및 직원 여러분들께 진심으로 고마운 마음 금할길 없으며, 모두의 마음에 항상 행운이 함께 하길 간절히 바란다.

2000. 10
저　자

차 례

총 론

제1장 사출성형기와 주변기기

제2장　금형일반

제3장　사출성형조건 CONTROL법

제4장 사출성형 기술자로서 알아야 할 일반상식

부 록

총론

총 론

1. 개요

플라스틱(Plastic)은 인류의 무한한 가능성이 만들어낸 새로운 공업 재료이며, 현대 생활과는 뗄래야 뗄 수 없는 불가분의 관계에 있다. 잠시 우리 생활 주변을 둘러보노라면 놀랍게도 엄청나게 많은 종류의 플라스틱 제품들이 눈에 띄게 된다. 이렇게 우리 생활 전반과 밀접한 관계를 맺고 있는 플라스틱이란 첨단 소재가 개발된 역사는 그리 오래지 않다.

현대적 의미의 플라스틱 공업화 연대는 1909년이며, 열경화성 수지인 '베크라이트'의 실용화 계기가 오늘날 플라스틱 공업의 길잡이가 되었다. 그 후 일상용품을 비롯해 공업부품으로 세계 각국에서 꾸준히 발전을 거듭한 결과, 석탄타르(철강산업의 부산물-소위 폐기물) 등을 다시 재생하려는 산업계의 요구와 현대 과학(특히 고분자 화학)의 발달로 말미암아 1934년 최초의 열가소성 수지인 '메타크릴'이 개발되었다. 뒤이어 눈부신 석유 화학의 경이적인 진보로 새로운 플라스틱이 속속 개발되었고, 1938년 미국 듀폰사의 칼 로저스가 발명한 폴리아미드(P.A : 나일론)는 세계에 플라스틱 시대의 서막을 예고한 '충격적인 사건'으로서 전 세계를 경악시키기에 충분했다. 그후 발전에 발전을 거듭하여 오늘에 이르게 된 것이다.

플라스틱의 눈부신 발전과 더불어 사출성형법도 가공기술을 비롯하여 종래의 플런저식 사출성형기에서 오늘날의 스크루 방식의 사출성형기까지 출현을 보게 되었다. 지금 현재 우리가 사용하고 있는 플라스틱 사출성형기는 대부분 스크루식(Screw式) 사출성형기이다.

2. 일반적 개념의 정의(正意)

2.1 사출 금형과 성형기

① 금형(金型)이란 쉽게 말해서 우리가 통상 알고 있는 '가다' 혹은 '틀'을 말한다. 이것을 좀더 격식을 갖춰 설명하자면, 쇠(금속)를 정해진 도면(금형설계)에 따라 생산하고자 하는 제품(성형품)과 똑같은 형태로 가공한 성형상의 모체(母體)가 되는 것을 말한다.

➡ 플라스틱은 1만 이상의 분자량을 가진 탄소화합물(유기화합물)을 주체로 해서 만든 유기 고분자 화합물(폴리머(polymer)라 한다)로서 저분자의 단량체(모노머라 한다)가 연결된(중합된) 고체이다. 모노머(단량체)가 한 종류만으로 이루어져 있으면 호모 폴리머(Homo-Polymer), 서로 다른 모노머로 중합된 형태이면 코 폴리머(Co-Polymer)라고 한다.

플라스틱에 열을 가하면 고체상태에서 금형 내부를 흐르기 쉬운 용융상태로 되며, 이것을 냉각시키면 굳어지면서 다시 고체가 된다. 이러한 플라스틱의 성질을 이용하여 금형(金型)이란 일종의 '틀'에다가 용융된(유동화된) 플라스틱을 유입시키면 우리 일상생활에 필요한 여러 가지 유익한 물건(성형품)을 얻을 수가 있다. 여기서 금형이 하는 역할은 우리가 구하고자 하는 물건, 즉 성형품과 똑같은 형태로 가공되어져 있기 때문에 동일한 성형품의 연속적이고도 대량적인 생산을 가능하게 해준다.

※주: 플라스틱 원료를 다른 말로 하면 합성수지(合成樹脂) 혹은 그냥 수지(Resin)라고도 한다.

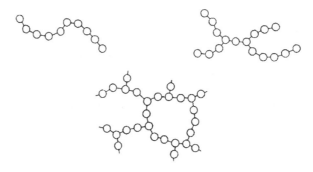

그림 1 유기고분자 화합물의 분자 결합 방식

그림 2　금형(Mold)

② 성형기란, 금형을 부착하여 직접 생산 활동을 할 목적으로 제작된 플라스틱 사출성형 전용기계를 말한다.

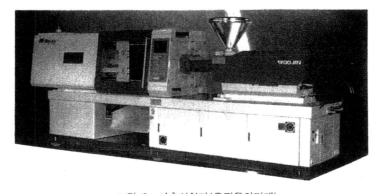

그림 3　사출성형기(우진유압기계)

2.2　성형조건이란?

① 금형과 사출성형기가 준비되면 제품을 생산하는 일만 남게 되는데, 제품 생산을 위한 구비 조건은,
- 첫째 : 성형하고자 하는 플라스틱 원료(Resin, 수지) 준비
- 둘째 : 사출성형기에 성형조건 입력(入力) 등이다.

② 여기서 플라스틱 원료란, P.E(폴리에틸렌 : Polyethylene)나 P.P(폴리프로필렌 : Polyprophylene)같은 것들이다. 그 외에도 많은 종류의 원료가 있지만 작업하고자 하는 금형에는 이미 정해진 원료가 있다.

⇨ 각각의 금형에는 거기에 해당되는 고유한 플라스틱 원료가 정해져 있다. 무턱대고 아무 원료나 사용하게 되면 얻고자 하는 성형품의 기능을 제대로 발휘하지 못할 뿐만 아니라 성형과정에서부터 예기치 않은 작업상 애로를 겪게 된다. 꼭 정해진 원료만을 사용하도록 하자. 그리고 여기서 예로 든 P.E, P.P는 뒤에 상세히 설명하겠지만 가격도 비교적 싸고, 성형작업도 용이한 [범용 플라스틱]을 말한다.

그림 4 플라스틱

③ 다음으로 성형조건(成型條件) 입력이다.

성형조건이란, 성형(형상을 만듦)을 하기 위해서 구비하여야 할 제반 조건을 말하는데 이러한 조건을 사출성형기에 입력시켜 주면 기계는 거기에 맞춰 동작을 진행하게 된다.

⇨ 제품을 만들기 위해서는 먼저 입자 형태(펠릿 : Pellet)로 되어 있는 플라스틱 재료를 사출기의 호퍼(Hopper, 플라스틱 원료를 저장 및 공급하기 위해 사출성형기에 부착된 공급용 통)에 투입시켜 가열실린더(원료를 녹여 금형 내부를 흐르기 쉽도록 하기 위해 열을 가할 수 있도록 만든 장치, 내부에 스크루가 설치되어 있어 스크루가 회전하면서 원료를 공급할 수 있도록 되어 있음) 내부를 통과하게 한다. 그러면 열을 받게 되어 금형 내부를 흐르기 쉬운 상태(용융상태)가 된다. 이때 흐르기 쉽게 하기 위해서는 원료를 녹여야만 되는데(이하, 용융 온도라 한다) 이 용융 온도는 플라스틱 원료의 종류에 따라서 각기 다르다. 이렇게 하여 용융된 원료는 스스로의 힘으로는 절대 금형 내부로 들어가지 못한다. 그래서 금형 내로 수지를 흘러들어 가도록 하기 위해서는 용융수지에 일정한 압력(壓力)을 가할 수밖에 없는데, 이때 가해지는 압력을 사출압력(射出壓力)이라 하며 비로소 수지(원료)는 사출압력을 받아서 금형 내부를 힘차게 돌며 성형을 하게 되는 것이다.

이러한 성형에 관여하는 일련의 사항(조건, 예 : 실린더 열, 사출압력 등)을 통틀어 성형조건이라 하며, 사출성형기는 작업자가 임의로 성형조건을 입력시킬 수 있도록 구성되어 있다.

우리가 필요한 어떠한 제품(성형품)을 플라스틱이란 소재(素材)를 통해 얻고자 한
다면, 여기에는 반드시 금형과 플라스틱 재료 그리고 사출성형기가 준비되어 있어
야 한다. 플라스틱 「성형가공」이란 성형품이 만들어지는 일련의 과정(過程)을 말
하며, 이러한 「성형가공」을 차질 없이 진행하기 위해서는 기술(技術)이 필요한데
플라스틱 성형품을 생산하는 기술 자체를 「플라스틱 성형기술(Plastic 成形技術)」
이라고 한다.

「성형조건」은 「성형기술」로써 나타내는 하나의 표현(表現)이라고 볼 수 있으며,
결론적으로는 '성형조건이 곧 성형기술'이라고 정의를 내릴 수 있다. 성형조건은
사출 성형 금형마다 처음부터(금형 제작당시부터) 미리 정해진(고정된) 조건이란
아예 존재하지 않는다. 그러므로 현재 주어진 여건(금형, 플라스틱 재료, 사출성
형기 등)을 최대한 활용하여 그 금형(성형품)에 맞는 가장 이상적인 조건(최적의
성형조건을 말한다)을 사출성형 기술자가 찾아야만 한다.

그림 5 플라스틱 제품

(1) 꽃 쟁반

(2) 붓통

그림 6 각종 플라스틱 판촉물

> **요점정리**
>
> 플라스틱 사출성형의 기본 요소
> ① 금형(Mold)
> ② 사출성형기(Injection molding machine)
> ③ 원료(수지)
> ④ 성형조건-실린더 열, 사출압력, 속도, 기타

3. 플라스틱 성형품의 성형 과정

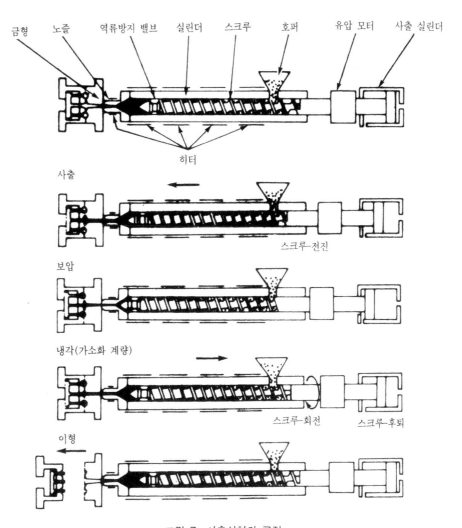

그림 7 사출성형의 공정

➡ 먼저, 플라스틱 원료를 호퍼(Hopper)에 투입한다.

특히, 수지에 따라서 [예비건조(Pre-drying)]가 필요할 경우에는 이 호퍼에 부착된 드라이어(Dryer)를 가동시킴으로써 건조(Dry)도 가능하여 통상 호퍼 드라이어(Hoppr dryer)라고 한다.

※ 예비건조(Pre-drying)

수지가 흡습(공기 중의 수분(습기)을 빨아들임)했을 경우, 습기를 제거하기 위해 호퍼 드라이어를 가동시켜 일정 시간 동안 지속적으로 따뜻한 공기를 순환시켜 주는 것을 말한다.

➡ 플라스틱 수지에 습기가 차면 정상적인 성형작업이 어려워진다.

호퍼에 투입된 수지는 가열실린더 내부로 공급되는데, 이때 수지를 가열실린더 앞쪽으로 보내는 역할(계량이라 한다)을 하는 것은 가열실린더 내부에 있는 스크루다. 이렇게 보내진 용융수지(녹은 원료)에 일정한 압력(사출압력)과 속도(사출속도)를 가하면 가열실린더 내에 있는 수지는 금형 내부로 제품을 형성하기 위해 빠른 속도로 유입되는데(사출공정, Injection process) 일정한 시간(사출시간, 냉각시간 등)이 경과하면 자동적으로 금형이 열리면서 제품(성형품)을 받아 볼 수 있게 된다.

4. 플라스틱 사출성형기의 변천사(變川史)

최초 발원(發源) → 다이캐스트 머신(Diecast machine)

↓

최초의 자동 성형기 출현(1929년, 미국 Grotelite Co. 제작)

⇓

획기적 성형기(1932년, 독일 Franz Brown사)
〈기계 구동 방식에 의한 전자동 사출성형기〉

플런저식 사출성형기 시대

↓

지속적인 발전 거듭

스크루식(Screw Type) 사출성형기 등장
➡ 오늘날 대부분의 사출성형기에 적용

↓

〔레버식(Lever式)〕 : 성형조건 입력 방법은 아래의 밸브식과 동일하다.
금형이 열리고 닫히는(형개·폐) 것만 레버(Lever)
로 수동조작(반자동 작업시)한다. 지금은 생산 현장에
서 거의 사라져 찾아보기 힘드나 간혹 눈에 띈다.

↓

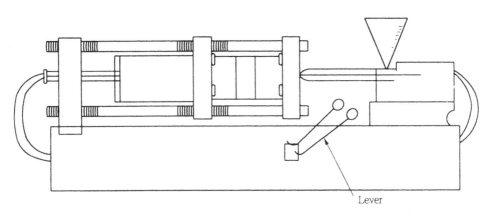

Lever

그림 8 레버식 사출성형기

↓

〔밸브식(Valve式)〕 : 유압밸브를 직접 손으로 돌려서 원하는 성형조건을 입
력 및 수정한다.
지금도 일부에서는 사용하고 있다.

↓

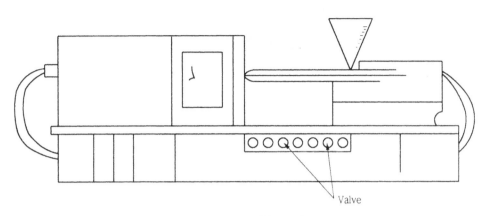

Valve

그림 9 밸브식 사출성형기

↓

〔터치식(Touch式)〕: 유압밸브 대신 성형조건을 일정한 수치 범위 내에서
터치(Touch)하여 간단히 입력 및 수정한다.
컴퓨터 모니터식의 전(前)단계 제어방식

↓

그림 10 터치식 사출성형기

↓

〔컴퓨터 모니터식   각 성형 공정별 진행상황을 모니터(Display)를 봐가
(Computer monitor 면서 '커서'를 이동시켜 원하는 성형조건을 입력 및 수
式)〕:   정한다.

⇨ 사출성형 공정의 프로그램(Program) 제어방식
메모리(Memory) 기능(성형조건 저장(기억) 기능) 내장. 필
요시 저장된 성형조건을 호출하여 사용할 수가 있으므로
성형작업의 진행이 빠르다.

↓

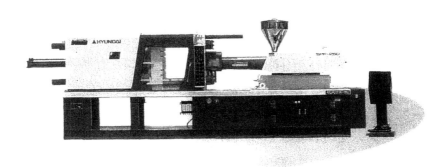

그림 11 컴퓨터 모니터식 사출성형기

⇨ 레버(Lever)식, 밸브(Valve)식, 터치(Touch) 및 컴퓨터 모니터(Computer monitor)
식이라는 명칭은 독자의 이해를 돕기 위해서 필자가 나름대로 붙인 것이므로 착
오 없기 바란다.

5. 성형기술의 본질

플라스틱 사출성형기의 종류는 현재 국산 메이커만 해도 수십 가지에 이르며,
국내로 유입된 외국산 사출기까지 포함하면 그 종류는 실로 엄청나다.

플라스틱 업계에 오랜 실무 경험이 있는 사람이라도 모든 종류의 사출성형기를
다 만져 본다는 것은 어쩌면 불가능할지도 모른다.

그러나 필자가 지금부터 짚고 넘어가고자 하는 것은 사출기를 얼마나 많이 취급
해 봤는지 그것을 말하고자 함이 아니다. 플라스틱 사출성형기술의 본질은 기계
취급 능력에 있지 않다고 본다. 이 사출기 조작능력이라든가 기계내용을 완벽히
알고 보수, 관리를 잘해 나가면 더없이 좋겠지만, 원래의 사출성형기술은 글자
그대로 제품을 성형시키는 기술, 그 자체임은 두말할 나위가 없다.

필자가 여기서 강조하고 싶은 것은 무엇보다도 본질(사출성형기술)을 정확히 파악하고, 성형조건을 주어진 어떠한 여건하에서도 철저한 원인 분석을 통해 자유자재로 컨트롤할 수 있는 능력(성형기술)을 배양시킨 다음, 보다 세분화되고 전문화된 분야로의 진출이 필요치 않을까 하는 것이다.

사출성형기술이란 필자가 판단할 때는 그렇게 어려운 분야가 아니지만, 결코 그렇게 쉽고 호락호락한 분야도 아니라고 본다.

그런 의미에서 지금부터 필자가 설명하고자 하는 내용을 정확히 이해해 두면 앞으로의 진도에 상당한 도움이 되리라 믿으며, 특히 사출성형조건 전반에 관하여 필자가 전달하고자 하는 의도를 알게 되므로 빠른 속도로 성형조건 Control법 하나만큼은 확실하게 정복이 가능하리라 본다.

1. 이 책의 제3장에서 설명하고자 하는 「성형조건을 구성하고 있는 기본 요소」에 대하여 정확히 알고 숙지할 것.

   이것을 정확히 이해하지 못한다면 다음 설명은 할 필요조차 없다. 집을 짓는 데 비유한다면 건축용 원자재쯤으로 생각하면 된다. 건축용 원자재로는 목재, 시멘트, 못 등 여러 가지가 있다. 목재는 어디에 사용되고 시멘트, 못은 어디에 쓰이는지 필자보다 독자 여러분이 더 잘 알고 있으리라 생각한다.

2. 성형조건의 기본요소만 정확히 알아도 간단한 금형은 누구나 성형조건을 설정할 수 있다. 여기에 대해서도 '성형조건 접근법'이라 해서 다음 장에서 상세히 기술하였다.

3. 다음으로 비교적 테크닉(Technic : 기술)을 요하는 금형의 성형조건 설정법이 보다 상세한 원인 분석과 함께 "실 예"를 들어 다뤄지므로, 몇 가지의 "예"만 터득하고 나면 거의 성형조건 전체를 마스터한 것과 다름이 없다 하겠다.

   여기서 한 가지 조언을 한다면 내용을 확실히 이해를 한 다음 필히 숙지할 것을 당부하고자 한다.

마지막으로 여러 유형의 불량현상과 그 대처 방법에 대해 정확한 실무를 **바탕으로** 기술하였으므로 작업시 참조하기 바라며, 그래도 풀리지 않는 어려운 금형을 대할 경우, 문제해결을 위한 원인분석 요령, 성형조건 접근법 및 대책, 기타 필요한 내용을 충분히 이해할 수 있도록 기재하였으니 하나라도 **빠짐없이 내 것으로** 소화할 수 있기를 바란다.

제**1**장

사출성형기와 주변기기

1. 사출성형기(Injection molding machine)
2. 주변기기

제1장 사출성형기와 주변기기

1. 사출성형기(Injection molding machine)

플라스틱 성형기술을 올바르게 이해하고 익히기 위해서는 무엇보다도 플라스틱 성형 가공면에서 중추 역할을 담당하고 있는 사출성형기에 대해 어느 정도 기본적으로 필요한 지식은 갖추어야 할 것이다. 성형기의 운용 과정을 제대로 이해하지 못하면 성형조건의 흐름을 알기가 쉽지 않기 때문이다. 그래서 이 단원에서는 가급적 전문적인 분야는 취급을 피하고 성형조건 컨트롤과 관련하여 꼭 알아야 할 기본적인 내용들만 간추려 소개하였다.

1.1 특징

사출성형기는 유압(油壓), 즉 기름의 압력에 의해 구동되는 유압구동방식을 채용하고 있다. 유압을 이용한 동력 전달장치는 사출성형기뿐만 아니라, 거의 모든 산업 전반에 걸쳐 광범위하게 사용되고 있으며 이러한 유압장치의 특징과 문제점은 다음과 같다.

〈특징〉
① 고장이 별로 없고 기구의 작동이 원활하며, 작동유의 방청작용이 우수해 보수관리가 용이하다.
② 응답속도가 빠르고 운동의 방향변환이 용이하다.
③ 무단계 가변(可變)제어가 가능하다.
④ 기름의 특성으로 인해 어떤 작은 구멍(오리피스)이라도 운동제어를 가능케 해준다.

⑤ 대부분 전기장치와 조합함으로써 자동운전화하고 있다.

〈문제점〉

① 유압을 지나치게 높게(고압)하거나 기름의 온도가 상승(고온)하면, 유압기기 연결부분으로부터 기름의 누출이 생기기 쉽고 기기의 효율이 저하하며, 압력, 속도의 불균일을 초래한다.

② 유압기기는 내부 구조는 간단하나 고정밀도의 부품을 사용하므로 먼지, 녹, 물, 공기를 흡입했을 때 매우 약하다.

③ 설비 스페이스(Space, 공간)가 커야 하며, 설비 코스트(Cost, 비용)가 비싸다.

1.2 기본구조

사출성형기는 한 개의 스크루(Screw)로써 플라스틱수지의 가소화와 사출을 행(行)하며 정확한 명칭은 스크루 인라인(Screw in line)또는 인라인 스크루(In line screw) 방식으로 불린다. 그 외 플런저식, 프리플라식 등이 있으나 현재 주로 사용하는 사출 성형기의 사출기구인 인라인 스크루 방식에 대해서 살펴보도록 하자.

인라인 스크루 방식의 사출성형기는 다음과 같은 구조로 되어 있다.
1) 프레임 혹은 베드
2) 형체기구
3) 사출기구
4) 유압구동부
5) 전기제어부

1.3 기능 및 역할

1) 프레임, 베드(Frame, Bed)
사출성형기의 각종 기구(형체 및 사출기구)와 유압구동부를 설치하는 베이스(Base) 역할을 한다.

2) 형체기구

① 다이 플레이트(Mold plate)

일명, 조방이라고도 하며 금형을 취부하는 곳으로서 고정 플레이트(금형으로 말한다면, 상측 혹은 고정측)와 이동 플레이트(금형으로 말한다면, 하측 혹은 이동측)로 구분된다.

② 타이바(Tie-bar)

4개의 축으로 되어 있으며, 다이 플레이트가 형개·폐 동작을 할 때 지지해 주는 역할을 한다.

③ 형체실린더(Clamping cylinder)

금형을 개(開)·폐(閉)하고 형체력을 발생시키는 유압실린더다.

④ 금형 두께 조절장치(Mold thickness control system)

금형은 그 종류에 따라서 두께가 각기 다르므로 금형 교환시에는 그 두께에 맞춰서 조절을 해줘야 성형작업이 가능하다.

이러한 경우에 사용하는 장치이다.

⑤ 돌출장치(Ejector)

금형으로부터 성형품을 취출 할 수 있도록 밀어내는 장치이다.

⑥ 안전문(Safety door)

작업자의 안전사고를 사전에 방지하기 위한 장치이며 문이 열려있는 상태에서는 형폐 동작(Mold close) 진행이 안 되도록 해 놓았다.

⑦ 급유장치

성형기 가동시 미끄러지는 부분(Sliding part)이나 마찰이 되는 부분에 윤활유를 공급하는 장치이다.

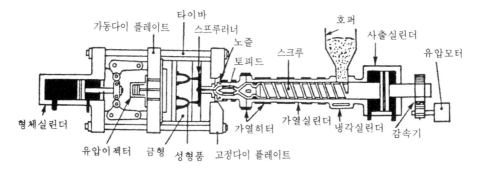

그림 1.1 사출성형기의 구조 및 각부 명칭

3) 사출기구

사출성형기에서 성형조건과 관련하여 가장 중요한 역할을 수행한다. 주요부분의 명칭 및 역할은 다음과 같다.

① 호퍼(Hopper)

② 가열실린더

➡ 호퍼와 가열실린더의 역할에 대해서는 '총론'에서 일부 언급한 바 있으므로 생략한다.

③ 노즐(Nozzle)

사출시 금형의 스프루와 터치(Touch)상태를 유지하며 용융수지를 금형 안으로 유입시키는 역할을 하는데 유로(流路)의 첫번째 통로가 된다.

그림 1.2 가열실린더에 결합된 상태에서의 노즐

④ 사출 램 실린더(Injection ram cylinder)

사출압력·속도의 발원지(發源地)로서 스크루를 전진(사출)시키는 역할을 한다.

⑤ 스크루 구동장치

스크루에 유압모터 또는 전동기(電動機)를 연결하여 스크루를 회전시킴으로써 수지의 가소화를 가능케 하는 장치이다.

⑥ 사출대

사출장치에서 가장 핵심이 되는 부분이다.

4) 유압구동부

사출성형기는 유압(油壓)에 의해 작동되며 유압을 발생시키기 위해서는 동력원(動力源)인 펌프(Pump)가 있고, 그 외에 출력장치인 실린더, 오일모터 그리고 제어부품인 방향전환 밸브 등이 있다. 이러한 장치들이 형체기구나 사출기구가 성형작업을 원활히 수행할 수 있도록 그 각각의 유압실린더에 동력을 제공하며, 이러한 역할을 하는 것을 유압구동부라 한다.

5) 전기제어부

히터회로와 제어회로, 모터회로가 있으며, 히터회로는 성형온도를 컨트롤하고 제어회로는 각종 유압기기의 동작을 제어하며 모터회로는 힘의 원동력인 동력을 제어한다.

➡ 사출성형기는 절환스위치, 리밋스위치, 각종 타이머(Timer), 릴레이(Relay) 등으로 구성되어 유압구동부의 솔레노이드(Solenoid)를 통해 운동의 방향과 힘과 속도를 제어한다. 즉 사출기의 전기제어는 우리 몸에 비유해 봤을 때 신경과도 같으며, 유압제어는 전기제어로 전달받은 지시 사항(여기서는 성형조건에 해당)을 직접 행동으로 나타내는 손, 발과 같은 역할을 수행한다고 볼 수 있다.

1.4 형체기구와 사출기구

형체기구와 사출기구는 성형작업 진행에 있어서 가장 기본이 되는 동시에 매우 중요한 부분으로서 사출성형기의 1회분의 공정 사이클(One shot process cycle)은 이 두 기구의 동작으로 시작(Start)하고 종료(End)된다. 특히, 형체기구는 사출공정 중에 높은 사출압력에 겨서 금형 고정측과 이동측의 틈새(파팅라인, parting line)가 벌어지면 안 되므로, 각각의 금형에 맞도록 사출기 능력별로 형체력(Clamping force)을 다르게 표시하고 있다. 일반적으로 사출성형기의 형체기구는 그 능력표시를 톤(Ton)으로 나타낸다.

사출기구는 가소화 능력이나 1회분에 해당하는 최대 사출용량이 금형에 비해 부족하면 성형이 불가능하며 그 능력을 사출용량(온스, o.z)으로 표시한다.

1.4.1 형체기구

형체기구는 사출시 높은 사출압력에 대항하여 금형이 열리지 않도록 받쳐주는 역할을 한다. 또한, 성형품의 성형(成形)과 성형완료된 제품의 취출(取出)을 위해 금형을 닫고(閉), 여는(開) 것이 주된 임무다. 종류로는 직압식(直壓式), 토글식(Toggle式) 및 직압·토글식 등이 있다.

1) 직압식 형체기구

① 중·소형 사출기에도 일부 채용하고 있으나 주로 높은 형체력을 필요로 하는 대형 사출기에 사용하며, 작동유압이 높아 토출량이 큰 펌프를 사용해야 하므로 동력소비가 많고 운전비용도 비싸다.

② 토글식에 비해 형개·폐 속도가 느리다.

③ 형체력을 원하는 만큼 임의로 조절할 수 없고 항상 일정하다.

④ 공운전(空運轉, 워밍 업(Warming up))은 피하는 것이 좋다.

⑤ 형개 거리가 길다.

⑥ 토글식에 비해 보수관리가 용이하다.

그림 1.3 사출성형기(현대기계) - 직압식

2) 토글식 형체기구

형체기구에 토글(Toggle)을 사용함으로써 형폐시 타이 바(Tie Bar)를 늘려 큰 형체력을 발생시킬 수 있도록 한 장치다. 직압식이 항상 일정한 형체력을 유지하는 것에 비해 토글식은 필요로 하는 만큼의 형체력 조절이 가능하나, 너무 지나치게 높은 형체력 설정은 토글과 타이 바에 부담을 주게 되어 고장의 원인이 될 수도 있으므로 '금형 두께 조절시' 주의를 요한다.

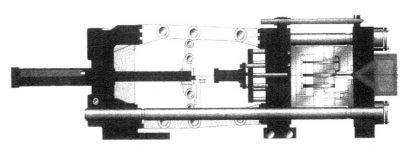

그림 1.4 토글식 형체장치

3) 토글식의 특징

① 형개·폐 거리가 짧다.

토글끼리 서로 부딪칠 염려가 있으므로 원하는 만큼의 형개·폐 거리 설정이 어렵다.

② 별도의 '금형 두께 조절장치'가 필요하다.

③ 직압식에 비해 금형 개·폐 속도가 빠르다.

④ 보수관리에 주의를 기울여야 한다. 특히, 토글부분의 핀과 부시가 마모되지 않도록 윤활유 공급을 잘해야 하며, 형개·폐 동작시 조방(다이 플레이트)과 타이 바와의 미끄러지는 부분에도 기름(그리스, Grease) 주유가 제대로 되지 않으면 마찰로 인한 긁힘이 생기므로 주의한다. 또한 수시로 작동상태를 관찰하여 문제점 발생시 즉각적인 조치가 가능하도록 해야 한다.

⑤ 대형 사출기보다는 중·소형 사출기가 대부분을 차지하며 직압식보다는 운전비용이 싸다.

4) 토글-직압식 형체기구

토글식과 직압식 형체기구의 접목형(接木形)이다. 겉으로 보면 토글 형태를 취하고 있고, 형체력은 직압식에 가깝게 설계되어 있으며 주로 소형 사출기에 적합하다.

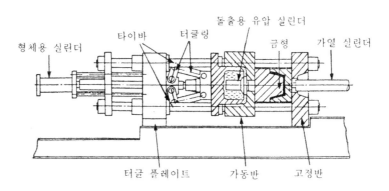

그림 1.5 토글·직압식 형체기구

1.5 사출기구

성형조건 설정에 있어서 매우 중요한 사출성형기의 장치로서 사출과 가소화(계량) 공정을 실행한다. 특히, 스크루식(In Line Screw type) 사출성형기는 스크루의 역할이 대단히 중요하며, 스크루의 마모가 심하면 설정한 성형조건대로 이행되지 못하고 그에 따른 정상적인 작업 진행이 곤란해진다. 스크루 헤드(Head) 부분에는 역류방지 밸브를 부착시켜 놓았는데, 이것은 사출시에 용융 수지의 역류(逆流, 수지가 금형 안으로 들어 가지 않고 거꾸로 스크루 뒤쪽, 즉 호퍼 쪽으로 흐르는 현상)를 방지하는 역할을 하며 체크밸브(Check valve)라고도 한다. 역류방지 밸브는 스크루 헤드와 스크루 보디(Body, 몸통)가 시작되는 부분인 스크루 어깨부분 사이의 좁은 공간을 왕래(往來)하며 사출 공정 중에는 스크루가 앞으로(노즐 쪽) 전진하므로 사출압력에 밀려서 뒤로(스크루 어깨부분) 붙고, 계량 공정 중에는 스크루가 뒤로(호퍼 쪽) 후퇴하므로 계량되는 용융 수지의 압력에 밀려서 다시 스크루 헤드 쪽에 밀착된다. 주목할 것은 체크밸브가 사출공정 중에 스크루 어깨부분에 밀착됨으로써 용융수지의 역류(逆流)를 막아 준다.

➡ 역류방지 밸브(Check valve)는 역류를 100% 방지할 수는 없으며, 보통 사출기 메이커에서는 15~20% 정도를 역류 로스(Loss)로 잡고 있다.

그림 1.6은 역류방지 밸브의 작동상태를 보여주고 있다.

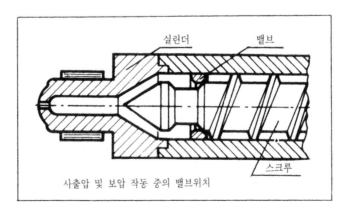

사출압 및 보압 작동 중의 밸브위치

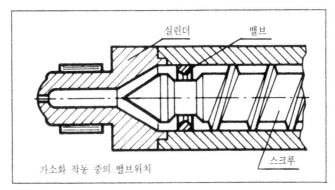

그림 1.6 역류방지 밸브의 작동(사출, 계량)

⇨ 스크루 헤드는 그림 1.7에서 보는 바와 같이 끝이 날카롭다. 구조는 스크루 헤드와
스크루 보디(본체) 그리고 역류 방지 밸브 등으로 되어 있으며, 분해가 가능하여 이상
이 생기면 교환해서 사용할 수 있다.

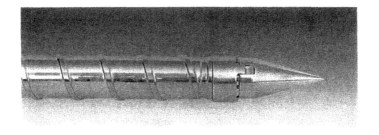

그림 1.7　스크루 헤드

1.5.1 스크루(Screw)의 구조.

공급부·압축부·계량부로 구성되어 있다.

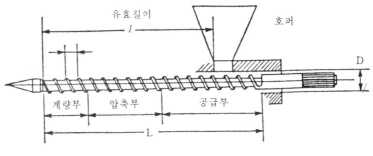

그림 1.8　스크루

1) 공급부

플라스틱 재료를 가소화(유동화)시키기 위해 가열실린더 내부(압축부까지)로 재료를 공급시키는 역할을 한다. 공급부의 위치는 호퍼 밑의 최초 원료 투입구에서 중앙부까지이며, 스크루의 회전에 의해 스크루의 골과 산에 말려 들어온 플라스틱 재료를 누르면서 외부의 가열실린더 열과 함께 어느 정도 유동상태로 만들어 압축부로 보낸다.

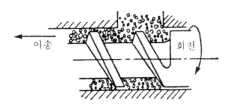

그림 1.9 공급부

2) 압축부

스크루의 중앙부분에 해당되며 공급부에서 넘어온 불완전 유동상태의 재료를 완전한 유동상태(가소화 완료상태)로 만들어 최종 종착지인 계량부로 이송시키는 역할을 한다. 플라스틱 재료는 압축부에서 완전히 유동화된다. 수지를 완전 유동화시키기 위해서 스크루를 공급부에서 압축부로 갈수록 '골 깊이'가 서서히 작아지도록 만들어 강하게 압축될 수 있도록 하였다. 압축과정은 환상(環狀)흐름이 그 절정(絶頂)을 이룬다(그림 1.11 참조).

환상(環狀)흐름이란 재료 이송과정(공급부에서 압축부로)에서 발생하는 열과 거기에 따른 이송(移送)흐름, 그리고 이러한 혼련(魂輦)과정에서 발생하는 역류(逆流)흐름이 서로 맞부딪치면서 이뤄내는 또 하나의 흐름이며, 이로써 플라스틱 재료는 내부적으로는 환상(環狀)흐름에 의한 혼련(魂輦)작용, 외부적으로는 가열실린더 열과의 상호작용에 의해 완전 유동상태로 되어 계량부로 이송된다.

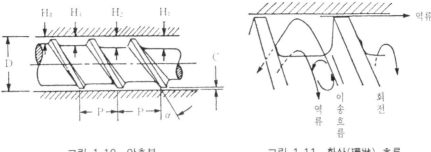

그림 1.10 압축부   그림 1.11 환상(環狀) 흐름

3) 계량부

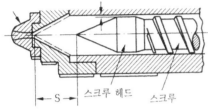

그림 1.12 계량부

압축부에서 이송되어온 가소화 완료된 용융 수지의 체류장소이다. 매 쇼트마다 이 부분의 수지가 사출압력에 의해 금형 내로 유입되어 성형을 하게 된다.

플라스틱 사출성형기는 성형조건과 관련하여 가장 중요한 역할을 하는 부분이 사출기구이며, 사출기구 중에서도 스크루, 실린더는 성형조건 컨트롤에 많은 영향을 미치므로 그 관리 및 마모대책에 각별히 신경을 써야 한다. 성형작업 중 이상 발견시는 그에 따른 즉각적이고도 합당한 조치를 취함으로써 항상 원활한 가동상태를 유지할 수 있도록 주의를 기울여야 한다. 사출성형기는 그 구조를 깊게 파고 들어가면 유압과 전기의 다이내믹한 조화로 작동되고 있음을 알 수 있으며 우수한 사출성형 기술자를 양성하기 위해 유압과 전기는 면학 대상으로서 필수불가결한 요소이나, 그에 못지않게 '성형조건 control' 또한 그 응용과 활용범위가 끝이 없고 무한(無限)하다. 특히, 성형조건은 대부분 경험에만 의존하다시피 하므로 그 실체(實體)에 대해 정확한 결론을 내리기가 쉽지 않다. 필자는 이러한 점을 염두에 두고 '성형조건 control'에 보다 많은 비중을 두었으므로 사출성형기에 대해서는 앞서 설명한 내용만으로도 본(本) 취지에 충분히 부합된다고 생각한다. 즉, 대체적인 사출성형기의 기본 골격(구조)과 운용되는 과정만으로도 본(本) 목적에 크게 배치되지 않는다. 그러므로 사출성형기의 전기 및 유압 제어에 대한 보다 전문적인 지식을 습득하려는 독자들은 시중(市中)의 전문서적을 참고로 하여 개인 발전에 충족하기 바란다.

2. 주변기기

합리화 기기라고도 하며, 사출성형 작업 중 성형기에 직접 부착되는 것도 있고, 주변에 배치시켜 활용함으로써 공장자동화와 생산성 향상에 직·간접으로 영향을 미치는 각종 기계장치를 말한다.

〈종류〉
① 건조기
② 호퍼 드라이어
③ 호퍼 로더
④ 분쇄기
⑤ 성형품 취출기
⑥ 금형 온도 조절장치

2.1 역할

2.1.1 건조기

열풍 순환식 건조기(그림 1.13)와 제습 건조기(그림 1.14)가 있다. 건조 원리는 모터(Motor)를 이용해 실내의 공기를 건조기 내부로 빨아들여 건조기에 부착된 자동 온도 조절기와 송풍장치에 의해 건조기 내부로 흡입된 공기를 일정시간 동안 가열 및 순환시켜 성형재료 중에 포함된 습기를 제거할 수 있도록 되어 있다. 내부 구조는 건조시킬 성형재료를 담을 수 있도록 오븐(Oven, 채반)이 들어 있다. 대체적으로 열풍 순환식 건조기는 생산공장에서 많이 사용하고 있다. 그러나 장마철과 같이 실내공기가 고습도일 경우에 열풍 순환식 건조기를 사용하면 오히려 재료를 가습할 수도 있으므로, 이때에는 흡입공기 제습장치가 부착된 제습 건조기를 사용하면 별문제가 없다.

그림 1.13 열풍 건조기

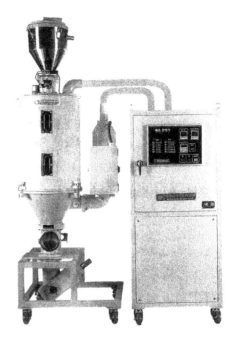

그림 1.14 제습 건조기

2.1.2 호퍼 드라이어(Hopper dryer)

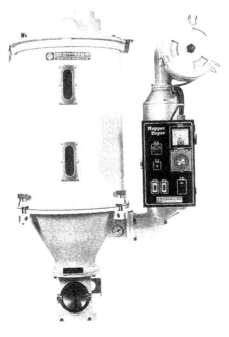

그림 1.15 호퍼 드라이어

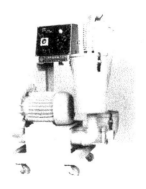

그림 1.16 호퍼 로더

열풍 순환식 건조기의 일종이며 사출성형기에 부착시켜 건조도 시키면서 연속적인 성형작업이 가능하도록 가열실린더 내부로 꾸준히 성형재료를 공급한다.

※ 주 : 앞에서 설명한 건조기(열풍 순환식)는 오직 건조(Dry)만을 목적으로 하기 때문에 여러 종류의 성형재료(비교적 건조 온도 범위가 비슷한 경우의 수지)를 동시에 건조(용기(Oven)가 건조기 내부에 다수 들어 있음)할 수는 있으나, 건조도 시키면서 가열실린더 내로의 자동 공급은 불가능하다. 이러한 점에 유의하여 양자(兩者)를 적절히 혼용하여 사용하기 바란다.

2.1.3 호퍼 로더(Hopper loader)

호퍼 드라이어로 원료를 공급하기 위해 호퍼 드라이어와 직접 연결하여 사용하는 원료 자동 공급장치이다. 호퍼 로더를 작동시키면 모터가 회전하면서 이송 호스를 통해 원료를 호퍼 드라이어로 빨아 올린다. 원료 이송 호스는 되도록 투명한 색상으로 하는 것이 좋다. 원료 이송과정을 눈으로 확인할 수 있기 때문에 원료가 잘 빨려 올라가지 못하면 육안으로도 그 원인을 알 수 있어 조치하기가 쉽기 때문이다.

➡ 분쇄재료를 빨아 올릴 때, 특히 스프루(Sprue) 분쇄가 미흡한 상태에서 빨려 올라가면 이송 도중에 호스에 걸려 원료 공급을 방해하므로 주의하기 바란다. 그리고 사용하다 보면 부주의로 이송 호스가 갈라질 수도 있으므로 조심해서 다루어야 한다.

2.1.4 분쇄기(粉碎機)

성형작업 중 발생한 스크랩(Scrap, 성형 불량품과 스프루, 러너를 말한다)을 다시 재사용할 목적으로 잘게 부수는 데 사용하는 기계를 말한다.

〈분쇄기 사용시 주의할 점〉
① 쇠붙이라든가 기타 이물질이 분쇄기 가동 중에 들어가지 않도록 조심해야 한다(특히, 인서트(Insert) 작업시 주의).

그림 1.17 분쇄기(고속 분쇄기)

➡ 쇠붙이가 들어가면 1차적으로 분쇄기의 커터날을 손상시키고 2차적으로는 성형기 및 금형을 상하게 할 우려가 있으며, 노즐구멍을 막아 사출을 방해하여 작업손실 을 가져오므로 주의를 요한다. → 항상 분쇄기 옆에는 자석을 비치시키고 **활용한다.**

※ 인서트 작업이란 금형의 캐비티(Cavity)에 성형품의 특성 및 용도에 맞도록 하기 위해 미리 성형품에 맞춰서 제작해 놓은 쇠붙이 등 금속물을 매 쇼트(Shot)마다 삽입시켜 수지와 함께 성형시키는 작업을 말한다.

그림 1.18 분쇄기(저속 분쇄기)

② 원료 구분(분쇄할 분쇄품)을 정확히 하여 이종 원료(타원료)와 혼입 분쇄 되지 않도록 주의한다. 특히 분쇄 종료 후에는 깨끗이 청소한다.

③ 분쇄 후 각 분쇄된 원료별로 보관을 잘해야 한다.

➡ 분쇄재료를 담는 용기는 플라스틱 재료 메이커의 빈 포대(내부가 깨끗해야 함)를 활용할 수 있도록 하고, 분쇄한 재료를 빈 포대에 담고 난 후에는 필히 무슨 재료 를 분쇄하였다는 내용을 포대 바깥면에 기재하여 보관하도록 하여야 한다. 그래야 만 나중에 시간이 흘러도 일일이 내용물을 확인할 필요없이 바로 사용이 가능하 며, 원료 관리차원에서 볼 때도 바람직하다.

2.1.5 성형품 취출기(Robot)

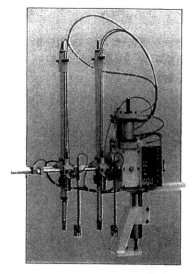

인간이 해야 할 일을 로봇(Robot)이 대신 수행하는 것을 말한다. 현재 생산현장에서는 로봇 활용이 보편화되어 있으며, 종전에는 전자동이 불가능한 금형(주로 3단 금형 - 성형품과 스프루, 러너가 따로 분리되어 취출 - 혹은 2단 금형이라도 자동낙하시키면 성형품끼리 서로 부딪쳐서 불량품이 되는 성형품 등)일지라도 로봇을 활용함으로써 무인(無人) 자동화가 가능해지고 있다.

그림 1.19 성형품 취출기

2.1.6 금형 온도 조절장치

금형의 온도를 자동으로 조절할 수 있도록 만든 장치이다. 종류로는 온유(수)기와 칠러(Chiller)가 있다.

1) 온유기

성형기술상 금형을 뜨겁게 해줘야만 원하는 성형상의 목적을 달성할 수 있을 때 사용하며, 기름을 사용하면 온유기(溫油機), 물을 사용하면 온수기(溫水機)라 한다. 온도 조절 범위는 온수기보다 온유기가 더 넓다. 보통 온유기는 90℃ 이상까지도 금형 온도를 조절할 수 있는 데 비해 온수기는 물을 매개체로 하므로 90℃까지가 거의 한계온도이다.
구입 및 유지비 면에서는 온수기보다 온유기가 더 비싸나 활용에 있어서는 유리하다.

그림 1.20 온유기

그림 1.21 칠러

2) 칠러(Chiller)

온유(수)기와 반대개념이며, 금형을 차게 해주어야만 성형작업상 트러블이 생기지 않는 제품의 성형시 사용한다. 온유(수)기보다 사용빈도가 현저히 많으며, 특별한 경우가 아니면 온유(수)기는 칠러에 비해 거의 사용하지 않는다.

제2장

금형일반

제2장 금형일반

사출성형기와 더불어 사출금형은 플라스틱 성형기술상 중요한 역할을 한다. 금형의 주 목적은 원하는 형상대로 정확한 치수의 성형품을 만드는 데 있다. 특히, 약간의 금형온도 변화에도 성형품에는 적지 않은 영향을 끼치며 성형조건 컨트롤 과정에 깊이 관여한다. 이와 같이 플라스틱 성형기술에 있어서 빼놓을 수 없는 역할을 하고 있는 금형은 그 종류와 사용목적에 따라 다음과 같이 분류된다.

금 형(Mold)		
2단 금형		3단 금형
• 다이렉트 게이트 • 사이드 게이트 • 서브머린 게이트 (혹은 터널 게이트) • 특수 게이트	• 슬라이드(사이드) 코어 금형 • 분할 금형 • 나사 금형 • 기타 조합형 금형	• 핀 포인트 게이트 • 사이드 게이트

1. 2단 금형과 3단 금형 및 특수금형

1.1 2단 금형

파팅 라인(Parting line, 형분할면)에 의해 스프루, 러너, 게이트 그리고 성형품이 되는 캐비티가 각각 반씩 나뉘어져 고정측과 이동측으로 분리되는 사출성형금형에 있어서 가장 일반적인 구조이다. 분할된 고정측과 이동측면에(약간의 예외는 있겠지만) 스프루·러너·게이트·캐비티가 대부분 같이 존재한다.

※ 파팅 라인(Parting line) : 금형의 고정측과 이동측이 합칠 때(형폐) 경계가 되는 선을 말한다.

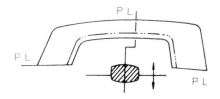

그림 2.1 파팅 라인

1) 특징

① 구조가 간단하고 취급이 용이하여 자동 낙하 성형에 적합하다.

② 타금형에 비해 고장이 적어 성형 사이클을 빠르게 할 수 있다.

③ 금형 제작비가 싸다.

1.2 3단 금형

고정측과 가동측 외에 또 하나의 판(중간판)이 있는 금형을 말한다.

중간판은 고정측과 가동측의 중간에 위치하며 러너(Runner)가 성형되므로 러너 플레이트(Runner plate)라고도 한다.

1) 목적

① 핀 포인트 게이트(Pin point gate)를 사용함으로써 성형품의 특성상 게이트 흔적이 거의 표시나지 않도록 하기 위한 것이다.

② 캐비티가 여러 개 있을 때 각 캐비티의 중앙에서 핀 게이트로 사출하고자 할 때 사용한다.

2) 특징

① 핀 포인트 게이트 채용시 일손이 절약된다.

② 고가(高價)의 금형제작비에 성형 사이클도 비교적 길다.

③ 금형 구조가 복잡할 수밖에 없고 또한 고장이 잦으며, 내구성도 약하다.

1.3 특수 금형

유압코어 금형, 공기(Air)장치 금형 등이 있다.

2. 금형의 기본구조

몰드 베이스(Mold base), 즉 금형 본체와 러너, 게이트, 캐비티, 코어, 돌출, 냉각회로 등으로 구성되어 있다.

2.1 몰드 베이스(Mold base)

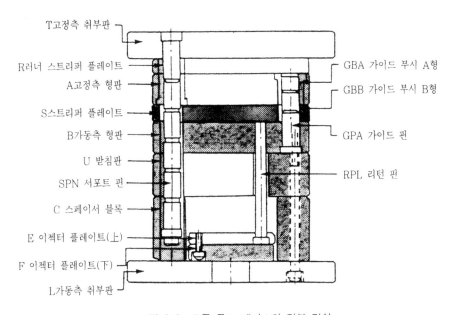

T 고정측 취부판	GBA 가이드 부시 A형
R 러너 스트리퍼 플레이트	GBB 가이드 부시 B형
A 고정측 형판	GPA 가이드 핀
S 스트리퍼 플레이트	RPL 리턴 핀
B 가동측 형판	
U 받침판	
SPN 서포트 판	
C 스페이서 블록	
E 이젝터 플레이트(上)	
F 이젝터 플레이트(下)	
L 가동측 취부판	

그림 2.2 표준 몰드 베이스와 각부 명칭

2.2 금형의 각부 명칭 및 기능

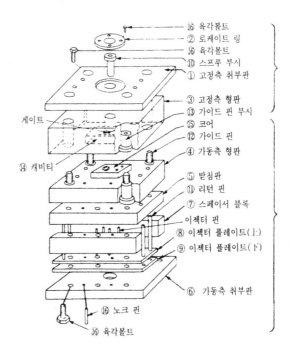

그림 2.3 사출금형의 각부 명칭

① 고정측 취부판(Top clamping)

금형 교환시에 사출기의 고정측 조방(고정 다이 플레이트)에 고정시키는 판을 말한다.

② 로케이트 링(Locate ring)

금형의 취부시 노즐과 스프루 부시의 센터 맞춤에 사용한다. 이 로케이트 링을 사용하면 금형의 취부시간이 단축된다.

③ 고정측 형판(Cavity retainer plate)

④ 가동측 형판(Core retainer plate)

➡ ③번과 ④번이 합쳐져서 파팅 라인이 형성된다.

⑤ 받침판(Support plate)

사출압력에 웬만큼 버텨 낼 수 있도록 받쳐주는 역할을 한다.

⑥ 가동측 취부판(Bottom clamping plate)

금형 교환시에 사출기의 가동측 판(이동 다이 플레이트)에 고정시키는 판을 말한다.

⑦ 스페이서 블록(Spacer block)

성형품을 돌출(이젝터)시킬 때 이젝터 바(Bar)가 움직일 수 있는 공간을
확보하기 위해 설치하는 블록을 말한다.

⑧ 이젝터 플레이트(Ejector plate 上·下→ ⑨)

이젝터 핀, 이젝터 리턴 핀, 스프루 당김 핀 등과 함께 이젝터 플레이트와
볼트로 체결되어 일체(一體)를 이룬다.

⑩ 스프루 부시(Sprue bush)

사출기 노즐과 맞닿는 부분이며 수지가 최초로 유입되는 입구이다.

⑪ 리턴 핀(Return pin)

밀핀(이젝터 핀)이 형폐(Mold close)시 다시 원위치가 될 수 있도록 해주
는 역할을 한다.

⑫ 가이드 핀(Guide pin)

고정형과 가동형을 정확히 안내(짝을 맞춰줌)하는 역할을 하며 열처리가
된 강철 핀으로 되어 있다.

⑬ 가이드 핀 부시

가이드 핀이 들어가는 자리를 말한다.

⑭ 캐비티(Cavity)

성형품이 되는 빈 공간을 말한다.

⑮ 코어(Core)

성형품의 내부 공간을 만들며 「캐비티＋코어」로써 완전한 성형품의 형상을
만든다.

⑯ 육각 볼트, 노크 핀

각각의 금형 부품 조립 및 고정용으로 사용된다.

⑰ 스톱 볼트

⑱ 스프루 로크 핀(Sprue lock pin)

성형 후 스프루를 당겨서 빼는 역할을 한다.

3. 스프루와 스프루 부시(Sprue bush)

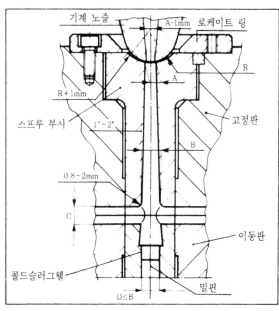

그림 2.4 터치(Touch) 상태에서의 스프루와 노즐

스프루는 성형기 노즐과 터치(Touch, 접촉) 됨으로써 용융수지의 금형 내 유입시 첫 번 째 통로가 되며, 유입된 수지를 러너로 보내 는 역할을 한다.

1) 스프루 부시 설계시 고려사항

① 스프루의 길이는 가능하다면 짧게 하는 편이 좋다.

② 일반적으로 스프루 부시의 R은 노즐선 단의 R보다 1mm 정도 크게 해주는 것이 바람직하다.

③ 스프루 부시의 지름(노즐구멍과 직접 맞 닿는 스프루 구멍의 ϕ를 말한다)은 노즐 구멍 지름(ϕ)보다 0.5~1mm 정도 크게 한다.

④ 스프루의 안쪽부분(내측)을 연마할 때에는 원주방향보다 길이방향 연마를 하도록 한다.

➡ 스프루 부시 내경의 원주방향 연마는 언더컷(under cut)을 형성시키므로 좋지 않다.
※ 언더컷 : page 162 참조

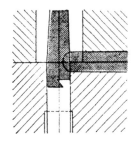

그림 2.5 스프루 로크 핀

2) 스프루 로크 핀(Sprue lock pin)

사출성형된 스프루가 금형의 고정측에 남지 않고 이동측에 남도록 하 여 스프루의 이형을 원활하게 해주는 역할을 하는 핀이다. 냉각된 스 프루를 걸어서 꽉 잡을 수 있는 구조로 되어 있어 스프루 부시로부터 쉽게 빼낼 수 있다.

➡ 스프루 로크 핀이 제역할을 다하지 못하면 성형된 스프루가 고정측에 남게 되어 원만한 성형사이클 진행이 어렵다.

4. 러너, 게이트

4.1 러너(Runner)

스프루로부터 전달받은 용융수지를 게이트로 보내는 역할을 한다. 러너 설계시 고려사항으로는, 용융수지가 러너를 유동 중에 그 저항(유동저항)에 의해 사출압력이 저하되는 것을 막고 유동저항을 최소화할 수 있는 구조로 해야 한다. 캐비티로의 수지유입도 동시 충전이 가능하도록 고려한다.

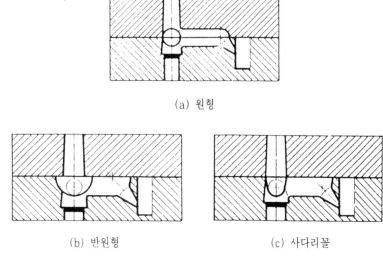

(a) 원형

(b) 반원형　　　　　　　(c) 사다리꼴

그림 2.6 각종 러너 단면형상

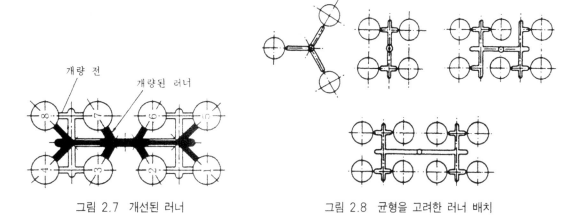

그림 2.7 개선된 러너　　　　　　　그림 2.8 균형을 고려한 러너 배치

표 2.1 수지 종류별 러너 직경

수 지 명	러너 직경(mm)
ABS, AS	4.8~9.5
폴리아세탈	3.2~9.5
아크릴	8.0~9.5
내충격용 아크릴	8.0~12.7
폴리아미드6	1.6~9.5
폴리카보네이트	4.8~9.5
폴리프로필렌	4.8~9.5
폴리에틸렌	1.6~9.5
PPO	6.4~9.5
PVC	3.2~9.5

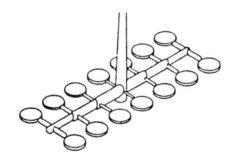

(a) 충전상태를 균일하게 하기 위해 주(主) 러 너의 직경을 바꾼 예

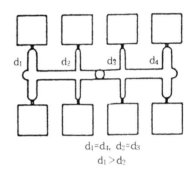

(b) 충전상태를 균일하게 하기 위해 서 브러너의 직경을 바꾼 예

그림 2.9 러너 밸런스의 예

4.2 게이트(Gate)

캐비티의 입구이자 러너의 마지막 종점이 되는 부분이다.

1) 역할 및 특징

① 스프루, 러너에 비해 매우 작고 길이도 짧다. 이렇게 한 이유는 용융수지
가 게이트를 통과할 때 마찰열을 발생시킴으로써 스프루, 러너에서 금형
내 유동저항에 의해 일부 떨어진 수지온도를 보충시키고 그 외 성형품의
각종 불량현상에 대처하기 위한 방안으로서 채택하였다.

② 잔류 응력을 감소시킨다.

    ➡ 잔류응력(殘留應力) : page 123 참조

③ 수지의 흐름저항(유동저항)이 증가된다.

    ➡ 게이트는 아주 작고 길이도 짧아 캐비티로의 수지유입시 저항이 크다.

2) 위치설정

① 성형품의 가장 두꺼운 부분에 위치시킨다.

    ➡ 살두께가 두꺼울수록 수축이 심하므로 이것을 방지하기 위함이다(살두께가 두꺼운 부분에 게이트를 위치시키면 사출압력 전달이 용이해지므로 수축이 개선된다).

② 가급적 눈에 띄지 않는 곳에 설치하도록 한다.

    ➡ 성형 후 게이트 사상(게이트 제거 작업) 흔적이 외부에 드러나면 성형품의 외관상 좋지 않기 때문이다.

③ 웰드라인 발생을 최대한 억제할 수 있는 위치에 설치하도록 한다.

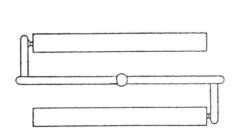
그림 2.10 길이가 긴 봉의 게이트 위치

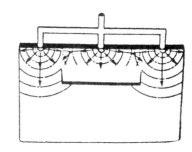
그림 2.11 게이트에 의한 흐름의 영향

④ 성형품의 구조상 강한 사출압력에 견딜 수 있는 위치에 설치하여야 한다.

    ➡ 가는 코어, 리브, 핀 등이 위치하는 곳은 피한다.

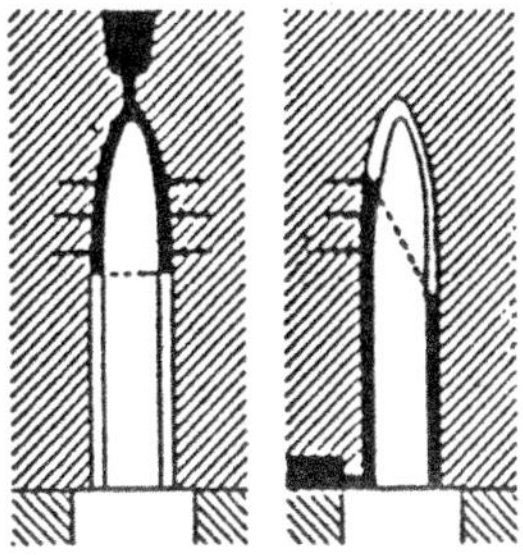

(a)   (b)

그림 2.12 수지압력의 차에 의한 코어 핀의 변형

3) 게이트 밸런스 유지

캐비티가 여러 개인 다수개 빼기 금형의 경우, 각 캐비티마다 동시 충전이 이루어지도록 하려면 각각의 게이트 크기를 조절해 준다.

➡ 게이트 밸런스(Gate balance)를 맞춰주는 것을 말하며, 이때, 러너 밸런스도 함께 고려하는 것이 바람직하다.

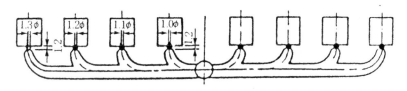

그림 2.13 게이트 밸런스의 예

4) 각종 게이트

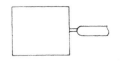

① 표준 게이트(Side gate)

대부분의 사출성형에 적용하는 가장 보편화된 게이트이다.

그림 2.14 표준 게이트

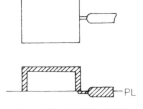

② 오버랩 게이트(Overlap gate)

표준 게이트(Side gate)의 일종이며, 플로 마크를 억제하기 위해 사용한다.

그림 2.15 오버랩 게이트

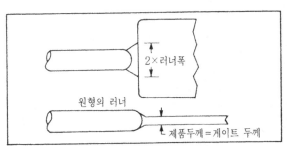

그림 2.16 팬 게이트

③ 팬 게이트(Fan gate)

원료의 흐름이 금형의 캐비티(Cavity)로 균일하게 퍼져야 하는 납작하고 얇은 단면의 제품에 사용한다.

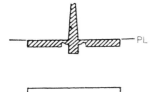

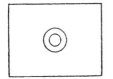

그림 2.17 다이어프램 게이트

④ 디스크 게이트(Disk gate)

다이어프램 게이트(Diaphragm gate)라고도 한다.

원료의 흐름이 스프루에서부터 균일하게 퍼져 캐비티의 모든 부분이 동시에 성형된다. 웰드라인이 거의 없어야 하는 원통형의 제품에 주로 사용한다.

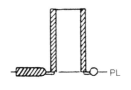

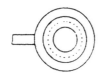

그림 2.18 링 게이트

⑤ 링 게이트(Ring gate)

원통형 제품에 사용되며, 성형이 완전히 되기 전에 균일하게 압출한 것과 같이 코어 주위에 원료가 자유로이 흐를 수 있다.

(a) 싱글 탭 게이트

(b) 멀티 탭 게이트

그림 2.19 탭 게이트

⑥ 탭 게이트(Tab Gate)

렌즈(Lens)나 주로 납작한 제품 성형시 적합하다. 게이트 부위의 잔류응력을 줄일 수 있다.

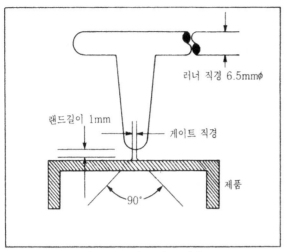

러너 직경 6.5mm⌀

랜드길이 1mm

게이트 직경

제품

90°

그림 2.20 핀 포인트 게이트

⑦ 핀 포인트 게이트(Pin point gate)
3단 금형에서 많이 채용한다. 자동적으로 게이트 제거를 위해 랜드(Land)가 거의 없는 방법도 사용될 수 있다.

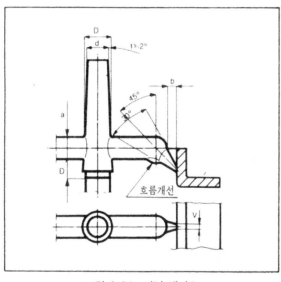

D

d

15-2°

b

45°

a

30°

D

흐름개선

v

그림 2.21 터널 게이트

⑧ 터널 게이트(Tunnel gate)
서브머린 게이트(Submarine gate)라고도 하며, 주로 자동화 금형에 많이 사용되는 게이트이다.

4.3 게이트 선택 요령

사용 원료(수지)의 유동성, 웰드라인의 위치, 성형품의 형상 및 크기를 고려하여 선택하되 원료의 유동 배향도 함께 고려해야 한다.

➡ 게이트는 성형품 변형의 원인(변형 요소 : 휨, 비틀림 등)이 되므로 선택에 신중을 기하는 것이 좋다.

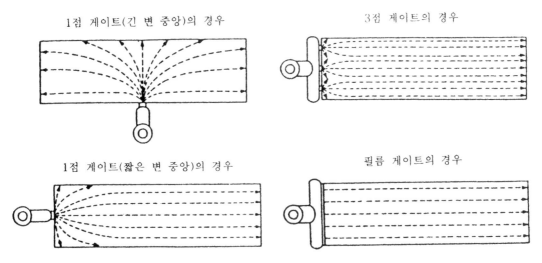

1점 게이트(긴 변 중앙)의 경우

3점 게이트의 경우

1점 게이트(짧은 변 중앙)의 경우

필름 게이트의 경우

그림 2.22 성형 재료의 방향성에 의해 발생하는 변형을 방지하기 위한 게이트 설계의 예

5. 기타 사항

5.1 모퉁이의 "R" - Corner R

모퉁이의 'R'(코너 R)이란 성형품의 면과 면이 만나는 모퉁이 부분에 곡률(즉, R)을 취해주는 것을 말하며, 이렇게 함으로써 성형시 모퉁이 부분에 내부응력이 집중되는 것을 막고 용융수지의 흐름도 좋게 할 수 있다.

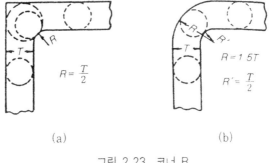

$$R = \frac{T}{2}$$

(a)

$$R = 1.5T$$

$$R' = \frac{T}{2}$$

(b)

그림 2.23 코너 R

5.2 보스(Boss)와 리브(Rib)

1) 정의

① 보스 : 성형품의 구조상 둥근 기둥 모양으로 돌출된 원형돌기 부분을 말하며, 이 원형돌기 부분에는 성형품의 용도에 맞도록 하기 위해 타성형부품이 조립되어 고정된다.

② 리브 : 성형품의 변형을 방지하고 본래의 형상유지를 위해 살(리브)을 붙이는 것을 말한다.

➡ 보통, 보스에는 변형(혹은, 보강 목적)이 되지 않도록 하기 위해 리브(보강 리브)를 붙인다.

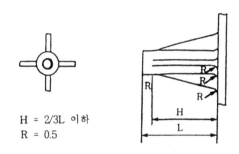

H = 2/3L 이하
R = 0.5

그림 2.24 보스 형상

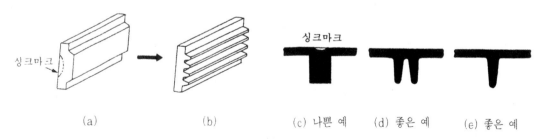

(a)   (b)   (c) 나쁜 예   (d) 좋은 예   (e) 좋은 예

그림 2.25 싱크마크의 발생을 방지하기 위한 리브 설치

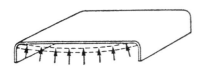

(a) 리브가 없는 설계(휨에 의해 점선과 같이 변형한다)

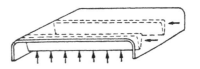

(b) 내측에 리브를 붙인다.

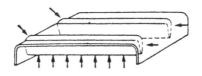

(c) 내측과 외측에 리브를 붙인다.

그림 2.26 리브에 의한 변형 방지(화살표)

제3장

사출성형조건 CONTROL법

제3장   사출성형조건 CONTROL법

1. 서론

성형조건의 대략에 대해서 그리고 플라스틱 사출성형기 및 금형에 관해서도 앞장에서 어느 정도 살펴보았다. 지금부터는 보다 정확하고 쉬우면서도 구체적으로 성형조건 설정시 꼭 필요한 내용들을 중점적으로 다루고자 한다. 중점사항으로는 먼저 전편에서는 성형조건을 이루고 있는 기본 구성요소에 대해서 각각의 역할을 집중 분석한다. 그리고 보편적으로 자주 발생되는 각종 성형 불량의 철저한 원인 분석을 통해 똑같은 상황 재현시 그에 따른 대비책을 보다 확고히 할 것과 이를 토대로 실제 성형조건을 가상적이나마 설정하여, 하나의 간접 경험을 얻는다는 측면에서 고찰해 본다. 후편으로 가서는 좀더 까다로운(테크닉을 요하는) 성형조건에 대하여 직접 체험을 통한 '실 예'를 바탕으로 기술하였으므로, 내용을 철저히 분석하여 그 적용원리를 정확히 알고 실전에서 충분히 활용할 수 있도록 한다.

2. 성형조건의 구성요소

① 주조건
- 성형온도, 계량속도, 흐름 방지, 배압, 사출 1차와 2차(보압)
- 사출시간, 냉각시간

② 보조 조건
- 허용범위(Cusion), 금형보호(Mold protect)

- 형개 · 폐 속도 컨트롤(Mold open/close speed control)
- 돌출(Ejector), 예비건조(Pre-drying), 기타

※ (주조건) + (보조 조건) = 완제품

※ 주 : 여기서 주조건이란 성형조건 컨트롤상 그래도 차지하는 비중이 다른 조건(여기서 말하는 보조 조건)보다는 월등하다 하여 필자 나름대로 붙여 놓은 명칭이므로 용어 자체에 크게 개의치 않아도 된다.

3. 구성 요소별 성형조건 설정 요령

3.1 주조건

① 성형온도를 우선적으로 설정한다.

➡ 수지(원료)의 종류에 따라서 건조(Dry)가 필요할 때는 건조시킨다.
 − 뒤에 설명되는 예비건조(Pre-drying)편 참조

② 배압과 계량속도를 작업하고자 하는 수지에 맞게 적당히 설정한다.

③ 성형품의 크기, 두께 및 스프루(Sprue), 러너(Runner)를 함께 고려하여 성형하고자 하는 제품의 대략적인 계량량(통상 mm로 설정. 계량 완료라 함)을 설정한다.

④ 성형품의 크기, 두께, 게이트(Gate) 형상을 참고로 사출시간을 설정한다.

⑤ 성형품의 크기, 두께를 참고로 냉각시간을 설정한다.

⑥ 성형품의 크기, 두께를 참고로 사출압력과 속도를 설정한다.

3.2 보조조건

① 금형 내용(복잡한 슬라이드(Slide) 구조 등)에 적합한 형개 · 폐 속도를 컨트롤한다.

② 돌출(Ejector) 방식에 적합한 거리, 속도, 압력을 컨트롤한다.

➡ 일반유압 이젝션, 에어 이젝션(Air ejection), 기타

③ 전자동 금형(Full auto mold)일 경우에는 허용범위(Cusion), 금형보호

(Mold protect)를 설정해 주고, 돌출은 최소한 2회 이상 설정한다.
④ 기타

성형품을 취출해 나가면서 성형조건 전반을 수정 보완한다.

〔완제품〕

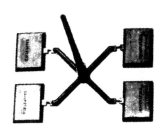

〔해설〕

① 성형조건 설정시 우선적으로 고려해야 할 사항은 성형온도 설정이며, 온도 설정시 성형하고자 하는 수지의 성형 가능 온도범위 내에서 어디까지나 대략적인 가상치를 설정한다.

이것은 비단 온도뿐만 아니라 최초 성형조건 설정 자체가 모두 대략적인 수치이며 가정치이다.

설정 우선 순위는 바뀌어도 크게 문제될 것은 없다. 단지, 성형온도는 다른 조건과 달리 열이 오르고 내리는데 다소 시간이 걸리는 관계로, 작업 능률상 손실(로스 : Loss)을 억제하고자 하는 취지에서 우선 설정순위로 두었을 뿐이다.

▷ **수지(원료)의 성형 가능 온도범위**

 ① 모든 종류의 플라스틱 수지는 각기 다른 「성형 가능 온도범위」가 정해져 있다.
  예) P.P(폴리프로필렌) : 190℃~270℃
   P.O.M(폴리아세탈) : 180℃~200℃
 ② 온도 설정시에는 항상 이 범위를 염두에 두고 성형품의 기본구조(두께, 크기, 기타)를 잘 파악하여 적정치를 설정할 수 있도록 한다.

② 기타 다른 조건 설정 요령은 '구성 요소별 세부 역할'에서 상세히 다루고자 한다.

4. 성형조건의 구성 요소별 세부 역할

4.1 주조건

4.1.1 성형온도

입자(펠릿, Pellet) 형태의 플라스틱 재료를 외부에서 열을 가해 용융상태로 만들어 금형 내부로 사출시키는 일련의 행위를 성형과정이라 풀이한 바 있다.
여기서 수지에 열을 가하는 방법에는 주로 밴드히터(Band heater)에 의한 가열법이 있다.

➡ 밴드 히터(Band heater)에 의한 가열법

가열실린더 외부에 밴드(Band) 모양으로 생긴 히터(Heater)를 감고 여기에 전원을 연결하여, 자동 온도 조절기(파이로미터)로써 자동적으로 온도 제어를 가능케 한다. 가열 실린더에 서모 커플(Thermo couple)을 삽입함으로써 설정온도와 실제 실린더 온도와의 전압차를 이용한 것으로서, 전압차가 발생하면 히터용 릴레이(Relay)가 작동하여 전압차가 없어질 때까지 가열되기도 하고 차단되기도 하며 설정온도를 꾸준히 유지해 준다.

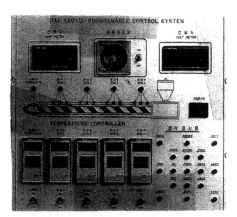

그림 3.1 가열실린더 온도 제어 패널

밴드히터는 발열소자를 내장한 판 모양의 금속을 원통형, 반원통형으로 가공 성형해서 피가열체를 감싸, 직접 가열하는 형식의 히터이다.

그림 3.2 밴드 히터

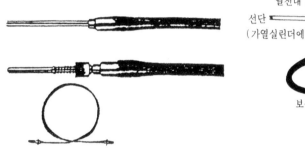

그림 3.3 각종 서모커플

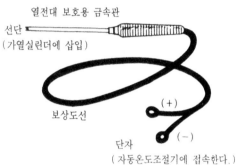

열전대 보호용 금속관

선단
(가열실린더에 삽입)

보상도선

(+)

단자
(자동온도조절기에 접속한다.)

(−)

3.4 서모커플의 명칭

1) 플라스틱 원료의 구분

플라스틱을 구분하면 열가소성(Thermo plastic)과 열경화성(Thermo setting) 플라스틱 등 두 종류로 구분할 수 있다. 열가소성 플라스틱은 열을 가하면 용융되어 흐르기 쉬운 유동상태로 되었다가 냉각되면 굳어져서 고체가 되고, 다시 가열하면 똑같은 과정(즉, 가열→용융(유동상태)→냉각→굳음(고체)→다시 가열→용융(유동상태)→)을 되풀이할 수 있는 성질을 가지고 있다. 열경화성 플라스틱은 가열하면 한동안은 녹아서 유동체(流動體)로 되지만, 더 가열하면 점차 화학변화를 일으킴으로써 경화하거나 연소(타버림)하는 성질을 가진 플라스틱을 말한다.

그림 3.5는 열가소성 플라스틱 선형(線形)수지의 분자사슬 구조를, 그림 3.6은 열경화성 플라스틱 교차결합(交叉結合)수지의 교차 결합된 상태의 분자구조를 보여주고 있다.

그림 3.5 열가소성 플라스틱 분자사슬

그림 3.6 열경화성 플라스틱 교차 결합분자

(1) 열가소성 플라스틱

열가소성 플라스틱은 사용 목적에 따라서 다음과 같이 분류된다.

① 특성 및 용도에 따른 분류

범용 플라스틱과 엔지니어링 플라스틱으로 구분한다.

㉮ 범용 플라스틱

성형성이 우수하고 까다롭지 않아(성형품의 외관만 중요시) 보편적으로 널리 사용되는 플라스틱으로서 가격도 비교적 저렴하고 주로 잡화품 계통의 성형에 사용된다. 종류로서는 ABS, PMMA(아크릴), AS (SAN), PS(폴리스티렌), P.V.C(염화비닐), PE(폴리에틸렌), PP(폴리프로필렌) 등이 있다.

㉯ 엔지니어링 플라스틱(Engineering plastic 혹은 ENPLA)

성형성이 범용 플라스틱에 비해 다소 까다롭고 특별한 성질(특성)이 요구되는 분야에 사용되는 플라스틱을 말한다. 기계부품에 적합한 고성능 플라스틱으로서 물성과 치수 정밀도를 특히 중요시하며, 주로 공업용도에 사용되고 종류는 그림 3.7과 같다.

※ 주 : 엔플라(ENPLA)란, Engineering plastic의 약자(略字)
- 하중 휨 온도 : 100℃ 이상
- 인장강도 : 500kgf/cm^2 이상
- 굽힘 탄성률 : 2500kgf/cm^{2}의 특성이 요구되는 제품의 성형에 사용되는 플라스틱을 말한다.

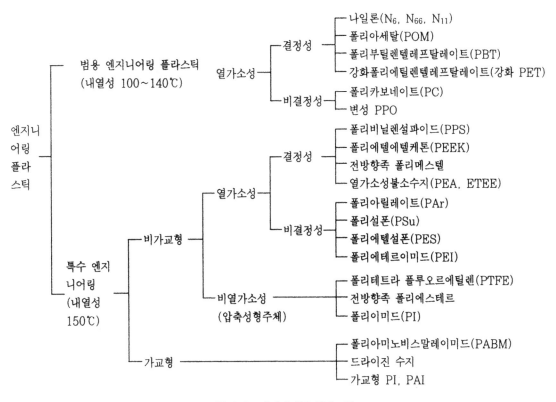

그림 3.7   엔지니어링 플라스틱

② 결정화 진행 여부에 따른 분류

결정성 플라스틱과 비결정성 플라스틱으로 구분한다.

㉮ 결정성 플라스틱

열가소성 플라스틱은 고체일 때, 고분자의 배열에 따라 그림 3.8과 같이 연쇄상의 고분자가 다수 모여 규칙적으로 다발로 묶인 상태의 결정성(結晶性)을 이루며, 성형과정에서 용융(녹은) 상태로 금형 내부에 사출되면 냉각, 고화될 때 다시 결정화가 진행된다 하여 결정성 플라스틱이라고 한다.

종류로서는 PE, PP, PA, POM 등이 있다.

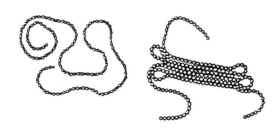

그림 3.8 결정성 플라스틱의 모식도, 직선은 결정부분

(a) 비결정성　　　(b) 배열 안 된 결정성　　　(c) 배열된 결정성

그림 3.9 결정화 모형도

㉴ 비결정성 플라스틱

　　고체일 때, 고분자의 배열에 규칙성이 없는 플라스틱(그림 참조)을 말하며, 종류는 PC, Noryl(변성 PPO), PVC 등이 있다.

※ 냉각 방식에 따른 결정화도의 차이

　　결정성 플라스틱 수지로 성형할 때, 금형냉각을 어떤 방식으로 하느냐에 따라 성형된 제품의 결정화도(結晶化度)에 영향을 미치게 된다. 즉, 금형온도를 떨어뜨려 급랭(急冷)시키면 금형 내의 성형품은 결정화가 진행되기 전에 먼저 굳어버려 결정화도도 따라서 작아지고, 서냉(徐冷)시키면 성형품의 냉각속도도 느리게 진행됨으로써 결정화가 서서히 진행되어 결정화도도 커진다. 그리고 금형 내에서 성형품이 냉각되는 과정에서 고온(高溫)의 '결정화 열'을 발산하므로 금형냉각을 잘 시켜야 한다.

　　➡ **결정화와 수축률과의 관계**

　　　　결정화가 진행되면 수축률은 커지고, 진행이 되기 전에 성형품이 굳어버리면 수축률은 작아진다. 결정성 플라스틱은 결정화가 진행되어 결정부분이 많아지면 밀도가 높고 강한 성질을 지니는 특성이 있다. 비교적 낮은 온도로 성형시 수축률 및 수지의 유동방향에 따른 수축차가 크다.

(2) 열경화성 플라스틱

일반적으로 '빼구사출(저자 주 : 이 용어는 현장에서 사용하는 속어이다)'이라고 더 잘 알려져 있으며, 사출성형을 할 경우 특별한 사출기(열경화성 사출성형기)를 사용해야 한다. 수지 종류로서는 페놀(Phenol), 우레아(Urea), 멜라민(Melamine) 등 여러 종류가 있다.

2) 수지별 성형온도 및 특성

(1) 수지별 성형온도

	수지	성형온도
결정성 플라스틱	PE(폴리에틸렌)	190℃~280℃
	PP(폴리프로필렌)	190℃~270℃
	PA(폴리아미드,	
	나일론-6	210℃~260℃
	-66	240℃~300℃
	POM(폴리아세탈)	180℃~200℃
비결정성 플라스틱	PS(폴리스티렌)	180℃~240℃
	ABS	180℃~230℃
	메타크릴	180℃~220℃
	PC(폴리카보네이트)	260℃~310℃
	Noryl(노릴, 변성 PPO)	240℃~280℃
	PVC(염화비닐)	
	-경질	165℃~185℃
	-연질	150℃~160℃

(2) 수지(원료)별 고유특성

성형작업을 효율적으로 진행시키기 위해서는 각각의 수지가 지닌 특성을 정확히 알아야만 한다.

성형조건 설정시 필히 참고로 하여 생산작업 중의 손실을 최대한 억제하고, 성형조건을 설정함에 있어서 최대한 빠른 시간 내에 그 성형품에 가장 적합한 최적조건을 찾을 수 있도록 중요한 판단자료로 활용하기 바란다.

　　※ 사출성형용으로 사용되고 있는 플라스틱은 그 종류가 현재 30종 이상이다. 그
　　　중에서도 일반적으로 많이 사용되는 플라스틱에 대해서 설명하고자 한다.

① PP

성형성 양호. 반투명. 강인하고 가벼움. 내열성이 있는 결정성 플라스틱 (결정 융점 : 160℃~168℃). 성형수축률이 크다. 용도로는 주방용품, 쓰레기통 등 다양하다.

〔일반 PP(호모폴리머), 복합PP(코폴리머)로 구분〕

② PE

성형성 양호. PP보다 비교적 연한 재질. 대표적인 결정성 폴리머. 전기적 성질, 내약품성, 내한성 우수. 성형수축률이 크다.

〔고밀도(H.D.P.E), 중밀도(M.D.P.E), 저밀도(L.D.P.E)로 구분〕

종류	경도	압력	비중	성형성
고밀도 PE(HDPE)	딱딱하다	저압력	0.95~0.96	성형성 낮음
중밀도 PE(MDPE)	중(中)	중압력	0.93~0.94	성형성 중간
저밀도 PE(LDPE)	부드럽다	고압력	0.91~0.92	성형성 양호

㉮ 강질 : 강인성. 일용품에서 공업용품까지 널리 사용된다.

㉯ 연질 : 유연성. 용기뚜껑 등에 많이 사용된다.

※ PE 성형시 주의사항

특히, 연질로 작업할 경우에는 금형 고정측을 충분히 냉각시킨다.

재질이 연한 관계로 충분히 냉각되지 않으면 스프루(Sprue)가 잘려져 성형품과 함께 딸려 나오지 못할 경우가 많다.

③ PS

㉮ HIPS : 성형성 비교적 무난. 용도로는 각종 가전제품류 등 광범위하게 사용된다.

㉯ GPPS : 성형성 비교적 무난. 주로 투명제품 성형시 사용. 강성이 있으며 전기적 성질이 우수한 비결정성 플라스틱. 반면에 취약하고 내열온도가 낮으며 내유성이 없음. 무독성으로서 식기, 식품용기 등에 사용된다.

➡ **Gpps 성형시 주의사항**

기포(Void) 및 은줄(흰줄) 발생시 배압(B.P)을 높게 가한다.

④ PMMA

GPPS에 비해 유동성이 떨어짐. 투명제품 성형에 사용. 건조시킬 것. 내후성, 강성을 겸비한 플라스틱. 완전 투명으로서 광선 투과율 100%. 주로 자동차 미등의 커버, 렌즈, 고급일용품 등에 사용된다.

⑤ AS(SAN)

GPPS에 비해 유동성이 떨어짐. 투명제품 성형에 사용. 건조(Dry)시킬 것. PS의 내유성을 개선한 플라스틱. 강성이 큰 비결정성 폴리머. 내유성과 투명성을 요구하는 용도(선풍기 날개, 일용 잡화 등)에 사용된다.

⑥ ABS

성형성 비교적 무난. 건조시킬 것. 용도에 따라서 일반, 내열성, 내충격성 등 다용도로 여러 분야에 사용된다. 특히, 고강성 ABS는 고급 범용 플라스틱으로서 일용품에서 공업용품에 이르기까지 광범위하게 사용되며, 난연제를 첨가한 자기소화성 ABS도 역시 마찬가지이다.

또한 ABS의 중요한 용도 중 하나는 플라스틱 도금의 바탕재료가 되므로 성형품에 도금을 해야 할 경우 도금이 잘된다.

⑦ PVC

성형성 불량(성형온도 범위가 좁다). 실린더 내 체류시간이 길어지면 쉽게 과열 분해. 약간만 분해하여도 성형기의 실린더, 스크루, 금형을 부식시킴(반드시 내식성 재료를 사용할 것). 연질, 경질로 구분하며 경질은 파이프(압출성형), 연질은 전선의 피복, 플러그 등 유연성을 필요로 하는 곳에 사용된다.

⑧ EVA

성형성 불량(성형온도 범위가 좁다). 초산 냄새. PVC 연질과 비슷한 매우 연한 재질. 건조 불필요(건조할 필요성을 느낄 경우, 호퍼 드라이어로 50℃ 이하 유지) : 건조온도를 높게 설정하면 호퍼 내에서 눌어붙는다.

⑨ POM

성형성 불량(성형온도 범위가 좁다). 수지의 분해시 유독가스(최루가스) 발생. 고약한 냄새. 정상적인 성형작업시에는 냄새가 거의 없다. 실린더 내에 장시간 체류금지. 전형적인 결정성 플라스틱.

점도에 따른 분류 : 고점도, 중점도, 저점도.

⑩ PC

건조에 특히 유의(플라스틱 수지 중 흡습성이 가장 강함). 수지의 흐름성
(유동성)이 떨어져 성형성 불량.

주로 온유기를 많이 사용(금형을 뜨겁게 하여 유동성 확보). 무색, 투명의
극히 강인한 비결정성 플라스틱. 용도로는 렌즈, 전등의 커버 등 광범위하
게 사용된다.

⑪ PA

성형성 보통. 건조시킬 것. 나일론-6과 66이 PA 전체 수요량의 96% 차
지. 대표적인 결정성 플라스틱. 내유성, 내열성, 내충격성 등이 우수한 유
백색의 불투명 플라스틱. 용도로는 기어(Gear), 캠(Cam) 등에 사용된다.
성형직후 공기 중에 방치하면 습기를 빨아들여 강도가 강해진다. 보통 나
일론은 성형 후 삶아서 강도를 강하게 하여 많이 사용한다.

⑫ PBT

성형성 보통. 건조시킬 것. 실린더 내 장시간 체류 금지.

유리(Glass)섬유 강화형 엔지니어링 플라스틱으로서 강성, 내열성, 내약품
성, 전기특성, 정밀성형성 등에서 최고로 균형이 잡힌 플라스틱. 용도로는
전기, 전자, 자동차 및 기타 분야에 사용된다.

⑬ Noryl(노릴)

성형성 보통. 건조시킬 것. 치수정밀도를 필요로 하는 용도에 적합. 주로
난연성을 필요로 하는 제품에 사용된다.

⑭ 기타

3) 성형온도 설정시 주의사항

① 가급적 정해진 온도범위 내에서 설정한다.

앞서 언급한 성형온도 범위를 약간 벗어나도 성형은 가능하다.

➡ 성형조건은 똑같은 수지라 하더라도 금형(제품)이 바뀌면 열도 거기에 맞춰 별도
로 컨트롤을 해줘야 하기 때문에 다소 높을 수도 있고, 낮을 수도 있다(성형품의
'두께' 차이에 따른 변동). 그러나 지나치게 무리한 조건은 피한다.

※ 무리한 조건의 예
성형조건 수정시 열이 문제가 되었다고 가정해 보자.

제품을 지나치게 잘 뽑으려고 욕심을 내다 보면 기계에 무리가 가는 줄도 모르고 작업을 하는 경우도 간혹 있다.

<예>

• 열을 너무 낮게 설정하였을 경우 : 가열실린더 내의 스크루(Screw) 회전에 저항이 걸려 다소 무리가 간다.

• 열을 너무 높게 설정하였을 경우 : 과열 우려(정상작업이 불가능하거나 성형이 되어도 취약한 제품이 될 가능성이 있음)

◆ 잘 설정된 성형조건은 기계와 금형을 보호한다. ◆

② 같은 수지라도 성형온도가 달라질 수 있다.

금형은 앞서 작업하던 그대로이고, 수지의 특성이 바뀔 경우

예 : 강질 ⇄연질 : 같은 수지라도 강질이 연질보다 열이 더 높다.

➡ 평균적인 수치(경험상)로 볼 때 10℃~20℃ 정도 높게 설정해야 정상작업이 가능(연질은 그와는 반대)하다.

예 : 점도에 따른 차이

• 고점도 : 수지의 흐름성(유동성) 떨어짐
• 중점도 : 수지의 흐름성 중간
• 저점도 : 수지의 흐름성 양호

※ 원료 포대 바깥면의 그레이드(Grade) 참조

보통 수치로써 표시하며, 수치가 높으면 저점도, 낮으면 고점도로 분류한다.

〈보충 설명〉

상식적으로 생각해도 단단한 재료는 무른(연한) 재료보다 열을 더 필요로 할 것이고, 고점도란 점도가 높아 수지의 흐름성이 자연히 떨어지게 될 것이므로 성형을 완전하게 하려면 열은 더 먹히게 마련이다.

이와는 반대로 저점도일수록 열은 덜 먹히는 것 또한 기정 사실이다. 단, 여기서 말하고자 하는 것은 최초 열 설정은 어디까지나 성형온도 범위 내의 여러 정황(강·연질, 점도, 성형품의 두께 등)에 의한 가상치이며, 보다 정확한 온도는 실제 작업을 하면서 몇 번의 수정과정을 거쳐야만 얻어진다는 사실에 유념하여야 한다.

표 3.1 재료별 점도 기준

고점도 재료	중점도 재료	저점도 재료
경질염화비닐	PMMA	폴리에틸렌
폴리아릴레이트	ABS	폴리프로필렌
폴리카보네이트	EVA	폴리아미드계
폴리설폰	AS	폴리우레탄
셀룰로오스계	POM	폴리메탈펜텐
불소계	PPS	무충전 PBT
폴리에텔설폰	연질 PVC	
변성PPO		
BMC		
FRTP(각종)		
폴리에텔아미드		

※ 성형품의 두께도 열 설정시 고려 사항
　두꺼울 경우 : 비교적 낮게 설정
　얇을 경우 : 비교적 높게 설정

◆ Point
　통상적으로 성형온도 설정시 제품의 두께(니꾸)를 보고 판단하는 경우가 대
　부분이다.-「가장 기초적인 판단법」
　두께가 두꺼우면 수지가 금형 내부를 흐르는 동안 쉽게 고화되지 않아 비교
　적 낮은 온도에서도 성형성이 우수한 반면, 두께가 얇으면 수지가 금형 내
　부를 유동 중에 쉽게 굳어 버리므로(미성형 발생) 열을 높여 주지 않으면
　안 된다.

4) 성형온도 수정요령

① 성형작업 중 최초에 설정한 성형온도를 수정할 필요성을 느낄 때는 수정
　설정 후 일단 기계를 잠시 세워 둔다.

　※ 아무래도 승온시간 혹은 열이 떨어지는 시간이 있기 때문에 이 부분의 손실(Loss)
　을 줄이기 위한 것이다.

표 3.2 각종 플라스틱의 표준적인 두께

플라스틱	표준적인 두께(mm)
폴리에틸렌(중밀도, 고밀도)	0.5~3.0
폴리프로필렌	0.6~3.0
폴리아미드(나이론)	0.5~3.0
폴리아세탈	1.5~5.0
PBT 수지	0.8~3.0
폴리스티렌	1.2~3.5
ABS 수지	1.2~3.5
메타크릴 수지	1.5~5.0
폴리카보네이트	1.5~5.0
경질염화비닐 수지	2.0~5.0

표 3.3 제품의 깊이와 두께 관계

깊이(mm)	두께(mm)
50 이하	약 1.2
50~100	약 1.2~1.7
100~200	약 1.2~2.2
200 이상	약 2.2 이상

➡ 성형품의 불량원인이 열이 낮기 때문이라고 판단될 때(예를 들면, 미성형의 경우), 열을 올려 놓고 그 상태로 계속 기계를 가동시키면 수정 설정치만큼 열이 오를 때까지는 계속 불량이 발생(Loss)하므로, 차라리 세워 두었다가 작업을 하는게 더 능률적이란 뜻이다.

② 수정을 위한 판단 근거

㉮ 사출압력을 어느 정도 올려도 계속해서 미성형이 발생할 때에는 미성형 발생 정도에 따라 수정치를 조절한다.

예 : 심할 경우 - 많이 올려 준다.

　　약할 경우 - 조금만 올려 준다.

➡ 통상적으로 열을 높이면 사출압력은 낮춰 주어야 되고, 반대로 열을 낮추면 사출압력은 올려줘야 한다는 사실을 명심해야 한다.

㉯ 미성형이 아닌 외관 불량일 경우

• 성형온도(열)가 낮을 때 : 플로 마크(Flow mark) 발생, 기타

• 성형온도(열)가 높을 때 : 과열(강도 저하, 취약)

그림 3.10 플로 마크

※ 플로 마크(Flow mark)란?
제품의 표면에 손가락의 '지문' 모양으로 흐름자국이
발생하는 불량 현상. 용융수지가 금형 캐비티 내를
매끄럽게 흐르지 못 한 데서 발생하므로, 열을 올리
고, 사출압력, 속도를 높여 빠르게 금형 내부로 수지
를 유입시키면 해소된다.

※ 과열이란?
열이 지나치게 높음으로 인해 발생. 성형품의 표면에
은백색의 줄이 생기거나 검게 탄 줄이 생긴다.
과열된 채로 성형을 하면 금형에 성형품이 박혀 잘
빠지지 않는 경우도 종종 발생되므로, 항상 적정 온
도와 무리한 온도를 구분하여 적절히 구사한다.

◆ Point
플라스틱 원료(열가소성 플라스틱) 중 어떤 종류의
수지일지라도 일단 성형온도 범위만 알면 성형조건
설정이 가능하다.

4.1.2 계량속도

① 계량이란?
가열실린더 내의 스크루(Screw)가 사출이 끝난 후 다음 공정을 위해 회전
하면서 수지를 가열실린더 앞쪽(노즐 쪽)으로 공급시키는(보내는) 것을 말
하며, 가소화 공정이라고도 한다.

② 계량속도란?

계량속도(R.P.M)
[6 | 0] %
계량완료
[0 | 5 | 0] mm

그림 3.11 계량속도와 계량완료

계량은 스크루(Screw)가 회전하면서 진행되는 과정이므로 계
량이 빨리 끝나고 늦게 끝나고는 그 속도를 조절함으로써 이
루어지게 된다. 이것을 계량속도라 한다.

※ 주 : 계량속도를 빠르게 설정해도 스크루 배압(Back pressure)이 높
으면 계량 진행이 느리게 된다. 이는 배압의 주 역할인 브레이크
(Brake) 작용 때문이다. 상세한 것은 '배압편' 참조

③ 계량 완료
어느 일정한 계량 종료 지점을 작업자가 설정해 놓으면 그 위치에서 계량
은 끝나게 되며 스크루(Screw)도 동작을 멈추게 된다. 이것을 계량 완료
라 한다.

⇨ 가열실린더 열이 덜 오른 상태에서는 스크루를 회전(계량)시키지 말 것. 심할 경우 스크루가 파손될 수도 있음에 유의한다. 계량속도 컨트롤도 지나치게 빠르게 하지 않는 것이 좋다.

4.1.3 흐름 방지(SuckBack 혹은 Drooling)

① 수지의 흘러내림을 방지하기 위해 설정토록 해놓은 것이다.

② 설정 방법은 계량이 완료(종료)되고 난 후 흐름 방지가 작동되므로 사출성형기의 계량부(Charge unit)를 보면 흐름 방지 설정 위치가 나온다.

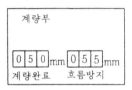

계량부	
0 5 0 mm	0 5 5 mm
계량완료	흐름방지

그림 3.12 흐름 방지

주로 거리(mm)로 설정하며, 사출기의 종류에 따라서 설정방법에 약간씩 차이가 있다.

※ 주 : 흐름 방지 설정이 필요치 않을 때는 '0'(즉 Zero)으로 설정한다.

③ 작동 원리는 스크루가 계량완료 시점까지 오면 회전을 멈추고 순간적으로 섰다가 무회전 후퇴를 하게 되는데, 후퇴거리(mm)는 기설정된 흐름방지 거리(mm)이며 스크루가 강제로 뒤로 빠진다(후퇴)하여 강제후퇴라고도 한다.

⇨ 강제후퇴는 꼭 필요할 경우 이외에는 가급적 사용(설정)을 자제하는 것이 좋다. 이유는 수지의 흘러내림은 100% 막을 수 있으나 스크루가 강제로 후퇴함으로써 공기가 실린더 내로 유입(강제후퇴 설정거리(mm)만큼 호퍼 쪽으로부터 유입됨)되어 수지의 종류에 따라서는 성형불량의 원인이 되기 때문이다.

〈예〉 A.B.S 수지 : 제품 표면에 은줄(흰줄)이 생김

단, 사용이 불가피할 경우 흐름 방지(강제후퇴)거리 설정은 하되, 제품상태를 봐가며 되도록 조금씩(후퇴거리를 짧게) 설정해 주는 것이 좋겠다.

〔보충 설명〕

※ 강제후퇴(흐름 방지)를 설정하면 공기가 실린더 내로 유입이 되는 이유

먼저 계량 공정시 스크루의 움직임을 자세히 관찰해 보자.

강제후퇴가 진행되는 과정과 어떠한 차이점을 발견할 수 있는지 알아보자.

계량 공정이 진행 중일 때의 스크루의 움직임은 계량속도를 빠르게 했든 느리게 했든 간에 계량되는 수지분자 상호간에는 밀도(빽빽한 정도)가 있게 된다.

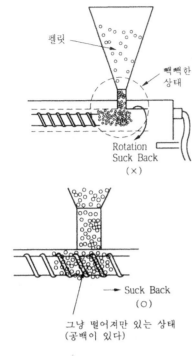

펠릿

빽빽한 상태

Rotation
Suck Back
(×)

Suck Back
(○)

그냥 떨어져만 있는 상태
(공백이 있다)

그림 3.13 강제후퇴시 공기가
유입되는 이유

즉, 스크루가 회전을 하면서 호퍼에서 공급받은 수지를 꾸준히 노즐 쪽으로 보내고 다시 노즐 쪽에 모인 용융수지의 압력에 의해 뒤로 밀려나면서 계량이 진행되기 때문에 계량되는 (용융되는) 수지 분자 상호간의 거리는 더욱 좁혀져(밀도 증가) 어느덧 계량이 완료(종료)된다. 이때 강제후퇴가 작동되면 그냥 스크루가 뒤로 빠져 버리기만 하므로, 그 빠진 거리(mm)만큼 호퍼에서 재료가 스크루 위로 그냥 떨어져 있는 상태가 된다. 그러면 여기서 계량이 진행 중일 때의 수지밀도와 강제후퇴 종료 후 스크루에 그냥 「떨어져만 있는 상태」의 수지밀도는 어느 쪽 밀도가 높겠는가?

상식적으로 생각해 봐도 당연히 계량 진행 중인 수지의 밀도가 높다 하겠다.

➡ 위에서 가리키는 밀도(密度)는 용융된 상태의 수지밀도뿐만 아니라 가열실린더 내로 최초로 유입되는 생(生)원료, 즉 입자형태(펠릿)의 원료 알갱이 상호간 밀도(빽빽한 정도)까지를 의미한다.

밀도가 높다는 것은 다른 말로 표현하자면 공기가 수지 틈새에 존재하기가 어렵다는 말이고(존재는 하되 약간 정도), 밀도가 낮다는 것은 그만큼(펠릿과 펠릿 사이의 공백만큼) 공기의 존재 가능성을 인정하는 것이기도 하며, 결과적으로는 계량이 진행되는 과정에서 공기가 원료 입자와 함께 실린더 내로 들어갈 수 있다는 논리(論理)로도 해석(解釋)될 수가 있다.

이것이 바로 공기가 강제후퇴 중에 유입되는 원리이며, 물론 강제후퇴가 없어도 항시 호퍼 내에 있는 수지에는 공기가 함께 스크루로 말려 들어간다.

그러나 강제후퇴를 설정한 상태에서 유입되는 공기의 양과는 양적으로 일단 차이가 난다고 볼 수 있다. 결국, 강제후퇴 설정 없이 일반적으로 유입되는 공기는 다음에 설명될 배압(Back pressure)의 기본적인(적정치) 설정만으로도 해결이 가능하다.

강제후퇴로 말미암아 양적으로 많이 유입된 공기는 배압을 높게 설정해줘야 되며, 강제후퇴 거리가 지나치게 길게 설정되었을 경우에는 이것마저도 효력이 없게 된다고 할 수가 있다.

이러한 이유로 강제후퇴거리(mm) 설정시에는 항상 배압과의 관계를 감안하여 되도록 짧게 설정하되, 어쩔 수 없이 다소 길게 설정할 경우라도 배압을 높여 주면 해소가 될 것인지 여부도 함께 고려해 보는 것이 바람직하다.

4.1.4 배압(Back Pressure) – B.P

사출성형기에 배압을 설치한 목적은 스크루의 계량공정 진행 중에 후퇴하는 스크루에 브레이크(Brake)를 걸어줌으로써 어떤 성형조건상의 효과를 보기 위함이다. 배압을 줌으로써 얻는 기대효과는 다음과 같다.

① 건조 효과

근본적으로 건조 자체가 안 된 수지는 효과가 없지만 약간 건조상태가 미흡할 경우 비교적 높은 배압을 가함으로써 효과를 볼 수 있다.

② 공기(Air) 배출 효과

계량이 진행 중일 때 호퍼로부터 공급되는 수지에는 공기가 함께 가열실린더 내로 유입된다고 보여지므로, 배압이 어느 정도 가해지면 계량되는(가소화되는) 수지분자 상호간에는 분자밀도가 높아져(빽빽해짐) 공기가 그 틈새에 존재하지 못하고 빠져나와 다시 호퍼 쪽으로 나가게 되는 원리이다.

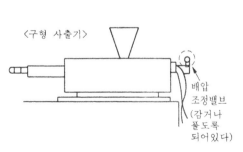

〈구형 사출기〉

배압
조정밸브
(감거나
풀도록
되어있다)

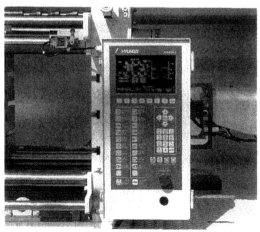

〈신형 사출기(프로그램 제어)〉

그림 3.14 배압(Back pressure)

참 조

실버 스트리크(Silver streak)

통상 배압이 부족해서 공기(Air)가 유입된 채로 성형되었을 경우와 수지의 건조 불량으로
인해 생기는 기타 지나친 강제후퇴(거리설정) 등이 원인이 된 대표적인 불량 현상. 성형품
에 은백색의 줄이 생긴다.
다른 말로, '꽃이 핀다'고 하거나 그냥 '핀다'고도 한다.

※ 주 : 성형품의 웰드라인(Weld line) 가스(Gas) 배출
   에어벤트(Air bent, 배기홈)가 있어도 100% 가스 배출효과를 발휘하지 못해 가스
   가 차서 제품의 마지막 접합 부위인 웰드라인(Weld line)이 타버리는 경우, 조치
   사항으로서 배압(B.P)을 다소 높게 가해 주면 상기 ②의 원리가 적용되어 의외로
   문제점이 쉽게 해소될 수 있다.

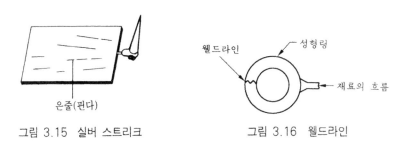

은줄(핀다)

그림 3.15 실버 스트리크   그림 3.16 웰드라인

웰드라인   성형링   재료의 흐름

[설명] 계량공정에서 수지 자체의 공기를 근본적으로 제거해 버린 상태에서 사출이 되므
로 성형품 상태가 좋아질 수밖에 없다. 단, 모든 제품에 다 적용되는 것은 아니므
로 유의한다.
   ※ 금형 캐비티 내부에도 사출 개시 전 공기가 차 있으므로 이 점도 유의하여 성
      형조건을 적절히 컨트롤한다(수지 유입속도를 천천히 해주면 캐비티 내에 갇혀
      있는 공기가 빠져나간다).- 「보편적」

참 조

〈수지의 금형 내 유동경로〉
ⓐ 성형기 노즐(Nozzle) → ⓑ 금형 스프루(Sprue) → ⓒ 콜드 슬러그 웰(Cold slug
well) → ⓓ 러너(Runner) → ⓔ 게이트(Gate) → ⓕ 캐비티(Cavity) → ⓖ 에어벤트
(Air bent)

※ 콜드 슬러그 웰(Cold slug well)이란?
   성형기의 노즐(Nozzle)과 금형의 스프루(Sprue)는 정상 작업시 터치(Touch : 붙어
   있음)된 상태이므로, 노즐 끝부분(금형 스프루와 붙은 부분)은 금형에 열을 빼앗겨
   (금형은 차가우므로) 수지가 굳어 있을 가능성이 높다.

이때, 사출을 하면 이 굳은 수지가 그대로 캐비티(Cavity)에 유입되어 성형불량의
원인이 되므로, 이를 제거하기 위해 스프루나 러너 끝부분에 만들어 놓은 일종의
굳은 수지가 모이는 웅덩이를 말한다.

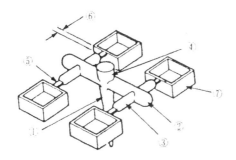

① 스프루(Sprue)
② 러너(Runner)
③ 보조러너
④ 콜드슬러그(Cold slug)
⑤ 게이트(Gate)
⑥ 게이트 랜드(Gate land)
⑦ 성형제품

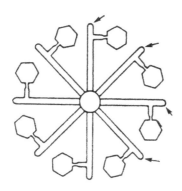

그림 3.17 콜드 슬러그 웰

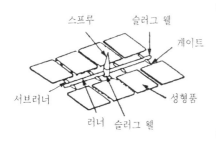

그림 3.18 슬러그 웰을 내는 방법

③ 사출 중량 증대

배압을 많이 주면 앞서 설명한 대로 분자밀도가 높아지므
로(빽빽해짐) 자연적으로 성형품의 중량도 증대하게 된다.
배압을 많이 주고 성형한 제품과 그렇지 않은 제품으로 무
게를 달아 보면 금방 알 수 있다.

④ 원료의 혼련(Mixing)효과

원료의 믹싱(Mixing)을 잘 시켜줌으로써 성형품의 품질향
상에 기여한다.

참조

계량 완료(종료)된 수지의 실제온도(℃) = 가열실린더 설정온도 + α℃(내부온도, 즉 계량 속도 + 배압)

[설명] 성형온도 설정은 외부 온도에 불과하다.

실제로 실린더 내부 온도는 계량공정 중에 스크루가 회전하면서 원료와 부딪치며 발열하는 기계적 열과 배압에 의한 믹싱과정까지 포함하면 실제 열은 가열실린더 온도(외부 온도) + α(실린더 내부 온도)가 된다. 이론적으로 볼 때 실린더 내부 온도는 외부 온도에다 +20℃ 정도가 추가되는 것으로 나와 있다.

그러한 관계로 미성형(Short shot)이 발생되면 여타조건을 그대로 두고 스크루 배압만 조금씩 더 올려도 성형성은 **훨씬** 향상됨을 경험할 것이다(계량속도도 같은 맥락).

※ 주 : 수지의 흘러내림은 계량공정시 후퇴하는 스크루(Screw)에 배압을 가함으로써 발생되는데, 이때 지나치게 무리한 배압을 가하면 성형 사이클(Cycle)이 길어지며 수지가 줄줄 흘러내리기만 하고 계량 자체가 불능일 경우도 생기게 된다.

항시 실린더 온도와 개량속도를 감안한(항상 함께 생각할 것) 적당한 배압 컨트롤로 원하는 성형상의 목적(상기에 열거한 배압의 기대효과)을 충분히 달성하기 바란다.

➪ 수지의 건조(Dry) 상태가 아무리 양호해도 기본적인 배압마저 주지 않고 완전히 빼버린다면(풀어버린다면, 없애버림) 공기가 유입되어 건조가 덜 된 것처럼 성형 품의 표면이 [피게]된다(은백색의 줄이 생김).

⑤ 기포(Void) 제거

성형품의 두께가 특히 두꺼운 부분의 내부에 생기는 공간을 말하며, 투명 제품에 잘 생기고 눈으로 보면 물방울 모양이다.

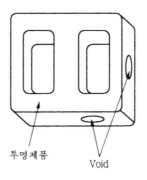

투명제품   Void

그림 3.19 기포(Void)

[설명] 배압을 높게 가함으로써 해소된다.

이 역시 배압이 부족함으로 인해 계량되는 수지분자간 밀도에 공백이 생겨서 그 틈새로 공기가 유입되어 함께 성형되어 발생한 현상으로 보면 된다.

〔알아둘 사항〕

※ 원료 믹싱(Mixing)의 3요소 → 가소화 과정(Plastification process)

> 가열실린더 온도(℃) + 계량속도(R.P.M) + 배압(B.P)

상기 3요소를 적절히 혼합하여 잘 운용함으로써 성형품의 품질에 상당한 영향을 주게 된다.

예 : 성형온도를 그 수지의 성형온도 범위에서 볼 때 비교적 높은 온도로 설정하였는데도 계속 '미성형'이 발생할 경우(성형은 되어도 조건 자체가 불안정하여 작업 중간 중간에 뚜렷한 별다른 이유가 없어 보이는데도 미성형이 계속 발생될 때).

⇨ 이때에는 성형온도(외부 설정온도)만 높고 실제 실린더 내부적으로는 원료의 믹싱(즉 가소화) 상태가 충분치 못한 상태이므로, 계량속도(R.P.M)를 조금 더 빠르게 해주고 배압(B.P)을 조금 더 감아 주면(올려 주면) 해소된다.

※ 계량속도가 비교적 정상치라고 판단되면, 배압만 조금더 올려줘도 된다.

참 조

플라스틱 원료의 가소화 과정(믹싱 과정)을 쉽게 말로 풀이하자면 이렇다.

[설명] 플라스틱 원료에 적합한 성형온도를 외부에서 밴드히터를 통해 공급시키고(설정온도), 내부적으로는 스크루가 회전(계량공정)을 하면서 호퍼로부터 유입된 원료를 갈아 으깬다. 그리고 외부에서 공급받은 열(밴드히터)과 스스로의 회전에 의해 발열되는 열로 녹여가면서 스크루의 골을 타고 가열실린더 전반부(노즐 쪽)로 수지를 보내며, 가열실린더 선단에 믹싱 완료된 수지가 모이면 그 수지의 압력에 의해 스크루가 뒤로 회전하면서 밀려나게 된다.

※ 스크루는 그냥 회전할 뿐 자의적으로 회전하면서 뒤로 후퇴하지는 못한다.

이때, 밀려나가는 스크루에 브레이크(Brake)를 걸어줌으로써(배압) 재료의 혼련효과(믹싱)를 높이고, 스크루가 느리게 후퇴함으로써 좀더 알차고 확실한 계량이 되어 좋은 품질의 성형품을 얻게 되는 것이다.

〔중간 정리〕

※ 성형온도(가열실린더 열), 계량속도, 배압은 항상 함께 머릿속으로 「그리는」 습관을 기른다(단독으로 판단은 금물).

※ 이론상 가스(Gas) 배출 조건 설정법 → 계량공정시 가스 배출

① 실린더 온도 '경사' 유지(일반적인 실린더 열 설정법)

    예 : 온도 제어 구역(Zone) - (노즐 히터)(1번 히터)(2번 히터)(3번 히터)

	(NH)	(H1)	(H2)	(H3)
	210℃	205℃	200℃	195℃

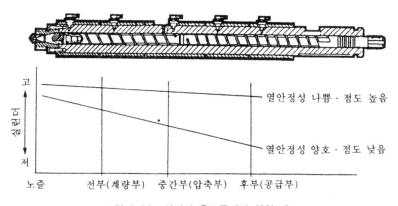

그림 3.20 실린더 온도구배의 원칙 예

[설명] 가스(Gas)는 열이 높은 곳(노즐 쪽)에서 낮은곳(호퍼 쪽)으로 빠져나간다는 원리.
(그래서 전체적인 실린더 열을 놓고 볼 때 NH : 노즐열을 다소 높이고, 뒤로(호퍼 쪽) 갈수록 낮춰 설정 : '경사' 유지) 특히, 맨 마지막 열(후열 : 호퍼쪽)을 낮추는 것은 원료의 오버히트(Over heat)를 막아 원료 공급을 원활히 하겠다는 취지이다.
– 호퍼 밑에는 냉각수가 돌고 있으며 역시 오버히트 방지용이다.

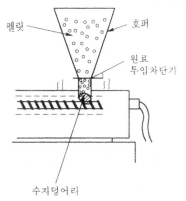

펠릿
호퍼
원료 투입차단기
수지덩어리

그림 3.21 오버히트(Over Heat)

※ 오버히트(Over heat)란?
「지나치게 뜨거워진다」는 뜻이다. 실린더 맨 끝열은 호퍼로부터 낙하된 수지가 최초로 가열실린더 내부로 공급되는 부분이므로, 이 부분의 열(후열)이 지나치게 높거나 비록 정상적인 열이 설정되었다 하더라도 호퍼 밑의 냉각수 회전이 원만치 못하면(막혀 있다면) 성형작업 중 장시간 가열실린더 열을 올려 놓은 채로 기계 가동만 중지하게 될 경우, 이미 호퍼 하단부에 낙하 완료된 일부 수지가 「지나치게 뜨거워져서」 '덩어리'가 될 가능성이 생긴다.
이러한 경우를 통상 '오바이트했다'고들 하는데 정확히 말하자면 오버히트(Over heat)다.

② 계량속도는 비교적 느리게(Slow) 설정

가스(Gas)가 스크루에 '휘말리지' 않고 서서히 뒤로(호퍼 쪽) 빠지게 하려는 것이다.

③ 배압은 조금 높게 설정

1) 실린더 열 설정시 고려사항

① 수지가 뚜렷한 이유없이 '과열'이 잘될 경우

스크루 회전(계량공정)에 무리가 없는 범위 내에서 최대한 낮춘다(다운). 특히, 노즐 열과 실린더 1번 열을 중점적으로 다운시키되, 나머지 뒷열은 전열(노즐, 실린더 1번)보다 조금 더 높여 준다.

⇨ 성형에 직접 관여하는 열은 [노즐온도 + 실린더 1번 온도]이며(이 부분에 모인 수지가 거의 매쇼트(Shot)당 사출되어 나감), 나머지 열(뒷열)은 단지 보조하는 데 그친다. 물론 보조역할을 수행한다 하더라도 어차피 앞열(노즐, 실린더 1번)에 영향을 미치게 되므로, 성형품의 변화를 면밀히 관찰하면서 무리없는 수준에서 컨트롤 할 수 있도록 한다.

성형조건은 성형온도든, 사출압력이든, 기타 어떤 것이든지 간에 수정을 시키면 성형품에 수정된 조건의 변화가 분명히 나타나게 된다. 성형품을 「거울」이라고 생각하고 성형조건 수정시에는 한꺼번에 많은 폭(간격)으로 수정 범위를 잡지 말고, 조금씩 올리거나 낮춰 제품의 변화를 잘 관찰하면서 가장 적합한 적정조건을 찾을 수 있도록 하여야 한다. 단, 뒷열을 다소 높여 주는 이유는 스크루가 계량되는 데 지장이 없도록(스크루 회전에 무리가 없도록) 하기 위한 것이다. 기타 과열이 될 수 있는 요건 완화조치(예 : 배압과 계량속도 다운(Down) 조치)

◆ 항상 같이 생각할 것 → 「실린더 열 + 계량속도 + 배압」

② 열을 올리고 낮출 때에는 항상 전체적으로 그리고 같은 간격으로 업(Up), 다운(Down)시키되, 미성형 발생이 심할 경우는 「노즐과 실린더 1번 열」을 중점적으로 올리고 나머지 뒷열은 가급적 정상적인 상태를 유지한다.

⇨ 열 상승폭(미성형의 발생 정도에 따라 올려주고자 하는 예상치)이 그 수지(현재 작업 중인 수지)의 전체적인 성형온도 범위 내에서 볼 때 현재 설정된 온도가 그다지 높지 않다면 전체적으로 골고루 올려줘도 문제가 없으나, 꽤 올려야만 성형상 문제가 없을 것 같으면 전체적으로 다 올릴 경우 과열될 우려가 있고 또 성형사이클(Cycle)이 길어져서 생산량 차질이 우려되기 때문이다. 그래서 어느 정도 수정을 해나가다 보면 전(前)열과 후(後)열의 개념이 스스로 정립되므로 여기서는 보다 상세한 내용은 생략하겠다.

③ 어떤 수지(원료)든 일단 그 수지의 성형온도 범위만 알면 작업을 해 나가는 과정에서 그 수지의 최대 한계 온도가 얼마이며 최저치는 얼마인가를 알 수 있다.

예 : 열을 올려야 할 경우, 어느 정도 상승시키는 과정에서 과열된다든지 하면 그 수지는 그 온도 이상은 설정할 수 없다는 것을 알 수 있으며, 또한 내려야 할 경우도 마찬가지다.

단, 내리는 경우는 스크루 회전상태(계량공정)도 관찰하여 스크루에 무리가 가지 않도록 스스로 잘 판단하고, 무리하게 다운시키면 성형조건도 사출압력을 다시 상승시켜야 하는(미성형이 다시 발생되므로) 작업상 애로가 또다시 겹칠 수도 있음을 유의해야 한다.

※ 실린더 열을 낮추면 사출압력을 올려주어야 되고, 사출압력을 낮추려면 반대로 열을 올려야 한다. → 기본 개념

이러한 이유로 최초 열 설정시 제품(혹은 금형의 캐비티)의 두께를 보고 그 수지의 전체적인 성형온도 범위 내에서의 「열 설정 방향」이 잡히게 되며, 두께가 두꺼울 경우 비교적 낮은 열에서, 반대로 얇을 경우에는 약간 높은 열에서 출발(설정)하여 사출압력과 속도를 조절(컨트롤)해 나가면서 성형품을 봐가며 상호 비교 분석하여 최적 조건을 잡아나가게 되는 것이다.

4.1.5 사출(Injection)

1) 1차와 2차(보압)

〔도움되는 말〕

지금부터 설명하고자 하는 내용은 플라스틱 사출성형기술에 있어서 가장 핵심적인 내용이다.

이제까지 성형조건을 구성하고 있는 요소 중 주조건의 일부 분야(가열실린더 열, 계량속도, 흐름 방지, 배압 등)를 여러 측면에서 고찰하였지만, 그 주조건 중의 주조건인 사출(1차와 2차(보압))을 보다 더 알기 쉽게 설명하기 위한 하나의 전초과정에 지나지 않는다. 사출의 진정한 묘미와 의미는 지금부터 설명하고자 하는 내용에 모두 포함되어 있다 해도 과언이 아니다.

다음 장에서 설명하게 될 사출성형조건 접근법이라든가 다소 어려운 금형(테크

닉을 요하는 금형)의 성형조건 컨트롤법도 사실은 지금부터 필자가 주지시키려
는 핵심만 정확히 간파하면 특별히 문제될 것은 없다고 본다.

여기서 짚고 넘어갈 것은 사출성형기술이란 어디까지나 두뇌 플레이이며, 이러
한 것도 정확한 기초 위에서나 가능한 것이지 어떠한 일도 기초가 없는 상태에
서는 응용도 더 이상의 발전도 무의미하다고 본다.

2) 사출(Injection)과 보압(Holding pressure)

제품을 성형시키기 위해서는 용융수지를 금형 내부
로 압력을 가해 밀어 넣어야만 되는데 이렇게 하는
행위 그 자체를 사출(Injection)이라 정의한 바 있
다. 이러한 사출의 기본구조를 살펴보면,

사출 1차(충전) + 사출 2차(보압)

로 구성되어 있음을 알 수 있다.

이러한 기본구조는 어떠한 사출성형기에 성형조건을
설정할 경우라도 동일하다(절대불변). 바꿔 말하면,
어떠한 금형(제품)일지라도 이러한 구조에 의해 성
형이 완료된다(제품이 만들어진다).

그러면 여기서 1차(충전)와 2차(보압)란 과연 무엇
인가?

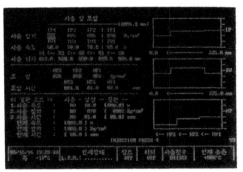

최초 사출이 개시될 때 금형의 캐비티(Cavity)는 텅
비어 있으므로 비교적 빠른 속도로 수지가 유입된다
(충전과정). 그러다가 어느 정도 수지가 유입되어 금
형의 캐비티가 수지로써 충만해지면 자연적으로 수
지의 움직임이 매우 둔화되어 거의 멈춰 버리게 된
다.

그림 3.22 사출부 제어 패널
(7단제어 시스템)

➡ 비어 있는 금형 내부에 수지가 꽉 차면 더 이상 들어갈 공간이 없어지므로 스크루의
움직임은 가만히 두어도 자연적으로 멈추게 된다.

이때(움직임이 둔화되기 시작할 때) 즉시 사출압력을 **빼버렸다고** 가정해 보자.

※ 사출시간을 그 시점(움직임이 둔화되는 시점)에서 종료되도록 짧게 설정한다.

성형품은 어떻게 되겠는가?

싱크마크

그림·3.23 수축

미성형(Short shot) 아니면 성형이 되어도 수축(Sink mark : 성형품의 외관이 보기 좋지 않게 쭈그러들고 움푹 패인 것 같이 들어감)이 간다.

미성형일 경우는 사출시간을 충전(성형) 완료 전에 끊어 버렸기 때문이며(사출시간이 지나치게 짧음), 성형이 되어도 수축(Sink mark)이 가는 이유는 꼭 필요한 사출압력(즉, 유지압·보압)을 유지시켜 주지 않고 빼버렸기 때문이다.

결국 성형이 100%된 상태라도 사출압력을 곧장 빼지 말고 꾸준히 유지시켜 줌으로써, 미량의 수지가 캐비티(성형품) 내부로 문제의 수축이 가는 부위에 지속적으로 공급 및 유지가 가능하도록 사출시간을 그에 맞게 설정해 주면 취출된 성형품은 외관상태(특히, 수축)가 극히 양호할 것이다. 이렇게 사출 진행 과정상으로 볼 때 2차적으로 사출압력을 유지시킨다 하여 사출 2차 압력, 혹은 보압(보충시켜 주는 압력, 유지압)이라고 한다.

여기서 잠깐 정리를 하자!

사출의 기본구조 = 사출 1차(충전)+사출 2차(보압)

이것은 하나의 완전한 성형품을 얻기 위해서 필수불가결한 요소임은 위의 설명을 통해 충분히 이해가 되었으리라 본다.

결국, 사출(Injection)은 성형 진행 과정상으로 볼 때 사출 1차(충전), 2차(보압)를 거쳐 하나의 '완제품'을 만드는 행위라고 정의할 수가 있다.

다음으로 사출성형기의 성형조건 제어 패널의 구조를 한번 살펴보자.

통상적으로 요즘의 사출기는, 사출 1, 2, 3, 4차, 보압 1, 2, 3차의 구조로 많이 되어 있다. 그러나 다소 좀 오래된 사출기는 어떠한가.

시대를 과거로 다시 역행시켜 보면, 플라스틱 사출성형기는 과거로 갈수록 제어 패널의 구성이 좁다는 것을 알 수 있다.

예를 들면,

사출 1차까지만 있는 것(1단제어)

사출 1차, 2차까지만 있는 것(2단제어)

사출 1, 2, 3차까지만 있는 것(3단제어)

사출 1, 2, 3차와 보압 1차까지만 있는 것(4단제어)

사출 1, 2, 3, 4차와 보압1,2,3차까지만 있는 것(7단제어)

※ 여기서 말하는 사출 1차와 사출의 기본구조인 사출 1차(충전)를 혼동하지 말 것!
　　여기서 말하는 1차란 제어방식, 즉 1단제어를 뜻한다. 1단제어 안에는 사출의 기본
　　구조인 1차(충전)+2차(보압)가 포함되어(내재되어) 있다.

이것은 플라스틱 사출성형기의 성형조건, 즉 사출성형조건「최대 활용범위」를 의미한다.

범위가 좁으면 좁을수록 제어능력이 떨어진다고 볼 수 있다. 그러나 1단제어든 7단제어든 간에 사출의 기본구조 및 원리(1차 : 충전, 2차 : 보압)는 똑같으며, 성형품의 종류에 따라서 비교적 단순한 성형품의 성형은 1단제어 방식만으로도 성형조건 설정이 충분하며 구태여 7단제어 방식까지 동원할 필요는 없다.

단지, 제어방식이 많을수록 여러 가지 변화 무쌍한 성형품의 각종 트러블(Trouble, 불량현상)에 능동적으로 대처할 수 있다는 것을 강점으로 꼽을 수 있다. 예를 들어 3단제어까지 성형조건을 컨트롤해야만 성형품을 이상 없이 뽑을 수 있다고 가정했을 때, 이런 금형은 1단제어뿐인 사출성형기에 올리면(부착하면) 곤란해진다. → 성형 불가능

그러므로 가급적이면 사출기 능력, 즉 성형조건을 컨트롤할 수 있는 활용범위가 넓은 기계일수록 좋다고 보면 될 것이다. 금형을 불필요하게 이동시킬 일 없이 각각의 금형에 맞춰서 작업자의 구상에 따라 필요한 제어단계까지만 적절히 선택하여 활용할 수 있기 때문이다.

일례로 7단제어 방식의 경우를 살펴보면, 1단제어까지만 채택하여 성형조건을 부여할 수도 있고, 제품에 따라서는(다소 까다로운 제품일 경우) 7단제어방식 전체를 모두 활용하여 조건을 부여할 수도 있을 것이다. 이것은 어디까지나 그 때의 상황, 즉 성형품의 특성에 맞게 작업자가 성형품의 불량현상을 어떤방식으로 극복할 것인가 하는 작업자 단독의 주관적인 판단(조건 구상)에 의해서 결정된다고 할 수 있다.

즉 A란 사람은 3단제어까지만 활용을 해도 성형품에 이상이 없겠다고 판단할 수도 있고, B란 사람은 7단제어를 모두 활용해야만 조건이 잡혀 나오겠다는 나름대로의 판단이 있을 것이다. 작업자가 성형품을 어떻게 보느냐 하는 관점(觀點)에 따라서 성형조건 설정법과 제어구조(단계)가 달라진다는 것이다. 여기에서 필자는 꼭 어느 방법이 정답이라고 말하기는 사실 어렵다. 두 가지(A, B) 경

우가 모두 성형품에만 100% 이상이 없다면 모두가 맞는 방법이다.

단, 제품에 이상이 없을 경우 객관적인 판단기준은 있다. 그것은 다름 아닌 성형 조건 제어구조를 정확히 이해하고, 성형조건을 설정하였는가 하는 점이다.

현재의 사출성형기의 제어 구조가 7단제어 방식까지 발전해 왔는가를 정확히 이해했다면, 3단 제어까지만 조건을 설정해도 충분히 성형에 무리가 없는 것을 구태여 번거롭게 7단제어 전체를 설정하지는 않았을 것이란 점이다.

제품에 맞도록 필요한 성형조건 제어까지만 활용하라는 뜻이지 어떤 금형이건 무조건 닥치는 대로 설정을 다 해주어야 된다는 것은 아니다.

이 점에 유의하기 바란다. 그러나 여기서 한 가지 알아 둘 것은 사출 1차(1단제어)만으로 작업이 가능하여도 최소한 사출 2차(2단제어)까지는 컨트롤할 수 있도록 해야 한다는 것이다.

이유는 금형에 따라서 사출압력을 다소 높게 설정해야 할 경우, 사출 1차만으로 성형을 하게 되면 사출의 기본구조상 사출 1차(충전) + 2차(보압)까지 **최초에** 설정한 사출 압력과 속도 그대로 성형이 종료되므로 사출기에 무리가 가게 되어 기계관리 및 운용상 좋지 않기 때문이다.

즉 1단제어 방식으로만 성형을 할 경우, 성형조건상 사출압력 설정시에 금형에 따라서는 다소 높은 사출압력을 설정해 주어야만 제품에 이상이 없는 경우도 보게 된다. 물론, 이럴 경우는 금형의 구조 및 게이트 등 금형 자체를 사출압력이 적게 먹히도록 수정해 주는 것이 원칙이나, 금형도 마음먹은 대로 100% 수정이 되지는 않는다. 이럴 때 1단제어로만 성형을 하면 사출 개시부터 종료까지 줄곧 같은 조건(높은 사출압력)으로 성형이 종료되므로 사출시간 종료시에는 사출기가 '쿵쿵'하며 매쇼트(Shot)마다 높은 사출압력으로 인한 부하를 감내해야만 한다. → 결국 기계무리수

이러한 경우를 방지하기 위해서는 2단제어 이상이 바람직하다.

이 2단제어 이상이란, 결국 사출의 기본구조인 사출 1차(충전), 2차(보압)를 분리해 낸다는 원리이다.

사출 1차(1단제어)만의 최대 단점인 별도의 사출압력 컨트롤 불가를 여기서는 해결할 수 있기 때문이다. 즉 사출의 기본구조인 사출 1차(충전) + 2차(보압)를 떼내어서,

{사출 1차(충전) : 별도조건(사출압력·속도)으로 컨트롤}

{사출 2차(보압) : 별도조건(사출압력·속도)으로 컨트롤}

⇒ 「2단제어 방식」을 취해 줌으로써 사출 1차(충전)와 2차(보압)를 별도로 분리 컨트롤하겠다는 것이다.

이렇게 하려면 1단제어만 가지고는 불가능하며, 2단제어 방식 이상을 채택하면 정확히 나눠서 작업자가 원하는 만큼 별도 컨트롤이 가능하게 된다.

통상 이론적으로는 사출 2차압력(보압)은 사출 1차압력(충전)의 50% 정도 수준에서 설정하면 되나, 제품에 따라 약간의 차이는 있다. 작업자가 제품을 확인하는 과정에서 문제(특히, 수축 Trouble)가 발생할 경우, 사출 2차압력(보압)을 증·감시켜 주면 된다.

➡ 성형과정을 지켜 보면 왜 사출 2차(보압)가 사출 1차(충전)보다 사출압력이 50%밖에 먹히지 않는지 이해가 될 것이다. 금형이 비어 있는 상태에서의 수지 진입은 1차(충전)에서는 수지 공급량 자체가 2차(보압)보다 훨씬 많기 때문에 보편적으로 사출압력을 올려 주어야만 성형이 가능해진다(상식적으로 언뜻 생각해 봐도 이해가 될 것이다). 그러나 2차(보압)에서는 극소량의 수지만 공급되고 유지압만 가해진다고 볼 수 있으므로, 그다지 압력이 높지 않아도(1차(충전)보다는) 된다.

그 수준을 1차의 50% 정도로 보면 된다는 것이다.

예외로 성형품에 따라서 수축이 특별히 문제가 될 경우에는 1차압력(충전)에 비해 2차압력(보압)을 다소 높일 경우도 있다.

이 경우에는 기계무리 방지 차원에서 3단제어까지 가동하되, 성형조건 설정 요령은 사출 1차(충전), 사출 2차(보압), 사출 3차도 「보압」으로 해서 2단 제어까지는 제품에 이상이 없는 성형조건{즉 2차압력(보압)이 다소 많이 먹히는 조건 ⇒ 수축을 커버하기 위한 조건}을 취해 주고, 마지막 단계인 사출 3차 - 이것 역시 보압인 셈이다. 사출 진행 원리상 뒤에(보압 다음에) 위치하므로 - 에서는 다시 사출 2차압력(보압)의 50% 수준으로 사출압력(보압)을 낮춰 설정해 주면 기계 무리도 감소시키고 작동도 비교적 원활해질 것이다. 반면에 사출시간은 마지막 3차압력(보압)의 지속시간을 최대한 짧게(살짝 스쳐가듯이) 유지하도록 전체 사출시간 혹은 해당 사출시간을 짧게 설정해 주어야 한다(단, 성형품에 이상이 없는 한도 내에서만 가능).

※ 주 : 사출시간은 사출성형기 메이커에 따라서 각 제어단계별로 별도 운영되는 것도 있고, 전체를 하나의 사출시간으로 운용되도록 해놓은 경우도 있다.

➡ 성형기 가동 중에는 큰 소음 없이 항상 부드럽게 작동될 수 있도록 해주는 것이 좋다. 이렇게 하자면 성형조건을 잘 컨트롤해 주어야만 한다.

이러한 방법으로 성형조건 제어방식을 채택해 나간다면 별 문제가 없을 것으로 생각된다. 여기서 마지막으로 짚고 넘어갈 것이 있다. 사출부 제어 패널상에 앞의 "예"에서와 같이 '보압'이란 용어가 등장하는 것을 볼 수 있을 것이다. 예를 들면, 7단제어의 경우와 같이 사출 1, 2, 3, 4차, 보압 1, 2, 3차가 그것이다. 이 내용을 어떤 사람들은 언뜻 이해를 잘 못하고 혼돈하여 조건 설정 자체를 전혀 엉뚱한 방향으로 구상하게 됨을 가끔 보게 된다. 즉 성형품의 수축을 잡기 위해서는 위의 7단제어를 모두 활용하여 수축은 보압에서 잡히므로, 결국 보압 1, 2, 3차까지 다 설정해 주어야 한다는 것이 바로 그것이다. 이것은 매우 잘못된 생각이다. 만일 이 말이 맞다면 사출 1차(1단제어)만 가지고는 절대로 수축이 잡혀서는 안 되는데, 제품을 받아보면 알겠지만 1단제어만 가지고도 완제품이 왜 나오는 것일까? 하여간 어처구니없는 구상인 것만은 분명하다. 어쨌든 잘못 알고 있었다면 지금부터라도 올바르게 인식을 하는 것이 중요하므로 이번 기회에 확실하게 정리를 해두도록 하자.

〈7차(7단)제어 시스템의 구조〉

【사출 1차(충전) 과정을 4차까지 세분화, 즉 사출 1, 2, 3, 4차로】

+   +   +

【사출 2차(보압) 과정을 3차까지 세분화, 즉 보압 1, 2, 3차로】

‖   ‖   ‖

사출의 기본구조 = 7차(7단) = 사출 1, 2, 3, 4차＋보압 1, 2, 3차로 된다.

결과적으로 사출성형의 기본틀(구조)＝사출 1차(충전)＋사출 2차(보압), 이것이 전부이며, 이것을 기본제어 방식인 1단제어로 보면 될 것이다. 즉, 1단제어(사출 1차(충전)＋사출 2차(보압))를 여러 방식으로 풀어 쓴 것이 다단계제어방식(2단제어 이상)인 것이다. 성형조건을 활용할 수 있는 범위를 넓혀 줌으로써 어떠한 금형의 성형조건 컨트롤이건 유효 적절히 대응하겠다는 뜻으로 해석하기 바란다.

➪ 사출기 메이커에 따라서 사출 1차에서 4차까지 혹은 보압 3차까지(7단제어 시스템의 경우) 모두 설정을 해주지 않으면 성형 사이클 자체가 진행이 안 되도록 해놓은 기계도 있다. 이 경우도 역시 사출기의 무리를 방지하자는 데 원래의 목적이 있다고 볼 수 있으며, 이럴 때도 마찬가지로 그 기계가 원하는 대로 설정을 해주어야 한다. 설정을 안 해주면 작업진행이 안 되니까!

(1) 광의의 해석(廣義의 解釋)과 협의의 해석(狹義의 解釋)

지금부터는 성형작업 중 발생되는 각종 성형불량 트러블을 극복하기 위해서 성형조건을 구상(構想)할 때, 사출성형기의 사출부 제어구조를 어떠한 관점(觀點)에 입각하여 해석을 해야 하며, 그것을 토대로 작업자가 본래 의도(구상)한 대로의 성형조건을 사출부 제어구조와 어떻게 짜맞춰(조립) 나갈 수 있을 것인지 같이 연구해 보기로 하자. 필자가 전달하고자 하는 생각을 보다 명확히 하기 위해「광의의 해석」과「협의의 해석」이란 문구(文句)를 달았다.

이 두 용어의 원래의 출발점도 역시 동일하다.

이것 역시 | 사출의 기본구조 = 1차(충전) + 2차(보압) | 개념에서 출발한다.

단, 앞에서 설명한 대로 성형조건 설정시 가장 기본이 되는 제어방식, 즉 1단제어 한 가지만을 채택하였을 경우에는 위의 기본적 개념인 1차(충전), 2차(보압)는 그 제어방식(1단제어)「내부에 숨어 있다」고 볼 수 있고(①), 2단제어 이상의 방식을 취했을 경우는 ①번의 내부에 감춰진(숨어 있는) 1차(충전), 2차(보압)가「외부에(밖으로) 확연히 드러나게 된다」고 할 수 있다(②). 이렇게 봤을 때 위의 ①번의 경우를 좁은 의미에서 본 사출의 개념, 즉 협의의 해석(狹義의 解釋)이라 정의하기로 하고, ②번의 경우는 ①번보다 성형조건 제어단계가 좀더 넓은 관계로 넓은 의미에서 본 사출의 개념, 즉 광의의 해석(廣義의 解釋)이라 정의를 내릴까 한다.

결론적으로 말한다면, 좁게 보느냐(협의), 넓게 보느냐(광의)하는 성형조건의 보는 관점(觀點)을 말하는 것이라고 생각하면 되겠다. 되짚어 본다면 성형조건 제어방식을 선택할 때 한 가지 방식(1단제어＝협의의 해석)만을 채용하느냐, 아니면 2가지 이상의 방식(다단계 제어＝광의의 해석)을 채용하느냐에 따라서 구분지어진 용어로 이해하면 된다. 이렇게 설명을 해도 얼른 그 속뜻(숨은 뜻)을 헤아리기는 쉽지 않을 것으로 안다.

그런 의미에서 이해를 돕기 위해 그림을 통한 설명을 하겠다.

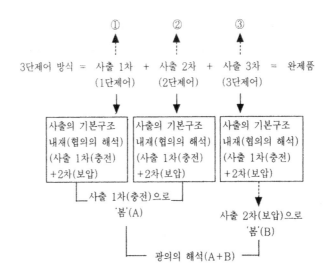

그림 3.24 협의의 해석, 광의의 해석 원리도
(3단 제어 시스템을 채용하였을 경우의 예)

(2) 해설

그림 3.24에서 보는 바와 같이 3단제어 방식의 각 제어단계(1, 2, 3단)의 내면
에는 각각의 단계별로 사출의 기본구조가 내재되어 있는 것을 알 수 있다. 또한
전체 성형조건의 제어구조(여기서는 3단제어 방식)는 결국 사출의 기본구조인
1차(충전), 2차(보압)로 양분(兩分)됨도 볼 수 있다.

이로써 사출성형기의 성형조건 제어구조란 사출의 기본개념인 1차(충전), 2차
(보압)를 외면하거나 벗어나서는 생각할 수가 없으며(절대불변의 진리), 이러
한 연유로 해서 모든 종류의 플라스틱 사출성형기는 사출의 기본개념(즉, 1차
(충전), 2차(보압))하에서 만들어져 운용되고 있음도 아울러 알 수가 있을 것이
다.

그러므로 우리가 사출성형기에 성형조건을 설정(혹은 수정)할 경우에도 이러한
기본 바탕을 전제로 해서 성형조건을 컨트롤해야 하며, 원칙도 없이 해서는 곤
란하다.

※ 주 : 위의 경우는 3단제어를 "예"로 들었는데, 그 외 사출부 제어구조가 어떠한
형태로 되어 있든 간에 적용원칙은 똑같다고 생각해도 무방하다.

〔중간정리〕

- 협의의 해석(狹義의 解釋)
  = 1단제어 방식 = 1차(충전) + 2차(보압) = 사출성형조건의
    기본구조
- 광의의 해석(廣義의 解釋)
  = 2단제어 이상의 모든 다단계 제어방식 = 1차(충전) + 2차
    (보압) = 사출성형조건의 기본구조

그리고 위 그림에서 볼 때 또 하나 재미있는 사실은 1단제어 방식 한 가지만 채택(협의의 해석)하였다고 가정해 봤을 때, ①번과 ③번(그림 참조)의 성형조건은 생략('0'으로 설정)하고 ②번 조건 하나만 설정(사출 2차 압력 · 속도만 설정)하여도 성형 사이클(Cycle)은 이상 없이 진행된다는 것이다(단, 위치절환(mm)은 생략). 물론, 사출성형기 진행 순서상 순차제어(Sequence control)가 마땅하나 이렇게 해도 성형에는 지장이 없다는 뜻이다.

다른 경우도 역시 마찬가지다.

⇨ ①번과 ②번을 생략('0'으로 설정)하고 ③번 조건만 설정.
  혹은 ②번과 ③번을 생략하고 ①번 조건만 설정 등.
  단, 보압(H.P)은 불가능하다.
  사출부 제어 패널(Panel)상에 명백히 [보압]이라고 명문화(明文化)된 부분은 이와 같은 방법이 성립되지 않는다.

  ※ 사출성형기 제작구조상 그렇게 만들어져 있다고 이해하기 바란다.
    이러한 사실은 어디까지나 참고로 할 것!

⇨ 사출성형기 메이커에 따라서 위의 경우와 다르게 되어 있는 기계도 있으므로 꼭 일률적으로 모두 적용되는 것은 아님에 유의하기 바란다.

(3) 협의의 해석과 광의의 해석에 입각한 성형조건 구상요령

예제-1

7단제어 방식 중 4단제어까지만 채택(광의의 해석)하였을 경우의 성형조건 진행과정

※ "A"란 성형품이 있다고 했을 때의 실제 성형조건 설정요령

먼저 사출 4차(4단)까지 성형조건을 설정하되(1차적 성형계획 수립), 사출 1차(1단)에서 3차(3단)까지를 성형(충전)과정, 즉 1차(충전)로 「보고」(廣義의 解釋), 성형조건(각 제어 단계별 압력·속도 및 위치절환(mm) 등)을 제품의 특성에 맞도록 적절히 배분하여 주며, 마지막으로 사출 4차(4단)도 역시 2차(보압)로 생각하여 그 목적에 부합되는 조건으로 설정(2차적 세부시행 계획)하고 종료한다.

이후로는 성형품을 취출해 나가면서 계속적인 수정을 가해 완벽하게 성형시켜 나가야 한다.

예제-2

7단제어 방식 전부를 채택(광의의 해석)하였을 경우

※ 일차적 성형계획 수립

1차(충전)는 사출 1, 2, 3, 4차(단)까지를 한 묶음으로 「보고」

2차(보압)도 역시 보압 1, 2, 3차(단)를 한 묶음으로 「생각」해서 1차(충전), 2차(보압)를 광의의 해석에 입각하여 1차적으로 성형조건 제어단계부터 확정시킨다.

※ 2차적 세부 성형계획 시행

2차적 세부 성형계획은 1차적 성형계획에 의해 확정된 성형조건 제어단계를 다시 각 제어단계별 성형조건으로 세분화시켜 역시 위의 [예제-1]과 같은 요령으로 실행하면 된다.

⇨ 플라스틱 사출성형기술은 '생각(Thought)'이 곧 '기술(Technology)'이다.
어떻게 생각 하느냐에 따라서 성형조건을 찾을 수도 있고 못 찾고 포기할 수도 있기 때문이다.

이상과 같이 「협의의 해석」과 「광의의 해석」에 관하여 그 의미를 풀어 봄으로써 성형조건 설정시 꼭 알아야 할 내용들에 대해 살펴보았다.

사출성형조건 설정에 있어서 특히 사출부 성형조건 제어 패널상의 각 제어 단계별 조건 설정 요령은 항상 사출의 기본구조(1차(충전)+2차(보압))를 어떻게 분리시켜서 어떠한 구조로 재(再)조립하여, 각종 성형불량 트러블 (Trouble)을 극복할 것인가에 모든 포인트(Point)를 맞춰야 한다.

이러한 관점에 입각하여 어느 정도의 실전경험이 축적되고 나면 자신감도 생기

게 되고, 플라스틱 사출성형조건의 '절묘하고도 오묘한 이치'를 스스로 깨닫게
될 것이다.

3) 위치절환(mm)

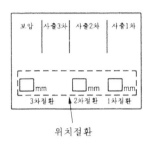

그림 3.25 위치절환
(동신유압기계, 사출부 패널)

(1) 기능 설치 목적

1단제어를 제외한 다단계 제어가 필요한 금형의 경우, 각 단계별 제어
로 성형조건(사출압력·속도)을 넘기기 위해서는 위치절환(mm)을
반드시 설정해 주어야만 그 다음 제어 단계로의 성형조건 변동(사출
1차(1단)→2차(2단)→3차(3단) 등)이 이루어지게 된다(순차작동,
Sequence control).

이와 같이 위치절환(mm)이란 성형조건의 절환(변환)을 목적으로 사
용되며, 위치절환 설정 요령은 각 절환 위치별로 동일하기 때문에 여
기서는 1차절환(mm)에 대해서만 설명하려고 한다.

※ 참조 : 1단제어(사출 1차)로만 성형조건을 부여할 때는 위치절환(mm)이 필요 없다.

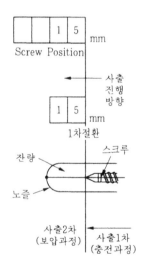

그림 3.26 위치절환 설정
요령

〈1차절환(mm) 설정 요령〉

⇨ 먼저 사출기 제어 패널상의 스크루 포지션(Screw position)을 살펴보자.
이때 사출기를 세워 놓고 보면 알 수 없고, 작업을 하면서 살펴봐야 한다.
「반자동」 상태에서 사출이 시작되면 수지는 빠른 속도로 금형 내에 유입
이 되는데, 스크루 포지션(Screw position)을 보면 처음에는 빠르게 움직
이다가 어느 시점에 가면 움직임이 멈춰 버린다.
이미 앞에서 설명한 대로 빠르게 움직일 때가 사출 1차(충전과정)이며, 움
직임이 둔화되기 시작하여 거의 멈춰 버릴 때가 사출 2차(보압과정)이다.
그러면 1차 조건만으로 되어 있던 것을 사출 2차 조건까지 만들려면 어떻
게 해야 할까? 자! 일단은 2차 조건(사출 2차 압력·속도)부터 설정해 놓고
보자. 설정 요령은 사출 1차(충전) 조건의 50% 수준에서 사출 2차(보압) 조
건을 설정하면 된다. 예를 들어, 사출 1차압력이 50kg/cm^2, 속도가 50%
라면 사출 2차 조건은 사출압력을 25kg/cm^2, 속도는 25% 정도로 설정하
면 될 것이다.

⇨ 여기서 50%란 뜻은 정확한 수학적 개념에 의한 절대불변의 수치를 뜻하
는 것은 아니며, 성형된 제품의 수축(Sink mark) 발생 정도에 따라서 상향
조정이 필요할 경우에는 조절해 주면 된다. 단, 사출 2차(2단)를 설정하는
의미가 퇴색되지 않도록 가급적 1차보다 높은 압력은 피할 수 있도록 하
는 것이 현명하다.

어쨌든 사출 2차 압력·속도 설정은 끝났다. 그러면 남은 것은 무엇인가? 당연히 1차절환(mm)만 남은 셈이다. 먼저, 1차절환을 설정하기 전에 한 가지 확인할 문제가 있다. 즉, 1차절환을 설정하지 않고도 사출 2차 성형조건까지 「조건 이동」이 가능할까 하는 점이다.

실제로 한번 시도해 보자. 어떤가? 답은 No다. 사출 1차에서 사출 2차로 조건을 넘기기 위해서는, 필히 1차절환을 설정해 주어야만 사출이 개시될 때 스크루가 기설정한 1차절환까지 오면 정확히 사출 1차에서 2차로 조건이 변경되어 사출시간이 끝날 때까지 사출 2차 조건이 마지막 마무리를 하게 된다. 이젠 어느 정도 위치절환(위의 1차절환)이 필요한 이유를 알겠는가? 자, 그러면 위치절환(mm)을 설정할 때 어떠한 기준에 의거하여 절환수치(mm)를 설정해야 할까? 다시 스크루 포지션을 관찰해 보자.

금형의 캐비티가 텅 비어 있는 상태에서의 수지진입(사출 1차 : 충전과정)은 비교적 빠른 속도로 진행된다. 스크루 포지션을 보면 빠른 속도로 충전되고 있음을 알 수 있을 것이다. 다음으로 어느 정도 충전이 되고 나면(금형의 캐비티가 수지로써 가득 차면) 움직임이 처음 같지 않고 상당히 둔화되어 어느 시점에 가서는 거의 멈추게 된다.

이때, 빠른 속도로 진행되다가 서서히 느려지기 시작하는 그곳(mm)까지가 사출 1차(충전)이며, 느려지는 데서 거의 멈추다시피하는 곳(mm)까지가 사출 2차(보압)이다. 이와 같이 위치절환 수치(mm)를 설정할 때는 사출 1차와 2차의 구분부터 명확히 한 다음 절환 수치(mm)를 설정하여야 한다. 예를 들면, 스크루 포지션상에서 봤을 때 스크루의 움직임이 17mm부터는 천천히 움직여서 16mm 혹은 15mm까지 진입한 후 최종적으로 멈추었다고 가정해 보자.

이때, 사출 2차로의 절환은 17mm, 16mm, 15mm 아무 위치에서나 절환위치로 잡아도 무방하다. 즉, 3가지 수치(17mm, 16mm, 15mm)가 다 보압(사출 2차)에 해당되는 수치이므로, 본래의 절환목적(의도)을 달성할 수 있기 때문이다. 단, 여기서 한 가지 알아야 할 점이 있다면 미성형이 발생되지 않는 위치여야 한다는 것이다. 다시 말해서 사출 1차란 어디까지나 충전(성형)과정이지 수축을 잡는 보압과정이 아니기 때문이다. 물론 사출 1차(1단제어)로만 성형을 종료한다면 수축까지 다 잡을 수가 있고, 반드시 다 잡아야만 한다. 그러나 사출 1차로만 성형을 하게되면 사출압력이 많이 설정될 수밖에 없는 금형일 경우, 앞에서 설명한 바와 같이 기계에 상당한 무리가 오게 됨은 불문가지(不問可知)다. 그리고 또 하나는 성형조건 설정시 금형의 종류에 따라 다단계 제어(사출 1차에서 보압 3차까지, 혹은 그 이상의 제어기능이 있는 성형기라면 그 기계가 정한 **최고 한도까지**)를 해야 할 경우도 있으므로, 사출 1차만 가지고는 어떤 의미에선 한계라고 볼 수밖에 없다.

그러므로 다소 불편하겠지만 비교적 사출 1차만으로도 작업이 가능한 금형을 **구태여 사출 2차까지 별도 조건을 두어 작업하는 습관을 기르자**는 것이다. 아무래도, 사출 2차 압력은 사출 1차 압력보다는 압력 자체가 낮게 설정되니까!(다소 예외는 있겠지만)

다시 처음으로 돌아가서, 사출 1차는 어디까지나 충전과정이라 하였다. 결국, 수축은 생각할 필요도 없고, 미성형 발생만 없애면 된다는 뜻이다. 그러면 사출 1차에서 2차로 넘길 수 있는 1차절환이란 것이 미성형도 발생시킬까? 당연하다. 사출 1차 성형조건이 미칠 수 있는 범위는 1차절환까지이며, 1차절환의 설정된 수치(mm)까지 스크루가 전진하면 그 다음부터는 사출 2차 조건(보압)으로 성형조건 「자체」가 바뀌게 된다. 이때, 1차절환 수치(mm)를 계속 상향 조정시켜 보면 사출 1차 조건하에서 캐비티에 유입되는 수지의 양(mm)이 점차 줄어들게 되어 결국 미성형이 발생하는 것이다. 쉽게 말해서 사출압력과 속도는 충분히 따라 주는 데 반해 수지의 절대 공급량이 부족하기 때문에 미성형이 발생된다고 보면 되겠다. 단, 앞서 설명한 대로 사출 2차압력(보압)은 사출 1차압력(충전)보다 낮게 설정되었을 경우에만 해당되고, 만일 그 반대로 설정되었다면 미성형은 발생되지 않음을 알아야 한다. 그 이유는 사출 2차압력(보압)이 높을 경우, 사출 1차 조건에서 사출 2차 조건으로 성형조건이 변동(1차절환)되면서 넘어온 미성형(Short shot) 상태의 성형품을 사출 2차압력(보압)이 높음으로 인해 그 부족된 부분(미성형 부분)만큼 계속 캐비티 내로 수지를 공급시켜 성형을 완성할 수가 있기 때문이며, 반대로 사출 2차압력(보압)이 낮을 경우에는 위와 같이 사출 1차압력(충전)보다는 힘(압력)이 부족함으로 해서 더 이상 용융수지를 캐비티 내로 밀어 넣을 수가 없기 때문이다(미성형 발생). 그래서 1차절환(mm) 설정시 유의해야 할 점은, 최소한 미성형은 발생되지 않는 선에서 1차절환 거리(mm)를 컨트롤해야 하며, 어차피 사출 1차에서는 수축이 가도 사출 2차에서 보압을 충분히 가함으로써 완전한 성형품을 만들 수가 있으므로 스크루 포지션(Screw position)상의 스크루 움직임을 봐서 대충 사출 2차(보압) 진행으로 보이는 수치(mm)를 1차절환(mm)으로 보고 설정하면 된다는 것이다. 실제로는 작업을 하는 과정에서 얼마든지 위치절환(mm) 수치를 수정. 컨트롤하면서 작업자가 의도한 대로 원하는 목적을 달성할 수가 있으며, 이렇게 직접 몇 번 만지다 보면 비로소 성형조건 구성요소에 위치절환(mm)을 왜 포함시켰는지 그 진정한 의도를 간파하게 될 것이다.

그리고 여기서 한 가지 더 추가할 것은 1차절환(mm) 수치를 수정할 때 우측으로 폭(간격)을 좁혀 주면(절환수치(mm) 상향 조정) 미성형이 발생할 우려가 있고, 그와는 반대로 좌측으로 넓혀 주면(절환수치(mm) 하향 조정) 오버 패킹(Over packing), 즉 과충전의 우려도 있음을 알아야 한다. 결과적으로 사출 1차 조건하에서 용융수지가 캐비티에 보다 더 많이 유입됨으로 인해 생겨난 말이다.

과충전이 되면 제품단위 중량이 증가하게 됨은 물론이다. 그리고 자칫 버(Burr)가 터져나올 수도 있다.

때로는 성형품의 구조(형태)에 따라서 금형에 잘 박히기 때문에 빼는 데 애를 먹는 경우도 있다.

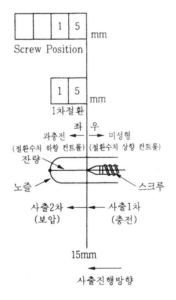

그림 3.27 미성형과 과충전

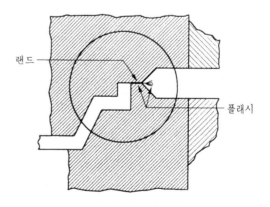

그림 3.28 플래시

⇨ 이것은 캐비티(Cavity)에 규정된 수지의 양(mm) 이상이 들어갔기 때문이다.

※ 버(Burr 혹은 플래시)

성형품 외에 여분의 수지가 금형의 분할면(파팅 라인) 사이로 새어나와 성형된 상태를 말하며, 그 새어나온 수지 자체를 버(혹은 플래시)라고 한다.

위치절환(mm)은 사출성형 조건상 매우 중요하며, 그 묘미를 한껏 살려 성형품의 품질향상 및 비교적 어려운 금형의 성형조건 컨트롤에 최대한 활용하여야 한다. 지금까지는 1차절환 한 가지만 설명하였으나, 그 외 2차절환, 3차절환, 심지어 보압 1, 2, 3차까지 활용방법은 동일하다. 명심할 것은, 성형품의 각종 불량 트러블을 극복하기 위해서는 그 당시 작업자가 성형조건을 어떻게 구상하는가에 따라서 위치절환뿐 아니라, 사출압력·속도 등 제반성형조건 구성이 달라지게 된다는 것이다.

※ 주 : 1차절환이니 2차·3차절환이니 하는 것 중 1, 2, 3이란 숫자는 순차제어상(Sequence control) 작동되는 '순서'를 말한다.

(2) 정리

① 성형조건 초기 단계(최초)에서는 위치절환(mm) 설정 생략

⇨ 최초에 설정한 조건은 어디까지나 가정치에 불과하므로 정확도가 떨어진다고 볼 수 있다. 최소한 몇 쇼트(Shot)까지는 성형시켜 본 후, 성형품에 나타난 변화에 따라서 성형계획을 수립, 시행한다.

② 스크루 포지션(Screw position)을 잘 활용하면 금형에서 성형품을 취출해 보지 않고도 미성형 발생 여부 정도는 능히 판단해 낼 수 있다.

⇨ 스크루 포지션은 수지의 금형내 유입상태를 보여주기 때문에 그 흐름만 봐도 대충 사출압력·속도·성형온도 등이 높은지, 낮은지, 아니면 적절한지를 알 수가 있다 (예를 들면, 사출공정시 수지의 흐름(스크루의 움직임)이 불안정하면 사출압력·속도·성형온도 등이 낮다고 볼 수 있고, 반대로 흐름이 빠르면 미성형 발생은 없는 대신 버(Burr)가 생길 수도 있다).

그로 인해 성형의 여부도 짐작해 볼 수 있다.

※ 최초 성형조건의 포인트는 어떠한 경우를 막론하고 미성형 발생 방지에 역점을 두어야 한다. 성형이 100% 되었을 때 비로소 그 다음 단계(성형품의 외관 기타)를 판단한다.

단, 몇 쇼트 작업 후 미성형 상태이면서 다른 불량(외관불량 등)이 겹칠 때에는 성형조건을 거기에 부합되도록 즉각 수정하여 미성형과 외관불량을 동시에 해결할 수 있는 별도 성형계획을 수립하여 시행하도록 한다.

③ 성형조건 수정시 기계가 작동 중에는 가급적 만지지 않도록 한다.

➡️ 사출기의 오작동 우려 및 수치 입력을 잘못 시켰을 경우, 금형사고, 기타 안전사
고를 미연에 방지하기 위한 예방차원

〈단계별 위치절환〉

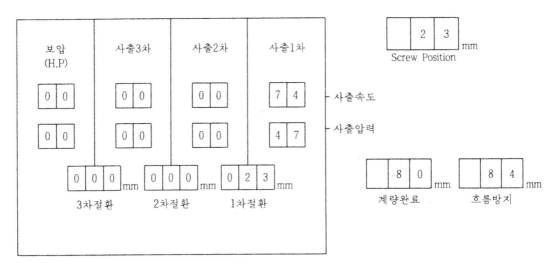

그림 3.29 4단제어 시스템 〈(주)동신 유압기계 사출부 제어 패널 구성도 : '터치식'의 예—(A)〉

※ 주 : 위 그림에서 흐름방지(Suck back) 설정 수치를 보면 84mm로 되어 있는데, 이것
은 계량 완료(80mm로 설정되어 있음)로부터 4mm만 강제후퇴(흐름방지)가 된다는 뜻
이다. 사출기 메이커에 따라서 4mm 그대로 설정할 수 있도록 되어 있는 경우도 있
다.
〈예〉

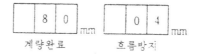

(3) 성형과정상 문제점

위의 그림과 같이 어떤 성형품을 성형하는 데 있어서 사출 1차로만 작업을 하였
더니 버(Burr)가 발생하였다.

이 버를 잡기 위해(없애기 위해) 사출압력과 속도를 낮춰 가면서 컨트롤하였더
니 버는 어느 정도 잡히는데 성형품에 충분한 사출압력이 걸리지 못해 표면상태
(외관)가 좋지 않았다(플로 마크(Flow mark) 발생).

(4) 해설

이 경우에는 사출압력과 속도는 기존대로 유지하고, 캐비티(Cavity)에 유입되는 수지의 양(mm)만 조절하면 된다. 그러므로 그림에서 보는 바와 같이 사출 2차 조건 중 사출압력·속도는 0으로 두고 위치절환(여기서는 1차절환)만 설정한다.

⇨ 그림에서와 같이 사출 2차 조건을 0으로 하지 않고 정상적으로 설정하고자 할 때는 성형품의 수축(Sink mark)에 지장이 없는 범위 내에서 최대한 낮춘다. 왜냐하면 지금은 수축보다 버(Burr)가 더 문제시되므로! 만일 사출 2차압력을 올리면 수축은 좋아져도 압력이 상승되므로 더 큰 버(Burr)가 생길 수도 있다.

위치절환 설정요령은 앞에서도 설명한 바와 같이 수지가 사출될 때 스크루의 움직임을 알 수 있는(수지가 캐비티에 유입되는 상태를 눈으로 볼 수 있는) 「스크루 포지션(Screw position)」을 보면 된다. 스크루 포지션을 봤을 때 사출시간이 끝날 때까지, 즉 계량으로 넘어가기 바로 직전까지 스크루가 그림에서처럼 23mm까지 전진하였다면 버(Burr)를 잡기 위해서는 수지의 유입량을 줄여야 하므로 결국 24mm나 25mm, … 등을 설정해 주어야 한다.

⇨ 최초 사출이 개시될 때는 계량완료 지점인 84mm(흐름방지 포함)에서 출발한다(스크루 포지션을 보면 알 수 있다).
위치절환 설정시 사출기 메이커에 따라서는 0.1mm 단위까지 조절할 수 있도록 되어 있는 것도 있으므로 보다 정밀한 버(Burr) 컨트롤도 가능하리라 본다. 즉, 23mm까지 진입한 수지를 23.1mm, 23.2mm, … 와 같은 식으로 정밀한 수정 컨트롤을 할 수 있다는 뜻이며, 결국 캐비티 내로 수지를 조금이라도 덜 들어가게 하고 그 덜 들어간 수지가 버(Burr)란 결론이다.

버(Burr)의 크기나 양만큼 수지의 유입을 차단시켜 버리므로 버(Burr)를 잡을 수 있다는 원리(이치)이다. 반면에 2차압력·속도를 설정치 않은 것은 만일 버(Burr)가 사출 2차조건(2차압력·속도)을 설정함으로써 다시 생겨날 것에 대비하기 위해 최소한의 압력만 유지시키겠다는 취지이고, 이렇게 했을 때 성형품에 수축이 간다면(버는 잡힌 상태, 단지 사출 2차압력·속도만 '0') 버(Burr)가 다시 살아나오지(생겨나지) 않는 범주에서 사출 2차압력·속도를 설정하되 2차 압력을 조금씩 올려 성형품의 상태를 관찰하면서 수축과 버를 모두 커버할 수 있도록 해야 할 것이다.

그리고 사출 2차로 성형조건이 넘어가도록(절환)하는 것은 순전히 1차절환

(mm)을 설정해야만 가능하며, 아무리 사출 4차까지 성형조건을 설정하였다고 하더라도 위치절환(mm)을 설정하지 않으면 각 단계별 조건제어는 사실상 불가 능해짐에 유념하여야 한다.

⇨ 성형조건(여기서는 각 제어 단계별 사출압력·속도를 말함)을 각 제어 단계별로 설정해 놓아도 위치절환이 없어 그 다음 단계로의 조건변동(절환)이 일어나지 않기 때문이다. 즉, 그 다음 단계로 조건을 넘기지를 못한다.

단, 사출 1차 조건만은 유효하다. 사출 1차만으로 성형을 할 경우에는 위치절환을 설 정할 필요가 없다(있건 없건 기계작동상에는 전혀 하자가 없다).

사출성형조건 Control의 묘미는 이 위치절환에도 상당한 의미가 있으며, 각 성 형조건 제어 단계별로 각각의 다른 성형조건(압력·속도)을 얼마든지 설정할 수 있다.

◆ 성형조건 변동(절환) 목적을 달성하기 위해서는 위치절환을 각 구간(제어 단계별)마 다 설정해 준다.

⇨ 사출 1차(1단)에서 그 이상까지 제품특성에 맞게 작업자가 구상한 대로 절환 위치를 설정한다.

즉, 1차→2차→3차→4차로 성형조건이 바뀔 때마다 각 제어 단계별로 성형조건 이 그대로 적용될 수 있도록 위치절환을 꼭 수치(mm)로써 설정해 주어야 한다.

♀ 위치절환은 사출성형조건상 매우 중요하므로 반드시 그 활용법을 정확히 알고 있어야 한다. ♀

〈단계별 위치 절환〉

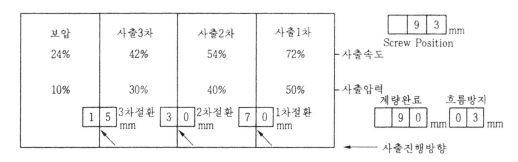

그림 3.30 4단제어 시스템 〈(주)동신 유압기계 사출부 제어 패널 구성도 : '터치식' 의 예―(B)〉

이번에는 성형조건을 약간 변경시켜서 몇 가지만 더 살펴보기로 하자. 위의 성 형조건에서 볼 때 계량완료(mm)가 현재 90mm이며, 흐름방지가 3mm로 설정되어 있다. 결국 계량과 흐름방지가 끝나고 나면 스크루의 위치는 93mm이며, 실제로 그렇게 표시되어 있다. 그런데 여기서 각 구간별(제어 단계별, 위치절환별) 각 성형조건의 출발은 어디이며, 최종적으로 미치는 범위는 어디까지일까?

➡ 사출 1차 조건의 출발은 최초 사출 개시부분이므로 당연히 현재의 스크루 위치인 93mm이며 미치는 범위는 70mm까지이고(그림 3.30 하단에 위치한 화살표시(↑)가 가리키는 방향을 주목할 것. 이 화살표가 가리키는 위치까지가 각 제어 단계별 성형조건이 최종적으로 영향을 미치는 부분이며, 사출기마다 거의 이런 표시를 볼 수 있다), 사출압력·속도는 사출 1차 조건인 50%, 72%다(그림 3.30 참조).

70mm까지 스크루가 전진하면 사출 2차 조건으로 넘어가게 된다. 사출 2차는 70mm에서 30mm까지이며, 성형조건은 사출 2차 조건인 40%, 54%다.

역시 스크루가 30mm까지 오면 똑같은 방법으로 성형조건은 그 다음 단계로 넘어가게 된다.

이해가 되는가?

그리고 사출이 최종적으로 종료되면 잔량이 남게 되는데, 이 스크루 선단에 남아 있는 여분의 수지(잔량, 쿠션)는 가급적 적은 양이 남을 수 있도록 해야 한다.

컨트롤 방법은 계량완료(mm)를 가지고 조절하면 된다.

위 그림에서 볼 때 보압에서 최종적으로 더 이상의 수지 진입(유입)이 없이 15mm에서 멈췄다면 잔량은 15mm로서 비교적 양호한 상태이나 5mm까지는 더 줄일 수 있다. 만일 줄였다고 가정해 봤을 때 현재의 계량 완료 거리인 90mm(흐름방지는 제외. 위 성형조건상으로 볼 때 계량완료(mm)만 컨트롤해 주어도 흐름방지(mm)는 별도의 컨트롤 없이도 그대로 성형조건 「수정 흐름」에 자연스럽게 합류된다)에서 10mm를 뺀 80mm로 수정해 주면 최종 사출되고 남은 잔량은 5mm가 되는 셈이다.

※ 주 : 흐름방지(S.B) 설정수치(mm)는 실제 계량완료(mm)된 용융수지의 양(mm)과는 전혀 무관(無關)함에 유의한다. 스크루가 뒤로 '무회전 후퇴'만 하므로 가소화 과정과는 아무런 상관이 없다(용융수지의 양(mm)에 변화를 초래하지 않음).

단, 주의할 점은 1, 2, 3차 각각의 절환거리(mm)도 똑같은 요령으로 수정해 주어야 한다는 것이다.

즉, 1차절환 : 70-10＝60(mm)

2차절환 : 30-10＝20(mm)

3차절환 : 15-10＝5(mm)

가 된다.

만일 이렇게 같이 수정해 주지 않으면 '미성형'(Short shot)이 발생할 우려가 있다. 왜냐하면, 계량완료(mm)를 줄여 줌으로써 금형 내부로 유입되는 수지의 전체적인 공급량이 줄어든 반면, 마지막 보압 단계의 성형조건(10%, 24%)으로는 15mm에서 더 이상 수지를 금형 내부로 밀어 넣지를 못할 가능성이 있기 때문이다(다른 제어 단계의 성형조건보다 압력과 속도가 낮은 것이 원인. 그냥 사출기 무리 방지 차원에서 설정한 수치).

※ 주 : 의외로 약간의 수지 유입은 있을지 모르나 역시 적정수준에는 못미칠 공산이 크다.

잔량을 가급적 적게 남기자는 이유는 불필요한 수지(사출시키고 남은 수지, 즉 잔량)의 다음 공정시까지 가열실린더 내의 체류를 줄여 항상 양질의 수지를 확보하겠다는 취지이다.

➪ 최소한 잔량을 5mm 정도는 확보해 두는 것이 사출기 운용상 좋다. 간혹 잔량을 완전히 없애 버리는 경우(0으로 설정)도 보게 되는데, 이렇게 단절해 버리면 스크루 헤드(Screw head)에 무리가 생길 수도 있으므로 주의해야 한다.

(5) 잔소리

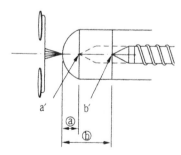

*ⓐ. ⓑ는 잔량

a′ → 적게 남겼을 경우

b′ → 많이 남겼을 경우

b′>a′이므로 보압중에

미는효과(유지압)가 조금은

나올 것이라 기대함

그림 3.31 잔량을 많이 남겼을

경우의 효과

성형기술상, 특히 수축(Sink mark)을 향상시키기 위해 잔량을 다소 많이 남겨서 보압시 확실하게 밀어주는 역할이 필요할 때도 있다. 그러나 수지의 종류에 따라서 이러한 조건이 효과를 발휘할 때도 있고 그렇지 않을 때도 있다. 또한 잔량이 많아진다는 것은 전체적인 계량량(mm)의 증가를 의미하므로 이에 따른 사출압력의 상향조정(일반적으로 밀어 주어야 할 수지의 양이 증가하면 그 미는 힘, 즉 사출압력도 올려 주어야 한다. 물론 예외는 있다)도 고려해야 한다. 심지어 체류분(잔량)을 많게 함으로써 과열되어 다음 쇼트(Shot) 성형시 애로가 발생하는 성형재료도 있으므로 성형조건이란 딱 잘라서 「이렇다」고 결론을 내리기는 어렵다.

단, 여기서 익힌 내용들을 최대한 잘 활용하면 자기도 모르는 사이에 윤곽이 잡힐 것이다.

성형조건은 어디까지나 성형품의 변화(성형조건 변동에 따른 변화)를 잘 관찰하면서 컨트롤해야 하며, 그야말로 얼렁뚱땅 만지니까 되더라고 해서는 곤란하다. 이렇게 길들이다 보면 플라스틱 사출성형기술의 참(眞)의미를 알기도 전에 종국(終局)에 가서는 손을 들게 된다.

마지막으로, 각 위치절환(1, 2, 3차 절환)을 가지고 여러 가지 다양한 구상을 한번 해보도록 하자. 실전에서 활용할 수도 있고, 그냥 알고 있는 정도로 족할 수도 있다.

단지, "그렇게도 되는구나"하는 정도로만 생각해도 무방하다. 우선 앞의 그림을 참조하라! 현재 3차절환이 15mm로 설정되어 있는데 2차절환(30mm), 1차절환(70mm)을 모두 없애 버린다면(0으로 설정) 성형조건 진행은 어떻게 되겠는가? ……답은 정상적으로 진행된다.

단, 사출 2차와 3차 조건은 전혀 먹혀 들지 않고, 사출 1차와 보압(H.P) 조건으로써 성형은 종료된다.

➡ 스크루 포지션상의 현재 스크루 위치가 93mm인데 사출이 개시되면 사출 1차조건(압력 : 50%, 속도 : 72%)이 걸리면서 보압조건(압력 : 10%, 속도 : 24%)으로써 마지막 마무리를 하게 된다. 이것은 1, 2차 절환을 없애 버렸기 때문에 그쪽(1, 2차 절환) 제어 단계에 해당되는 성형조건(압력·속도)은 그 설정 자체가 의미를 상실해 버렸기 때문이다(단적으로 말해서 성형조건(압력·속도)이 정상적으로 설정되었든 안 되었든 간에 위치절환이 없으면 무용지물이며, 결국은 위치절환이 설정되어 있는 제어 단계로 이동(건너뜀)해 버린다).

만일 여기서 보압(H.P) 조건도 위치절환(3차절환) 설정은 하되 그 설정 수치를 15mm가 아닌 5mm로 수정했을 경우에는 마찬가지로 효력이 없게 된다. 스크루가 전진을 하여도 현재의 조건상으로 볼 때 15mm + α 까지밖에는 더 이상 전진할 수가 없기 때문이다.

※ 꼭 보압까지 절환이 되려면 수정 설정된 5mm까지는 도달이 되어야 가능하다.

➡ **+α란?**

보압조건이 무기력화(無氣力化)됨에 따라 사출 1차 조건이 사출시간 종료시까지 성형조건을 전적으로 관장하게 되고(결과적으로는 1단제어 방식이 됨), 사출압력 면에서만 봤을 때 기존의 보압보다는 높게 설정되어 있으므로, 일단 앞에 가로놓여 있던 '벽'이 허물어진 상태에서는 비록 적은 양(+α)이지만 캐비티 내로의 수지 유입이 있을 것이란 판단에서 나온 수치(mm)를 의미한다.

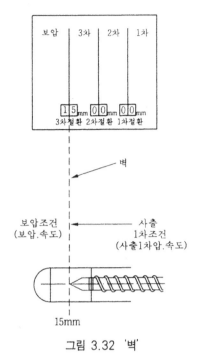

그림 3.32 '벽'

<보충설명>

3차절환이 15mm로 설정되어 있을 때에는 그 '벽'(15mm를 말함)으로 인해 스크루가 전진을 하고 싶어도 '벽에 갇혀서' 불가능하다. 이때 만약 보압이라도 사출 1차압력보다 높게 설정되었다면 스크루는 단 얼마라도(극히 적은 양이지만) 전진할 수가 있다. 단, 조건이 붙는다면, 스크루 포지션을 봤을 때 사출 1차 조건하에서 캐비티 내로 수지가 유입되면서 3차절환인 15mm까지 억지로 도달(스크루의 움직임이 거의 없이 그야말로 아슬아슬하게 도달된 상태를 말함)하였다면 불가능하고(이때의 보압은 비록 높게 설정되었다 하더라도 '유지압(維持壓)'의 역할만 할 뿐 수지의 추가적인 유입은 없다), 어느 정도의 미세한 움직임이 남아 있는 상태에서 절환되었다면 보압에서는 비록 적은 양($+\alpha$)이나마 스크루가 아직 전진할 수 있다.

➡ 사출 1차압력보다는 높게 설정되어 있고 스크루의 움직임도 아직 완전히 멎은 상태는 아니므로(거의 멎기 일보 직전) 게이트 실(Gate seal)까지는 100% 도달하지 않았다고 볼 수 있다. 이럴 경우에는 극히 적은 양이지만 사출 1차 조건에서 유입되지 못한 극히 미세한 양이 보압에서는 유입이 된다. 단, 이때의 보압이 사출 1차압력보다 낮게 설정되어 있다면 역시 유입불가(流入不可)이다.

※ 게이트 실(Gate seal) : p153 참조

결국 각 제어단계별 위치절환(mm)은 스크루의 통상적인 움직인 거리(mm) 내에 설정되어 있어야 해당 성형조건이 효력을 발휘한다고 결론지을 수 있다.

그리고 앞의 경우는 3차절환만 남기고 1·2차 절환을 모두 없애 버렸는데, 이번에는 반대로 1차·3차 절환을 없애고 2차절환을 남겨 놓아도 적용원리와 작동은 똑같다. 역시 2차절환의 해당 성형조건인 사출 3차(압력 : 30%, 속도 : 42%)와 사출 1차 조건만 유효하다. 이 밖에 다른 경우도 마찬가지다.

이러한 경우의 용도로는 사출 1차 조건이 예를 들어 고장이 났다고 할 때(유압·전기계통의 이상시) 응급조치용으로 활용해 볼 만하다. 그 외는 그다지 의미가 없다. 그냥 참고로 할 것.

※ 주 : 1차절환과 사출 1차, 즉 같은 「1차」 개념이니까 같은 범위 내의 성형조건일 것이
라고 착각하지 말아야 한다.

여기서 말하는 「1차」 절환(mm)이란 어디까지나 사출 1차(1단제어) 조건이 개시되어
사출 2차 조건으로 넘기기 직전의 '최초의 절환'이라 하여 사출성형기 순차제어의 진
행 순서상 「1차」 절환이란 명칭을 사용한 것뿐이며, 특별하게 사출 「1차」 조건과 연
관이 있는 것은 아니다.

4.1.6 사출압력 · 속도 · 사출시간

1) 사출압력과 속도(Injection Pressure & Speed)

용융수지를 금형 내로 밀어 넣기 위해서는 일정한 압력(힘)과 속도가 필요하다.
이러한 압력·속도를 사출압력(Injection pressure), 사출속도(Injection
speed)라 한다(그림 3.33 참조).

⇨ 압력은 '미는 힘'으로 속도는 '빠르기'로 생각하면 된다.

항상 양자(兩者)는 분리하여 생각할 수 없는 상호 조화 및 보완적 구조(어느 한쪽도
없어서는 안 될 필수 요소)이다.

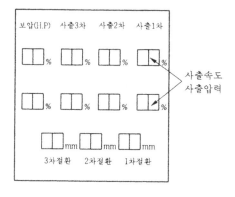

그림 3.33 사출부 제어패널(동신유압기계)

① 성형조건 컨트롤시 가장 기본이 된다.

⇨ 미성형(Short shot)이 발생하였을 경우, 우선적으로 사출압력이 낮다고 판단하는
게 보통이며 성형조건 수정시 쉽게, 그리고 가장 먼저 손이 가는 부분이기도 하
다.

표 3.4 각종 성형수지의 L/t와 사출압력과의 관계

재료 수지명	사출압력(kg/cm^2)	$\sum \frac{L_i}{t_i}$
폴리에틸렌	1,500	280~250
폴리에틸렌	600	140~100
폴리프로필렌	1,200	280
폴리프로필렌	700	240~200
폴리스티렌	900	300~280
폴리아미드(나일론)	900	360~200
폴리아세탈(델린)	1,000	210~110
스티놀	900	300~260
경질염화비닐	1,300	170~130
경질염화비닐	900	140~100
경질염화비닐	700	110~ 70
연질염화비닐	900	280~200
연질염화비닐	700	240~160
폴리카보네이트	1,300	180~120
폴리카보네이트	900	130~ 90

L/t : L은 용융수지의 금형 내에서의 유동거리를, t는 성형품의 두께를 나
타낸다.

② 조건 설정 요령은, 사출압력과 속도를 모두 올려 줄 수도 있고, 속도는 낮
추고 압력을 더 준다든가, 반대로 압력은 낮추고 속도를 더 주는 등 여러
가지 형태로 설정이 가능하다.

➡ 사출압력과 속도와의 관계는 성형조건상 서로 반대 개념, 즉 압력을 올릴 경우 속
도는 내려야 한다는 등으로 많이 알고 있으나, 실제 성형조건 부여(설정)시에는
그럴 경우도 있지만 꼭 그렇지 않을 때도 있다.

③ 성형작업시 실제로 올리거나 내려 보고(사출압력·속도의 상호 비교 분석
과정), 그 제품에 가장 적합한 성형조건(사출압력·속도)을 선택하면 된
다.

➡ 성형품의 성형상태, 즉 조건 변동에 따른 성형품의 변화를 봐가며 그 중에서도 좋
게 나타나는 성형조건(그 때의 압력과 속도)을 채택하라는 뜻이다.

※ 주 : 사출속도는 성형품에 지장이 없는 한 다소 빠르게 설정하여도 무관하나,
사출압력은 가급적 낮은 상태를 유지해 주는 것이 바람직하다.

표 3.5 재료별 캐비티 압력의 기준(kg/cm^2)

성형 재료	점도의 정도	평균 압력
PS, PP, PE, SPVC, EVA, PA, TPX	낮다	250~350
ABS, SAN, AS, CA, PET, PPTP, POM, PPS	중간	350~400
HPVC, PC, 변성PPO, PMMA, 불소, PEEK, PSF	높다	400~500

➡ 사출기 운용상 어떠한 압력(유압계통의 모든 압력)이었든 간에 압력이 높으면 기계에 무리가 따르게 되어 있다. 이미 앞에서 여러 차례에 걸쳐 강조했듯이 성형조건을 어떻게 설정하느냐에 따라서 사출기 수명에도 직·간접으로 영향을 끼치게 된다.

※ 사출압력이 지나치게 높을 경우
   유압계통의 기름(작동유) 누출이 우려되며, 액추에이터(Actuator)의 수명을 단축시킨다(조기마모 등).
   → 액추에이터(Actuator)란?
     유압을 직접 전달받아서 기계적으로 움직여 주는(일을 하는) 사출성형기의 각종 작동부분(특히 유압 액추에이터)을 말한다.

※ 사출압력(壓力)과 속도(速度)에 대한 고찰

사출압력은 용융수지를 금형 안으로 밀어넣는 힘(Power)이고, 사출속도는 금형 안으로 사출되어 나가는 빠르기(Speed)를 의미한다. 얼핏 생각해 보면 내용상 같은 뜻으로 해석할 수도 있으나 실제 성형조건을 컨트롤해 보면 사출압력과 속도는 서로 묘한 관계에 놓여 있음을 알 수 있다.

사출압력을 높게 가하면 보통은 속도를 낮춰 주는, 다시 말해서 서로 반대조건을 구사한다. 그러나 성형품에 따라서 속도를 올려 주고 압력을 낮추는 경우도 있고, 다같이 올려 주거나 낮추거나 하여 요구하는 성형조건을 찾기 위해 무척 애를 태운다. 가장 이상적이라고 할 수 있는 조건은 사출압력은 낮추되 사출속도는 조금 빠르게 해주는 것이 좋다고 보나, 일률적인 적용이 불가능하므로 이러한 조건도 성형불량 현상에 따라 결국 정확한 답이 될 수 없음을 직접 조건을 컨트롤해 본 사람은 알 것이다. 가스(Gas)를 배출시킬 수 있도록 하기 위한 성형조건으로는 속도를 느리게 하는 것이 보편화된 인식이다. 그러나 사출압력을 낮추어도 가스를 배출시킬수가 있다. 수지를 밀어내는 전체적인 힘을 다운시키면 결과적으로 천천히 수지가 금형 안으로 유입되어 가스가 충분히 빠질 수 있는 시간을 얻게 되는 것이다.

또, 미성형을 잡기 위해서 사출압력이 아닌 속도를 빠르게 해도 된다. 사출압력과 속도의 관계는, 반드시 이러한 불량현상은 속도로 잡아야 한다든가 아니면 압력으로 잡아야 한다는 식의 개념은 결코 아니다. 단, 사출압력과 속도 중 어느 한 가지만 만져도 성형불량 현상을 해소할 수 있다면 같이 컨트롤해 주는 번잡함을 피하고 오히려 더 효과적일 수도 있기 때문이다. 사출압력은 한꺼번에 무리하게 많이 올리면 여러면에서 좋지 않다. 거기에 비해 사출속도는 사출압력에 비하면 비교적 높은 수치로 즉시 조절이 가능하다. 그러나 어떻게 보면 이것도 어디까지나 성형품의 종류에 따라서 차등적용이 불가피하므로 결코 명답은 될 수 없다.

아무튼 여러 가지 사례에 비추어 볼 때 사출압력과 속도의 관계는 서로 모자라는 부분을 채워주듯 상호보완적 관계이다. 효과적인 사출압력·속도의 컨트롤 요령은, 먼저 사출압력을 성형품에 맞도록 어느 적정수준까지 맞춰놓은 후에 사출속도로써 아래위로(즉, 낮췄다, 높였다) 컨트롤해 보다가 안 되면 다시 사출압력을 조금 올리거나 낮추는 식으로 하여, 성형품에 나타나는 변화에 따라서 적절히 대응할 수 있는 구조로 활용하는 것이 옳다고 본다. 최종적으로는 사출압력과 속도는 앞의 여러 컨트롤 사례를 참고삼아 항상 상호 적당한 밸런스(Balance, 균형)를 유지할 수 있도록 해야 한다.

2) 사출시간(Injection time)

사출공정의 시작과 종료(끝)를 알려 주는 시간을 말한다. 즉, 성형시간(成形時間)을 뜻한다. 사출시간이 없으면 사출이 되지 않으며, 설정은 작업자가 임의로 하되 아래 기준을 참고로 하여 설정한다.

➡ 최초로 설정하는 시간은 임의로 하되 성형하고자 하는 제품의 샘플(Sample, 견본제품)이 있으면 그것을 참고로 하고, 그렇지 않을 경우는 금형의 캐비티를 봐서 대략적인 가상시간을 판단해야 한다.

그림 3.34 사출 타이머

사출개시 후에는 스크루 포지션(Screw position)을 참고로 하여 사출시간의 적정성 여부를 판단하고, 정확한 시간으로 유도(수정)한다.

① 성형하고자 하는 성형품의 크기가 크면 사출시간은 비교적 길게 설정하고, 반대로 성형품의 크기가 작으면 사출시간도 짧게 설정한다.

> ⇨ 성형품의 크기에 따라서 성형시간도 자연적으로 달라질 수밖에 없다. 그러나 제품에 따라서 다소 예외는 있으며, 제품(성형품)은 작아도 수축 및 기타 불량 현상이 문제가 될 때에는 비교적 긴 시간(Long time)이 될 수밖에 없는 경우도 있다.

② 제품의 두께가 두꺼우면 길게, 얇으면 짧게 설정한다.

> ⇨ 두께가 두꺼운 제품 성형시 역시 수축이 1차적으로 문제가 되므로, 얇을 때보다는 긴 시간이 요구된다. 수축을 잡기 위해 수지를 미량이나마 꾸준히 금형의 캐비티 내로 공급시켜야 하기 때문이다.

③ 크기와 두께를 제외한 조금은 까다로운 성형조건을 요할시에는 사출시간이 길어질 수 있다.

> ⇨ 수축, 기타 성형품의 외관상의 문제점 발생시, 혹은 성형조건 구상과정상 작업자의 판단에 의해 나름대로 긴 시간이 될 수밖에 없는 성형조건을 구상하였을 경우 등에 의해 길어진다.

④ 특히 싱크마크(Sink mark, 수축)가 문제가 될 경우

> ※ 사출압력을 올려 주면 버(burr or flash)가 발생하기 때문에 사출압력 컨트롤만으로는 수축을 잡기가 사실상 불가능할 때.

> ⇨ 사출시간을 조금만 더 줘도(길게) 수축은 향상된다(유지압으로 인해 더 이상의 수지 공급은 없다 하더라도 향상됨).

> > ※ **유지압(維持壓)과 보압(保壓)의 개념 정립**
> > 유지압이란 사출 1차(충전)가 끝나고 보압(2차압) 단계에 들어갈 때, 별도로 수지의 추가적인 유입(캐비티 내로의 유입)이 없이 압력만 유지시켜 주는 상태를 말한다.
> > 결국은 보압(H.P)을 의미한다고 볼 수 있으나 우리가 통상 알고 있는 보압의 개념은 용융수지가 금형의 캐비티 내로 적은 양이나마 꾸준히 공급되는 것으로 알고 있다(보편적인 보압의 개념). 그러나 유지압과 보압은 결국 같은 뜻(개념)이며, 굳이 차이점이 있다면 수지공급의 유(有)·무(無)에 따른 차이점에서 비롯된 용어 선택의 차별화로 볼 수 있다. 이로 인해 다소의 혼돈을 불러올 수도 있으므로 위와 같은 관점에 입각하여 개념정립을 하기로 한다.

⇨ 보압시간(유지압의 지속시간)을 길게 해주면 추가적인 수지공급이 없어도 힘(압력)을 불어 넣고 있기 때문에 성형품의 수축은 향상된다. ⇒ 고무풍선의 원리

※ 만일, 여기서 힘을 뺏다고 가정해 보면 캐비티 내의 수지가 아직은 완전히 고화된 상태가 아니므로(게이트도 역시 '미고화' 상태), 캐비티 내의 수지가 게이트를 통해 역류(逆流)(일부 미량의 고화되지 않은 유동 상태의 용융수지가 역시 미고화된 게이트를 통해 거꾸로 흘러나오게 되는 현상)를 함으로써 수축이 심화된다.

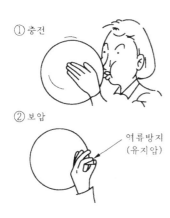

① 충전

② 보압

역류방지
(유지압)

그림 3.35 고무풍선의 원리

※ **고무풍선의 원리란?**
고무풍선은 불고 있는 동안에는 공기가 계속 주입(충전)되어 풍선이 커지나 어느 정도 불고 나면 풍선이 터질지 모르므로 조금씩 불어 주게 되며(보압, 미량의 수지 공급), 어느 시점에 가서는 더 이상 공기를 불어넣어 주지 않는 대신(여기서 더 불게 되면 풍선이 터짐) 입으로 주둥이를 막고만 있어도(역류 방지) 풍선 모양 그대로를 유지시켜 준다(유지압 = 보압).

4.1.7 냉각시간(Cooling time)

그림 3.36 냉각 타이머

사출시간 종료 후 즉시 냉각시간이 개시되는데, 성형품의 냉각·고화를 담당하는 시간이다. 작업자의 임의로 설정이 가능하며, 아래 기준을 참고로 하여 설정한다.

① 성형품의 두께가 두꺼우면 다소 긴 시간, 얇으면 짧은 시간으로 설정한다.

⇨ 두께가 두꺼우면 금형 내의 성형품은 그 외벽(성형품의 바깥면)이 금형면에 직접 접촉하는 관계로 거의가 냉각 완료 상태(금형 외벽은 차가우므로)이나, 내부는 아직도 뜨겁다(반(半)유동 상태). 이럴 경우 냉각 사이클(Cycle)도 자연적으로 길어지지만 특히 제품이 너무 두꺼울 경우는 금형에서 취출 후 즉시 미리 준비된 물에다 떨어뜨려 수냉(水冷)시켜야 할 경우도 있다.

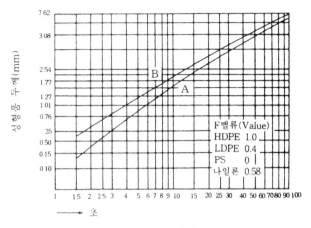

그림 3.37 냉각시간 도표

※ 제품의 특성을 고려하여 시행 여부를 판단한다. 예외로는 두께가 두껍다고 해서 반드시 냉각시간을 길게만 설정할 것이 아니라, 반대로 짧게 설정해 주면 두께가 특히 두껍기 때문에 수축이 문제되는 제품은 의외로 효과가 더 있는 경우도 있다. 그 이유는 연속 성형시(반자동 혹은 전자동 작업) 아무래도 금형의 캐비티는 열을 받기 때문에 성형품이 금형 내에 오래 머물게 되면(긴 냉각시간으로 설정하였을 경우) 뜨거워진 금형으로 인해 「더 뜨거워져서」 오히려 역효과(반대 현상)가 나지 않았나 생각된다.

※ 성형품의 두께가 얇으면 당연히 냉각시간도 짧아진다.

② 실제 냉각은 사출개시 전부터 이미 진행되고 있다.

　⇨ 금형냉각이란 작업자가 임의로 냉각수 공급을 차단하지 않는 이상, 작업을 하든 안 하든 간에 계속 돌아가고(입·출 반복) 있기 때문이다.

　　※ 주 : 성형작업 종료시에는 필히 냉각수(혹은 온유기, 칠러(Chiller) 등)를 차단시 킨다. 특히 칠러를 사용하여 금형을 차갑게 해서 성형작업을 하다가 작업을 마 치고 그대로 방치하면 금형 내부가 벌겋게 녹슬 우려가 있으므로 주의해야 한 다.

③ 냉각시간을 당겨서(짧게 설정) 생산능률을 높이고 싶어도 계량공정이 끝나 지 않으면 설정 자체가 무의미하다.

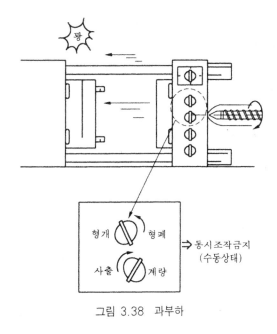

그림 3.38 과부하

⇨ 사출성형기의 1쇼트(Shot) 공정 사이클을 지켜 보면 원래 냉각시간 종료와 동시에 형개(Mold open)동작으로 진행이 되어야 정상이나 냉각시간은 이미 종료가 되었는데도 계량이 진행 중인 상태일 경우(이것은 물론 작업자가 냉각시간을 잘못 설정하였을 경우이다. 냉각시간은 항상 계량공정 다음에 위치하므로 계량이 종료된 후 냉각시간이 끝나도록 설정하여야 한다. 단, 이 경우에도 작업은 이상 없이 진행된다) 사출기 운용원리상 한 가지 공정(여기에서는 계량공정)이 진행 중일 때에는 절대로 다음 공정(여기에서는 냉각시간은 이미 종료해 버렸으므로 형개공정)이 진행되지 못하도록 되어 있다(반자동·전자동 작업의 경우).

→안전(安全)을 위한 조치

그 이유는 두 가지 공정(위의 계량·형개 공정)이 동시에 진행될 경우, '과부하'가 걸리므로 사출기에 상당한 무리가 불가피하기 때문이다.

※ 위의 경우처럼 계량이 진행 중일 때에 형개개시 동작으로 이어지면 금형이 갑자기 급속도(High speed)로 열리면서 형개완료 지점까지 '꽝'하는 소리(굉음)와 함께 도달하게 된다. 이것은 굉장히 위험하며 사출기도 상할 우려가 있다. 수동(Manual) 조작시 작업자가 멋모르고 두 가지 공정(위의 예)을 동시에 만질 경우도 있으므로 특히 조심한다.

⇨ 이런 사고를 방지하기 위해 요즈음의 사출성형기는 두 가지를 동시에 만질 경우에 대비하여 경보(Alarm) 기능을 설치해 놓음으로써 아예 기계가 작동하지 않도록 해놓았다.

〈참고 사항〉

① 금형내 구속효과(拘束效果)란?

냉각시간(Cooling time)과 밀접한 관계가 있으며, 성형품은 이형되어 취출되기 전까지는 금형 내에 머물게 된다. 금형 내에 머무는 동안은 싱크마크(Sink mark, 수축)를 제외하고는 어떠한 변형(휨, 구부러짐, 뒤틀림 등)도 할 수 없게 되어 있다. 이것은 금형이 닫혀 있기 때문에 캐비티(Cavity) 구조상 성형품을 '구속'하고 있다고 봐야 하므로, 통상 변형이 많은 성형품의 변형을 없애거나 약화시키기 위해 냉각시간을 길게 설정하는 이유도 이러한 금형 내의 구속효과를 기대하기 때문이다.

⇨ 성형품 취출 후에는 구속 상태에서 해방되기 때문에 플라스틱 특유의 변형이 이루어진다(잔류응력에 의한 각종 변형).

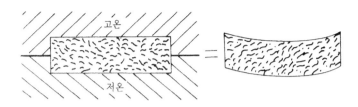

그림 3.39 냉각속도의 차에 의한 변형

② 잔류응력(殘溜應力)이란?

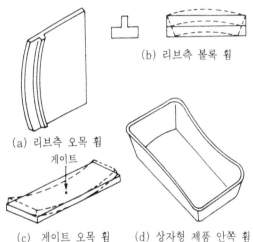

(b) 리브측 볼록 휨

(a) 리브측 오목 휨

(c) 게이트 오목 휨   (d) 상자형 제품 안쪽 휨

그림 3.40 여러 가지 휨 현상

금속과 구별되는 플라스틱만의 고유특성으로서
먼저 제품을 성형하려면 사출압력을 가하게 된
다. 이러한 성형조건(사출압력 등)으로 인해 성
형품은, 특히 사출·보압과정에서 높은 고압에
의해 일종의 스트레스(Stress)를 받으면서 성형
된다고 볼 수 있다. 이러한 스트레스(즉, 응력)
가 금형 내에 갇혀(구속) 있을 때는 금형내 구속
효과 때문에 어쩌질 못하다가 금형이 열리고 해
방(성형품 취출 단계)되면 성형과정에서 받은 스
트레스로 인해 자유롭게 변형이 이루어진다.

이와 같이 성형품의 내부에 잔존해 있는 응력을
잔류응력이라 한다.

⇨ 성형품은 금형을 벗어나기 전에는 금형내 구속효과
   로 인해 어느 정도 변형이 해소되고, 성형품 취출
   후는 내부에 남아 있는 잔류응력에 의해 변형이 일
   어나게 된다. 성형품이 성형되는 과정에서 이러한
   잔류응력에 의한 변형을 최소화시키고자 응력이 집
   중되는 장소인 모서리 부분에는 금형제작시 반드시
   'R'을 주도록 되어 있다.

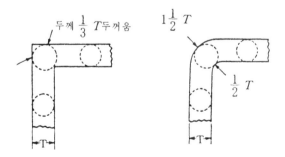

그림 3.41 두께와 모서리 반경

4.2 보조조건

4.2.1 허용범위(Cushion, 쿠션)

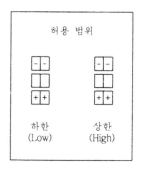

허용 범위

하한 (Low)   상한 (High)

그림 3.42 허용범위

사출이 종료되고 난 후 스크루 선단에 남아 있는 수지의 잔여량(잔량)을 가지고 성형기에 기설치된 기능에 의해서 일정한 범위를 정해 활용을 하면 성형작업 중 발생되는 각종 트러블(Trouble)을 극복해 낼 수가 있다. 이때 사출이 되고 남은 잔량을 일정한 범위를 정해서 그 범위 내에 가두게 되는데, 이 가두는 범위를 허용범위 혹은 쿠션이라고 한다.

1) 허용범위의 중요성

금형보호 기능(Mold protect)과 더불어 전자동 금형(全自動 金型)에서 없어서는 안 될 필수적 기능이다.

2) 허용범위 설정방법

스크루 선단에 최종적으로 남은 수지의 잔여량(잔량)이 23mm였다고 가정해 보자.

⇨ 사출이 종료되고 난 후 계량공정으로 넘어가기 일보 직전까지 스크루가 최종적으로 전진한 스크루 포지션상의 위치(mm), 즉 현재의 스크루 위치를 뜻한다.

이 스크루의 위치를 검출하여 성형작업 중 매쇼트마다 거의 그 위치(위의 23mm)에서 멈추는가를 작업자가 자리에 없더라도(전자동 작업의 경우) 확인하기 위해서는 성형기에 일정한 범위를 정해 수치를 입력시켜 주어야만 된다. 이렇게 하면 기계 자체에서 감지 기능을 가동하여 미리 정해 놓은 범위(위의 23mm를 기준으로 하여 설정해 놓은 허용범위)를 벗어나면 자동적으로 경보(Alarm)를 발(發)하도록 하여「확인」을 가능토록 해놓았다. 이 경보장치가 가동되기 위해서는 허용범위(쿠션) 위치 설정을 해줘야만 되는데, 작동원리 및 설정요령은 다음과 같다.

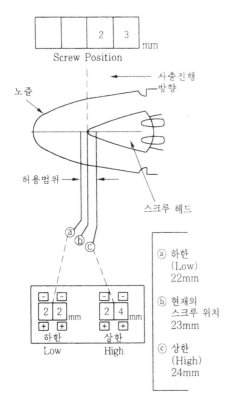

그림 3.43 허용범위

먼저, 23mm에 와 있는 현재의 스크루 위치를 상한(High)과 하한(Low)이라는 두 개의 선(線)을 그어 놓고 그 안에 가둬 버리는 것이다. 이렇게 하면 스크루가 어떠한 이유에서든 이 범위(즉, 상한, 하한)를 벗어나면 즉시 기계동작을 멈추고 경보를 발한다.

설정요령은 스크루의 현 위치를 기준으로 상한과 하한의 위치(mm)만 기계에 입력시키면 된다. 여기서 상한과 하한의 개념을 잠깐 정리하자면, 스크루의 현 위치를 가두기 위해서는(허용범위를 정하기 위해서는) 당연히 아래, 위로 두 개의 선이 있어야 한다. 한 개의 선으로는 절대로 가둘 수가 없기 때문이다. 결국 범위(허용범위)를 정하기 위해서는 두 개의 선(상한, 하한)을 필요로 하며, 설정 수치가 높은 쪽을 상한, 낮은 쪽을 하한이라고 한다.

스크루의 위치는 사출공정 중에는 항상 이 허용범위 내에 있어야 하며, 이 범위를 조금이라도 벗어나면 경보를 발(發)하게 된다.

위의 경우에서처럼 스크루가 23mm에서 멎었다면 상한(High)은 24mm로, 하한(Low)은 22mm로 설정하되, 설정거리(mm)는 사출기 메이커에 따라서 1mm 단위로 되어 있는 경우도 있고, 0.1mm까지 보다 정밀한 컨트롤을 할 수 있도록 되어 있는 기계도 있다.

원래 허용범위는 기능 설치 목적상으로 볼 때, 가급적 좁혀 주는(0.1mm까지 정밀한 컨트롤) 것이 본래의 취지에 부합되나, 너무 좁히면 불필요한 경보를 발(發)함으로써 도리어 혼란만 가져올 수도 있으므로 이 점을 참조하여 적절히 설정, 운용토록 해야 한다.

3) 허용범위의 기능 활용으로 인한 이점

① 특히 전자동 운전시 금형과 노즐의 터치부분(센터 맞춤 부분)에서 수지가 누설될 경우, 자동적으로 허용범위를 벗어나게 되므로 경보가 발령된다.

➡ 작업자가 없어도 기계 가동이 중단되면서 계속적인 경보를 발(發)하므로 즉각적인
조치가 가능하다.

※ 성형작업 중 노즐로부터 수지누설 여부 수시 확인(습관화)
　수지가 누설되면 심할 경우 가열실린더를 누설된 수지가 덮어 버릴 수도 있으
며, 이로 인해 매우 심각한 상황에 처하게 된다.

② 성형품의 각종 트러블(Trouble) 사전 감지 가능

➡ **미성형(Short shot) 발생의 경우**
역시 스크루가 범위 바깥에 있게 되므로 즉각 감지가 가능하다. 특히 정밀한 성형
품을 성형할 경우, 상한(High)과 하한(Low)을 아주 섬세하게 설정(0.1mm 단위까
지 활용)해 놓으면 수축 및 치수 정밀도를 특별히 중요시해야 하는 제품의 성형
시, 조금이라도 성형조건의 이상 징후(異常徵候)로 인한 스크루의 움직임에 영향
이 미치면 즉시 감지하여 경보를 발함으로써 작업자가 즉각적으로 알 수 있도록
해준다.

③ 노즐(Nozzle) 막힘 감지(感知)

노즐이 막히면(예 : 원료에 이물질이 혼입되었거나 쇳조각 등으로 인한 막
힘) 아예 처음부터 사출이 안 되거나, 사출이 되어도 미성형이 발생하므로
역시 경보를 발(發)한다.

④ 기타

별다른 이상이 없는데도 계속 경보음(Alarm sound)을 발할 경우에는 스
크루의 움직임을 눈여겨 보고 어디에 원인이 있는가를 면밀히 관찰하여 허
용범위 설정수치(mm)를 거기에 맞도록 수정시켜 재(再)설정해 주도록 한다.

※ 참고 : 보편적으로 사출성형기는 매쇼트마다 스크루의 최종 전진 위치가 0.1mm
까지 정확하게 맞아떨어지지는 않는다. 오차(誤差)가 있다는 뜻이다. 이것을
염두에 두고 폭(범위, 즉 상한, 하한)을 조금은 넓게 잡아 주는 것이 좋다.
그러나 너무 넓게 설정하면 본래의 의미가 퇴색되므로(기능 설정은 하나마나한
상태가 됨) 주의해야 한다.

4.2.2 금형보호(Mold protect)

1) 기능 설치 목적

금형을 보호하기 위해 특별히 설치한 사출성형기의 기능의 일종이며, 특히 전자
동 금형(Full auto mold)에서 금형을 보호하기 위한 장치이다.

2) 금형보호 기능의 원리

형폐(Mold close) 개시 후 형폐완료 직전(약 50mm 정도의 위치)에 최대한

저속(低速) 저압(低壓)으로 금형이 닫히도록(형폐완료) 함으로써 금형 내부의 잔여 성형품이나 이물질 등이 있을 때에는 즉시 감지되어 형폐가 되지 않고 반대로 형개(Mold open)되어, 형개 완료의 수순을 거쳐 경보(Alarm)를 발하게 된다.

⇨ 금형을 최대한 저속·저압으로 한 이유는, 만약의 경우 성형품이 전자동 운전 중에 제대로 낙하를 하지 못하고 금형의 고정측이든 이동측이든 걸려 있을 때 그대로 **형폐완료**까지 사이클이 진행되면 금형이 박살날(다소 과장된 표현이긴 하지만) 것이기 때문이다. 그러나 형폐완료까지는 불가능하도록 이미 형폐속도(저속)와 압력(금형보호 압력)을 일정한 거리(형폐완료 전 50mm 정도 지점)까지 오면, 최대한 저속(低速), 저압(低壓)으로 닫힐 수 있도록 설정해 놓았기 때문에 만일 성형품이 이 범위(50mm 이내의 범위) 내에 잔존한다면 금형은 더 이상 성형품을 밀고 들어갈 힘이 없어(압력·속도가 약하므로) 다시 자동적으로 형개완료되어 그 상태에서 경보를 발하게 된다.

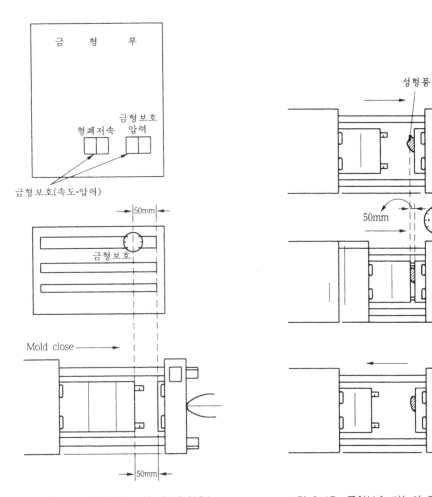

그림 3.44 금형보호 기능의 원리(①)   그림 3.45 금형보호 기능의 원리(②)

이때, 자동적으로 다시 형개(Mold open)동작이 진행되도록 하기 위해 사출기에는 금형보호 시간을 설정토록 되어 있으며, 예를 들어 금형보호 시간을 6초로 설정하였다면 형폐개시부터 6초 이내로(6초까지 허용) 금형이 닫혀 형폐완료가 되어야 경보를 발하지 않는다. 그러나 성형품이 중간에 걸려 있다면 6초는 당연히 경과할 것이다. 그러면 6초가 지나는 순간 이번에는 반대로 즉시 형개동작이 개시되어 형개완료 수순을 거쳐 경보가(Alarm) 발령되는 것이다. 이것이 금형보호의 원리이다.

3) 금형보호의 3요소

금형보호를 완벽히 수행하기 위해서는 다음의 3요소가 조화를 잘 이뤄야 비로소 가능해진다.

① 금형보호가 적용되는 거리(구간) 설정

보통 형폐완료 전(前) 거리(mm)로 계산하여 약 50mm 정도로 설정해 둔다. 즉, 금형의 이동측이 형폐동작을 개시하였을 때 금형의 고정측과 합쳐지기 일보 직전 거리를 50mm 정도로 설정하여, 이 구간을 최대한 저속·저압으로 형폐완료까지 진행되도록 함으로써 금형보호 구역(구간)으로 활용한다는 취지이다.

② 형폐 저속 설정

지나치게 속도를 낮추면 금형이 아예 닫히질 않으므로, 적절히 컨트롤하여 적정 수치로 설정한다.

③ 금형보호 압력 설정

최대한 낮추되 형폐저속과는 달리 수치를 '0'으로 설정하여도 금형은 닫힌다. 적절히 형폐저속과 믹싱(Mixing)하여 가장 이상적인 수치를 설정한다.

4.2.3 형개·폐 속도 컨트롤(Mold open/close speed control)

사출성형기에는 금형의 종류나 내부 구조에 따라서 금형이 열리고(open) 닫힐(close) 때 별도로 속도를 조절할 수 있도록, 사출기의 금형부(Mold unit)에 컨트롤 패널이 구성되어 있다.

그림 3-46 로터리 인코더
(Encoder)

금형 개폐속도의 절환위치의 검출, 형개 스트로크, 스크루의 회전수 검출 등에 이용한다. 광원에 발광 다이오드를 사용한 광학식 타입이다.

예 : • 형폐(Mold close)

형폐개시→중기→형폐완료

초기저속→고속→저속 · 저압(금형보호) 고압(Clamping)

• 형개(Mold open)

형개완료← 중기 ←형개개시

저속 ← 고속 ←초기저속

※ 주 : 각 구간별(형개(폐) 개시, 중기, 형개(폐) 완료로 위치 설정(mm)이 가능하다.

사출기의 종류에 따라서 수치(mm) 설정 혹은 위치 조정 캠 부착, 기타

➡ 형폐(Mold close) 초기에는 저속(Low speed)으로 출발해야 기계에 무리가 없다(부드러운 스타트). 중기에 가서는 금형에 따라서 다소 차이는 있으나 비교적 빠른 속도(고속, High speed)로 컨트롤할 수 있다. 그러나 복잡한 슬라이드(Slide) 구조로 된 금형일 경우 등은 빠르게 하면 금형을 상하게 할 수도 있으므로 되도록 속도를 저속으로 하고, 금형보호 구간에 가서는 앞서 설명한 대로 정확히 이행토록 한다.

형개(Mold open) 초기 역시 저속으로 컨트롤하고 중기에는 다소 빠르게 하되, 형폐(Mold close) 때와는 서로 상반된 개념이지만 역시 복잡한 금형은 조심해야 한다. 마지막 단계인 형개완료 지점에 가서는 최대한 저속으로 컨트롤하여 기계에 무리가 가지 않도록 한다(기계 '충격' 방지).

◆ 형개 · 폐 속도는 성형작업시 전체적인 성형 사이클(1shot cycle)과도 결코 무관하지 않으며 생산수량과 직접 연계가 되나, 금형과 기계에 무리가 따르지 않는 선에서 적절히 컨트롤할 수 있도록 한다.

4.2.4 돌출(Ejector)

금형에서 성형품을 취출할 수 있도록 성형품을 밀어내는 장치를 말한다.

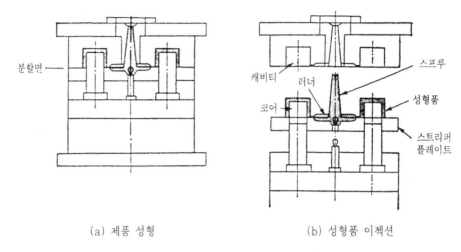

(a) 제품 성형   (b) 성형품 이젝션

그림 3.47 스트리퍼 플레이트에 의한 이젝션

① 돌출 횟수는 그 금형에 맞도록 작업자의 임의 대로 설정이 가능하다.

  ㉮ 반자동 금형 : 보통 1회 설정

  ㉯ 전자동 금형 : 2회 이상으로 설정

  ⇨ 반자동 금형의 경우, 항상 매쇼트마다 작업자가 직접 기계와 함께 작업을 수행하므로 돌출 횟수를 1회만 설정하여도 별다른 문제가 없다(단, 금형에 따라 돌출이 잘되지 않아서 성형품 취출이 곤란하면 2회 이상 설정도 가능). 그러나 전자동 금형일 경우는 거의 기계 혼자서 무인 운전(無人運轉)을 하게 되므로, 혹시라도 돌출 중에 성형품이 금형에서 낙하하지 못하고 걸리면 금형사고가 발생하지 않을까 우려하여 최소한 2회 이상 설정을 해줌으로써 만일의 사태에 대비한다.

  ※ 주 : 금형사고란?
  성형품이 돌출공정 중에 제때 낙하하지 못하고 금형에 걸린 채 그대로 형폐 공정에 들어가면 금형에 성형품이 눌리면서 금형이 상하게 된다. 이런 경우를 흔히 금형사고(金型事故)라 하며, 이것을 방지하기 위해서는 돌출(Ejector) 횟수도 중요하지만 앞에서 설명한 금형보호(Mold protect) 기능도 잘 활용하여야 한다.

② 돌출(Ejector)조건 설정

  압력·속도·거리(mm)를 성형품 취출에 이상이 없도록 적절히 설정한다.

③ 돌출방식

  ㉮ 유압식

    가장 일반적인 돌출방식이다. 유압(油壓)으로써 압력과 속도를 컨트롤 한다.

※ 주 : 금형에 따라서 밀핀(이젝터 핀)이 가늘 경우, 사출압력 증대로 인해 오버 패킹(과충전)이 되면 돌출시 성형품을 억지로 밀어 내게 되어 그로 인한 저항에 못이겨 밀핀이 휘거나 부러질 수도 있다.

㉯ 공기(Air)식

공기압(空氣壓)에 의한 돌출방식

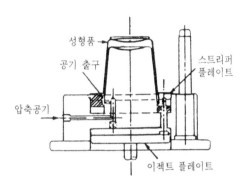

그림 3.48 에어 이젝터(Air ejector)

㉰ 기타

4.2.5 예비건조(Pre-drying)

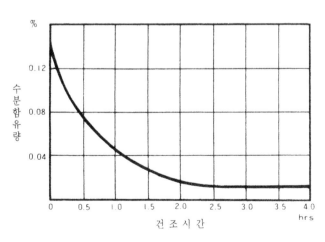

렉산(G.E plastic)의 건조시간과 Pellet의
수분함유량(120℃에서)

플라스틱 수지는 그 종류에 따라서 흡습성(공기 중의 수분(습기)을 빨아들이는 성질)이 강한 수지가 있고 그렇지 않은 수지가 있다. 수지에 습기가 차 있으면 반드시 습기를 제거하고 난 후 성형을 하여야 한다. 이와 같이 성형을 하기 전에 미리 습기를 제거하는 것을 「예비건조」라 한다. 건조가 필요한 수지를 건조시키지 않고 성형할 경우 수지가 가수분해(加水分解)되어 정상작업 자체가 어려워지며, 설령 작업이 된다 해도 성형품의 강도가 현저히 떨어지는 취약한 제품(잘 깨어짐)이 되며 외관불량(은줄이 생김)으로 나타나게 된다.

※ **가수분해(加水分解)란?**
플라스틱 재료에 습기가 스며들어 이 수분(습기)으로 인해 재료를 분해시키는 것을 말한다.

① 건조가 필요한 수지의 종류 및 건조온도

수지의 종류	건조온도	건조시간
• P.C(폴리카보네이트)	110℃~125℃	4~10시간
• P.S(폴리스티렌 계열수지)	70℃~80℃	2~4시간
• A.S(SAN)	80℃~90℃	2~4시간
• A.B.S	70℃~80℃	2~4시간
• 변성 P.P.O(노릴)	100℃~115℃	2~3시간
• P.B.T	120℃~130℃	2~3시간
• P.A(나일론)	80℃	2~3시간
• P.M.M.A(아크릴)	80℃	2~3시간

※ P.A 원색(Natural) 건조시 장시간 건조 금지. 장시간 쬐면 산화에 의한 황색화 현상에 의해 재료가 누렇게 변색된다.

② 건조가 불필요한 수지

P.P, P.E, P.V.C, P.O.M, E.V.A 등

⇨ 건조가 불필요한 수지라 하더라도 건조를 시켜야 할 경우

→ 재료 관리 미흡으로 수분(물기)이 들어갔을 때

※ 주 : 건조가 불필요한 수지라 하더라도 건조시켜서 잘못될 경우는 없다. 어차피 가열실린더 내로 유입되면 건조시켜 줌으로써 예열(豫熱) 효과도 보게 되어 성형온도가 안정적으로 유지될 수 있기 때문이다.

③ 착색(드라이 컬러)재료 건조시 유의점

안료 착색(마스터 배치(Master batch) 착색은 제외)을 한 후 그 상태로 건조시키면 착색된 안료 가루가 사방에 날리게 되므로, 필히 원료만 별도로 건조시킨 후 착색을 하도록 한다.

※ 주 : 호퍼 드라이어(Hopper dryer) 내에서는 착색상태로 건조시키지 않도록 주의해야 한다. 그리고 착색된 원료(건조까지 한 상태의 원료)를 호퍼 로더(Hopper loader)로 빨아올릴 때에는 원료 이송 호스가 착색 컬러(Color)로 인해 오염되므로, 다른 색상으로 바뀔 경우(다음 성형작업도 컬러(Color)작업일 경우를 말함)에 대비하여 항상 예비호스를 준비해 두도록 한다.

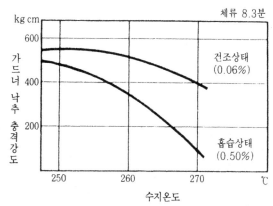

체류 8.3분

kg cm

가드너 낙추 충격강도

건조상태
(0.06%)

흡습상태
(0.50%)

수지온도

강도에 대한 습기의 영향
바록스 일반 그레이드의 충격

④ 효과적인 건조 방법

건조를 특히 중요시해야 하는 수지(예 : P.C(폴리카보네이트))

➡ P.C 분쇄품과 신재를 섞어 쓸 경우는 분쇄재료만 별도로 열풍순환식 건조기로 충분히 건조시킨 후, 다시 신재와 적정비율로 혼합하여 호퍼 드라이어에서 정상적으로 건조(이중 건조)시키면서 작업하는 것이 좋다.

이때, 원료가 호퍼에서 건조를 충분히 따라붙을 수 있도록 수시로 호퍼 내의 원료 공급상태를 확인하면서 작업을 시행토록 해야 한다(수지가 충분히 빨려 올라간 상태에서 수시로 공간(틈)이 보일 때마다 추가적인 원료 공급).

※ P.C는 건조시간이 특히 길며, 공기 중의 습기를 빨아들이는 성질(흡습성)이 뛰어나므로 건조를 매우 중요시해야 한다. 그러므로 성형작업 종료 후 건조가 잘 되지 않아서 익일 작업시 문제가 될 것 같으면 건조온도를 조금 낮춘 상태에서 밤새도록 건조시키는 방안도 신중히 고려해 보아야 할 것이다. 기타 재료도 필요시 위와 같은 방법으로 시행한다.

※ 대부분 P.C를 제외하고는 함께(신재+분쇄 재료) 섞어 즉시 호퍼로 빨아 올려 호퍼 내에서만 건조시켜도 무방하다. 단, 성형품이 클 경우에는 건조되는 속도가 성형품의 성형속도를 따라붙지 못할 경우도 생기므로 상기 방법의 적용여부를 고려하고, 성형품이 비교적 작고 건조가 충분히 따라붙는다면 이중건조까지 할 필요는 없다.

※ 주 : 같은 재료라 하더라도 신재보다 분쇄재의 건조시간이 오래 걸린다.

➡ 공기 중의 습기에 노출됨으로써 흡습된 상태이기 때문이다. 특히, 신재일 경우 원재료 생산과정에서 100% 진공 건조를 시켜 비닐로 완벽하게 포장(외부 습기 유입 차단)하여 공급되므로 건조시간이 짧다.

※ 어떤 경우는 공급받자마자 건조시킬 필요도 없이 즉시 성형도 가능(금방 생산하여 공급된 수지의 경우)하다.

〔참고사항〕

① 과열 수지와 건조 불충분 수지의 구분 요령

수지를 사출(배출)시켜 본다.

➡ 비교적 눈으로 보기에도 매끄럽고 윤기가 나는 '쫀득쫀득'한 수지가 배출되어 나오면 별다른 문제점이 없는 즉시 성형 가능한 상태이고, 반대로 기포가 다량 함유된 '퍼석퍼석'한 수지가 다량의 가스와 함께 배출되면 과열 혹은 건조 불충분 상태이다. 구분 요령으로는 과열의 경우, 작업자가 설정한 성형온도(가열실린더 열)가 그 수지의 성형온도 범위를 초과한 다소 무리한 설정은 되지 않았는지, 혹은 적정온도라 할지라도 기계를 장시간 방치하여 수지가 과열, 분해되지는 않았는지 등의 원인분석으로 판단이 가능하다.

만일 이상이 없다고 판단될 경우, 결국 건조 불충분이 원인이라고 볼 수 있으므로 충분히 건조시켜야 한다.

→ 호퍼 하단부의 원료 투입구를 막고 실린더 내의 수지를 전부 배출시켜 내고 일정 시간 동안 건조시킨다.

※ P.V.C, P.O.M, P.C, P.M.M.A 등의 수지는 성형작업을 중단하고, 휴식시(식사시간 등)에는 필히 호퍼의 원료 투입구를 막고 가열실린더 내부의 수지를 완전히 배출시켜 내고 가열실린더 온도를 차단(Off)해야 한다. 그렇지 않으면 수지가 가열실린더 내에 장시간 체류하게 됨으로써 과열, 분해되어 타버리거나(특히, P.V.C의 경우 사출시켜 보면 수지가 타서 가루가 되어 다량의 가스와 함께 배출됨) 또는 황색화(누렇게 변색)되어 정상적인 작업 때까지(매끄러운 수지가 배출될 때까지) 계속해서 실린더 내부의 과열된 수지를 배출시켜 줘야 하므로 결국 원료 손실(Loss)만 발생하게 된다. 또한 수지의 열분해로 인해 가열실린더 내부에 다량의 가스가 생성되어 배출되지 않은 상태로 존재하므로(가스 압력 형성) 주의하여야 한다.
→ 안전사고 위험 상존(常存)

② 건조시켜야 할 수지와 건조가 불필요한 수지와의 성형조건 설정시 차이점
건조를 특히 잘 시켜야 할 수지일수록 성형조건을 설정할 때에는 보편적으로 배압(B.P)을 높여 주어야 되며, 흐름방지(S.B) 설정을 없애고 설정이 필요할 경우라도 가급적 짧게 설정하여야 한다.
이와는 반대로 건조가 불필요한 수지의 경우는 배압 설정시에 적정치(기본배압) 혹은 그 이상으로 필요한 만큼 설정이 가능하고, 흐름방지도 필요한 만큼 설정할 수 있다(단, 지나치지 않도록 할 것).

[주의사항]

24시간 건조시켜도 건조되지 않는 경우도 있다.
그림 3.49에서 보는 바와 같이 간혹 재생원료 생산과정에서 잘 나타나는데 수지 알갱이(펠릿) 내부에 '구멍'이나 있으면 그 내부에 습기가 차고, 들어가서 아무리 오래 건조시켜도 펠릿의 내부에 찬 습기를 제거하기가 어려워진다. 일반적으로 수지의 건조는 펠릿 외부에 차 있는 습기만 제거시킨다.

구멍   펠릿

펠릿 1개를 확대한 그림

그림 3.49 건조 불능 수지

5. 플라스틱 성형품의 불량원인과 대책

성형작업 중 주로 발생하는 각종 불량현상에 대해 알아보자.

5.1 미성형(Short shot)

성형이 덜된 상태를 말한다.

1) 유동 저항이 클 때

금형온도와 가열실린더 열(특히 노즐온도)을 올려 수지가 쉽게 유입될 수 있도록 한다.

2) 캐비티 내의 공기가 빠지지 못할 때

금형구조상 공기가 빠지기 어려운 위치(구석진 곳 등)로 수지가 유입될 때 미처 빠지지 못하고 갇혀 버린 공기가 압력을 형성하여 수지를 밀어냄으로써 충전을 방해하게 되어 미성형이 발생한 경우이다. 배기구멍(Air bent)를 충분히 뚫어 주고 수지 유입속도를 천천히 해주면 해소할 수 있다.

3) 수지의 유동성이 부족할 때

유동성이 좋은 수지로 교환을 하거나 금형온도·수지온도·사출압력과 속도를 높여 충전시킨다.

4) 게이트 밸런스(Gate balance)가 맞지 않을 때

캐비티가 여러 개인 다수개 빼기 금형에서 자주 발생하는 현상으로서, 주로 스프루에서 먼쪽에 위치한 캐비티가 충전부족이 된다. 미성형이 되는 캐비티의 게이트를 수정(크게 또는 굵게)하거나 문제되는 캐비티 부분만 금형온도를 높여도 성형이 가능한 경우가 있고, 이러한 조치로도 해결이 어려우면 미성형이 발생되는 캐비티의 게이트를 막고 작업을 하는 수밖에 없다.

5) 수지의 유동경로 중 일부가 이물질로 막혀서 충전 부족이 되었을 때

특히 재생원료(분쇄재료 등) 사용시에 자주 발생하며, 이물질(쇳조각, 기타)이 잘 막히는 장소는 노즐구멍과 게이트이다. 노즐구멍은 지름(ϕ)이 크면 작은 쇳 조각 정도는 사출압력에 밀려서 통과하나, 이것이 스프루와 러너를 거치면서 게 이트를 막아 버리면 캐비티로의 수지 유입을 방해하여 미성형을 발생시킨다. 유 로(流路)를 점검하여 막힌 부분이 있으면 뚫어 주고 무엇보다 분쇄 재료관리를 철저히 하는 것이 좋다.

6) 호퍼(Hopper)로부터 원료 공급 상태 불안정

호퍼에서 원료가 제대로 낙하하지 못하면 원료 공급 불충분으로 인해 미성형이 발생하거나 심하면 계량 불능으로 이어진다. 낙하가 불안정한 원인(분쇄원료 과 다 사용으로 브리징(Bridging)을 일으키거나 호퍼 드라이어 온도를 지나치게 높여 장시간 가동시켰을 경우 등에 의한 원료의 눌어 붙음, 기타)을 확인하여 제거시킨다.

5.2 버(Burr or Flash)

성형품 외에 필요없는 부분이 함께 성형된 것을 말한다.

1) 사출압력은 높고 형조임력이 약할 때

기계의 형조임력을 높일 수 있는 방법은 능력이 큰 성형기로 교체하거나 토글 식 사출기의 경우 형조임 조절을 좀더 강하게 해준다. 그리고 낮은 사출압력으 로도 성형이 될 수 있도록 성형조건을 개선해 준다.

2) 캐비티 용적보다 많은 양의 수지가 유입되었을 때

공급량을 적정치로 조절한다.

3) 금형 분할면에 수지찌꺼기가 붙어 있을 때

성형품이 돌출과정에서 아주 미세한 긁힘이 발생하면 그로 인한 찌꺼기가 금형 분할면에 붙어 있게 된다. 이것이 매쇼트마다 누적되어 사출시 성형품에 달라 붙어 버(Burr)를 만들므로 먼저 금형면을 깨끗이 해주고 찌꺼기 발생원인을 제 거하는 방안을 강구한다.

4) 수지의 유동성이 너무 좋을 때

수지의 유동성이 좋으면 필요없는 플래시 발생부위까지 흘러 들어가므로 성형조건을 변경시키되 수지온도·금형온도 및 사출압력을 낮추는 조건으로 한다.

5.3 웰드라인(Weld Line)

수지의 흐름이 만나서 생기는 가는선을 말한다. 성형품에 웰드라인이 발생하는 것은 성형과정에서 피할 수 없는 것이기는 하나 되도록 엷게 하여 거의 표시가 나지 않도록 해야 외관상, 강도상 나쁘지 않다.

웰드라인이 근본적으로 발생해서는 안 될 위치에 생겼다면 무엇보다 금형을 수정해야 하며, 여기에는 게이트의 위치변동, 성형품의 두께변동 등 여러 가지 방법이 있다.

1) 수지의 흐름 부족

수지의 흐름이 부족하면 웰드부까지 용융수지가 흘러 들어가는 과정에서 흐름이 여의치 못하여, 최종 접합시에는 웰드라인이 선명해지고 강도 저하로 이어진다. 조치로는 성형조건을 웰드라인까지 고온·고압의 수지가 흐를 수 있도록 변경시켜 준다. 즉, 수지온도·사출압력과 속도·금형온도를 높여서 접합부까지 흐름이 떨어지지 않도록 빠르게 주입시키면 된다. 다른 방법으로는 웰드부의 두께를 증가시켜 수지의 흐름을 좋게 해주거나 유동성이 좋은 수지로 교환해서 성형하면 웰드라인 접합상태가 개선된다. 그리고 웰드라인 자체를 완전히 없애는 방법으로, 다점 게이트를 일점 게이트로 하여 제거할 수도 있다.

2) 이형제에 의한 불량

성형작업시에 이형제를 캐비티에 많이 뿌리면 수지에 이형제가 실려 웰드라인까지 같이 흘러 들어가 웰드부의 접합을 방해하고, 웰드라인을 크게 발생시키는 등 강도를 현저히 떨어뜨리므로 이형제 사용시 특히 주의해야 한다.

3) 착색제에 의한 불량

알루미늄박과 파알 착색제가 들어간 수지로 성형시에는 웰드라인이 선명하게 나타난다. 성형품의 용도상 착색제를 사용하지 않으면 안 될 경우에는 금형 설계시에 아예 웰드라인 자체를 없애는 쪽으로 하지 않으면 안 된다.

4) 공기 또는 휘발분

금형 내의 공기 또는 휘발분은 유입되는 수지에 밀려 웰드 쪽으로 몰리게 되는데, 웰드라인 쪽에서 최종적으로 가스가 빠져주지 못하면 웰드라인이 크게 발생하거나 타버린다. 이때에는 가스가 빠질 수 있도록 배기구멍(Air bent)을 내주거나 사출속도를 천천히 해주는 조건으로 성형조건을 개선시켜 준다.

5.4 몰드마크(Mold mark)

금형면에 생긴 상처를 말한다. 금형에 상처가 생기면 성형품에 그대로 나타나므로 성형조건 컨트롤로써는 해결 방도가 없으며, 근본적으로 금형을 수정하지 않으면 불가능하다. 우선적으로 금형을 수리해야 한다.

5.5 싱크마크(Sink mark, 수축)

성형품에 나타나는 불량현상 중 대표적인 불량으로서 주로 두께가 두꺼운 부분에 발생되고 플라스틱 재료의 수축률이 클수록 심하다.

1) 살두께 불균일

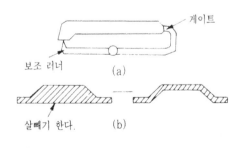

보조 러너 (a)

살빼기 한다. (b)

그림 3.50 싱크마크(Sink mark) 개량대책 예

성형품의 살두께가 균일하지 못하면 두꺼운 부분이 얇은 부분보다 냉각이 늦어지므로 싱크마크가 발생된다. 냉각방식을 재검토하여 두께가 두꺼운 부분의 냉각을 집중적으로 시행하고, 보스(Boss)의 외경 확대시에도 두께가 두꺼워짐은 피할 수 없으므로 그 대책으로 싱크마크 제거용 핀을 설치해야 한다. 가급적 금형제작시 살두께를 3mm 이하로 균일하게 설계하는 것이 바람직하다.

2) 금형 내 압력 부쪽

성형품까지 충분한 사출압력이 걸릴 수 있도록 보압시간을 연장시켜 주고 보압도 높여 준다. 게이트를 수정(크게 또는 짧게)하여 사출압력 전달이 용이해지도록 해주고 싱크마크 발생이 우려되는 곳에 게이트를 설치하는 등 게이트 위치

변동을 고려한다. 또한 게이트에서 먼 곳은 수지의 유동저항에 따른 압력손실로 인해 수축이 특히 심하므로 문제부위의 두께를 증가시켜 보압전달이 용이해지도록 해주면 해결이 가능하다. 두께가 얇은 성형품은 사출압력 전달이 채 되기도 전에 굳어 버리므로 싱크마크가 발생된다. 또 플래시 발생이 심한 금형은 사출압력에 비해 형체력이 밀리므로 금형이 벌어져 압축 부족이 되어 싱크마크로 나타난다.

▷ 게이트에서 먼 곳의 수축 트러블은 금형냉각을 차단시켜도 효과를 볼 수 있다. 금형이 뜨거워지면 성형 중에 쉽게 고화되지 않아 문제의 수축부위까지 사출압력(특히, 보압) 전달이 용이해지기 때문이다.

3) 계량조정의 불량

성형조건 설정시 스크루 선단에 규정된 잔량(쿠션)을 남겨 놓지 않으면 보압 중에 수지의 추가적인 공급을 제때 할 수 없게 되어 미공급된 수지의 양만큼 성형품에 싱크마크가 발생한다. 주로 얼룩 모양으로 나타나며 게이트부 및 제품표면에 발생되므로 다른 원인으로 인한 싱크마크와 구별하기 쉽다.

4) 큰 수축량

플라스틱 고유 수축률이 클수록 심하며, 특히 결정성 폴리머로 성형할 때 싱크마크가 크게 발생하면 보통 수지온도를 내리고 사출압력을 높여 성형한다. 이런 조건을 취해도 해결이 불가능하면 성형품의 용도상 지장이 없는 한도 내에서 수지를 교환(비결정성 폴리머로 대체)해 보거나 수지에 무기물 충전재인 유리섬유·석면 등을 혼입한 원료로 성형하여 싱크마크가 작아질 수 있도록 해주면 어느 정도 커버(Cover)가 된다.

5.6 성형품의 변형

성형품은 그 형상에 따라 성형 직후 또는 한참 뒤에 나타나는 여러 가지 변형이 있다. 변형의 원인은 여러 가지가 있겠으나 그 중에서도 성형수축에 의한 잔류변형과 성형조건에 의한 잔류응력(오버패킹 등), 그리고 이형시에 발생하는 변형과 크랙, 크레이징을 들 수 있다. 성형재료가 비교적 단단한 성질을 유지하고 있을 경우에는 비록 잔류응력을 내장하고 있어도 큰 변형이 발생되지 않으나,

두께가 얇고 깊은 판 모양의 성형품을 P.P나 P.E로 성형하면 성형수축률이 커서 변형이 크게 나타나며 성형품이 비틀어지는 비틀림 변형이 심하게 나타난다. 변형의 종류로는 비틀림(Twisting) 외에 휨(Warp), 굽힘(Bending) 등이 있다.

1) 휨(Warp)

상자 모양으로 된 성형품에 잘 나타나며 종류로는 오목휨과 볼록휨 등이 있다.

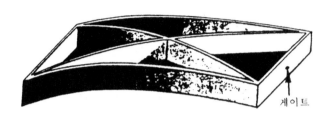

그림 3.51 휨(Warp)

① 상자 모양 성형품의 측벽 안쪽 휨

안쪽휨은 코어(Core)의 온도가 캐비티(Cavity) 온도보다 높을 때 주로 발생하며 특히 상자형 성형품은 그 구조가 '4코너'가 서로 보강된 구조이므로 코어온도가 높고 캐비티 온도가 낮으면 구조적으로 가장 취약한 측벽의 중앙부가 활 모양처럼 안쪽으로 인장되어 안쪽휨으로 나타난다.

이것을 방지하기 위해서는 코어를 잘 냉각시켜야 하며, 코어냉각을 충분히 하기 위해 냉각수 홈을 적절히 배치하되 너무 극단적인 냉각방식은 피하는 것이 좋다. 또한 금형설계시에 안쪽휨을 고려하여 외측으로 약간 볼록하게 해주는 것도 좋고, 구조적 보강차원에서 안쪽휨 발생주위에 리브나 단을 설치할 수도 있다.

② 리브 쪽과 그 반대쪽으로의 휨

리브로 인한 변형 발생이 성형품(본체)의 변형으로 이어진 케이스다. 그림 3.51에서 보는 바와 같이, 살두께와 성형수축률과의 관계에서 성형품(본체)의 살두께보다 리브의 살두께가 얇고 높으면 급랭되어 본체의 냉각속도보다 빨라져 리브치수가 성형품에 비해 길어지고, 그로 인해 리브 쪽이 볼록해지면서 젖혀진다.

반대로 두껍고 낮은 리브는 서냉되어 오목해져서 젖혀지게 된다. 이와 같이 금형냉각이 리브의 변형을 유도하고 그로 인해 성형품 본체가 변형되므로 주의를 요하며, 휨의 원인이 반드시 리브라고 할 수는 없지만 때로는 리브의 두께나 높이가 영향을 미치므로 그에 따른 수정도 가끔 필요하다.

③ 게이트 쪽으로의 휨

다이렉트 게이트(Direct gate)에서 많이 발생하며 과다한 사출 2차압력 (보압)과 보압시간이 주원인이다. 압력을 낮추고 시간을 단축시킬 수 있는 조건으로 재구성한다.

2) 구부러짐(Bending)

사출압력에 코어가 밀려서 성형품의 살두께에 변화를 초래함으로써 발생되는 현상이다. 살두께가 가늘고 긴 통 모양의 성형품(볼펜의 축, 잉크가 든 심 등)에서 주로 발생하며, 코어가 사출압력에 져서 어느 한쪽으로 움직이므로 전체적으로 불균일한 성형이 되어 살두께가 두꺼운 쪽으로 구부러지는 상태로 나타난다.

3) 뒤틀림(Twisting)

성형 직후나 성형종료 후 나중에 발생하며, 자칫 관리 소홀로 대량불량 사태를 야기할 수도 있다.

센터 게이트(Center gate)방식을 채용한 고밀도 P.E(H.D.P.E) 성형시 잘 나타나며, 성형품의 형상은 주로 평판에 가깝다. 변형의 원인은 수축률 차이에서 비롯되며 용융수지 흐름의 직각 방향 수축률이 흐름 방향 수축률보다 작을 때에 나타난다. 변형을 방지하기 위해서는 변형방지 지그(Jig)를 별도 제작하여 사용할 수도 있고, 양산전에 뒤틀림을 사전 검출(끓는 물에 10~15분 정도 가열)함으로써 예방이 가능하다.

그림 3.52 원판의 뒤틀림

4) 외부 응력에 의한 성형 후 변형

성형종료 후 돌출과정에서 이젝터 압력을 크게 가할 때 변형될 수 있으며, 충분히 냉각시키지 않은 상태에서 이형을 해도 변형될 염려가 있다. 그리고 제품 포장과정에서 무리하게 쌓아 올리면 하중에 의한 변형도 불가피하다. 충분한 냉각과 포장 및 적재를 고려해야 한다.

5.7 깨짐, 균열(Crack), 크레이징(Crazing) 및 백화

이들의 원인은 대부분 잔류응력에 있다.

① 금형 제작시 급격한 살두께나 날카로운 코너를 피하고 특히 모서리 부분에는 충분한 곡률(R)을 취해서 응력발생을 막고 크레이징(Crazing)을 억제할 수 있도록 한다.

② 이형시 성형품에 따라서 코어부에 꽉 끼면 이형이 잘 안 되고, 이형이 되어도 이형 상태가 매우 불량하여 변형이 발생한다. 이것은 코어부에 공기가 통하지 않고 밀폐됨으로써 발생한 것으로, 이젝터 핀의 클리어런스(Clearance)를 크게 해서 공기가 쉽게 들어가도록 해주면 해결된다.

③ 금속 인서트 성형시 인서트 주변에 크랙(Crack)을 동반하게 되는데, 특히 인서트 물(Insert 物)이 각이 져 있다면 성형과정에서 싱크마크로 인한 인서트 조임이 일어나 크랙을 발생시키므로 가능하면 인서트물은 둥글게 제작하도록 한다.

5.8 플로마크(Flow mark)

수지의 유동불량에 기인하여 발생한 불량현상이다.

① 수지의 점도가 높을 경우

점도가 높으면 금형 내에서의 유동성이 극히 불량하므로 수지온도와 금형온도 그리고 사출압력을 올려주는 쪽으로 성형조건을 변경 조치한다. 이렇게 해도 해결되지 않으면 성형품의 용도상 지장이 없는 범위 내에서 원료의 그레이드(Grade)를 중점도 혹은 저점도로 바꾼다.

② 금형을 살두께가 완만하도록 수정해 주거나 콜드 슬러그 웰을 크게 하여 성형기 노즐의 굳은 수지가 캐비티에 유입되는 것을 처음부터 차단시켜 주면 효과를 본다.

5.9 실버 스트리크(Silver streak)

성형품에 발생하는 은백색의 선(혹은 다발)으로서 수지의 흐름 방향으로 잘 나타난다.

1) 수지 중의 수분(습기), 휘발분이 원인일 때

수지 중에 수분 및 휘발분이 포함된 상태로 사출되면 사출 전 가열실린더 내부에서 수분과 휘발분이 기화(氣化)된 채 있다가 노즐구멍을 통해 금형 내부로 수지와 함께 들어간다.

금형 내부에서는 기화되었던 수분과 휘발분이 차가운 금형면에 부딪히면서 다시 성형품에 내려 앉게 되는데, 사출시 수지의 흐름 방향으로 가스가 퍼져 나가므로 성형품을 취출해 보면 보통 수지의 흐름 방향으로 실버 스트리크 현상이 나타난다. 충분히 건조시킨 후에 성형하는 것이 해결책이다.

2) 수지의 분해

수지 자체 또는 수지에 첨가된 안정제와 대전방지제 등이 지나치게 높은 수지온도 때문에 열분해를 일으켜 실버 스트리크로 나타나는 현상이다. 수지의 특성에 따라 수지온도를 적정온도로 내리거나, 열을 조금 높게 가하지 않으면 안될 경우에는 가열실린더 내에서의 체류시간 단축방안을 강구하여야 한다.

3) 금형면의 수분 및 휘발분

깨끗이 제거한다.

4) 이종 수지가 혼입되었을 때

두 종류 이상의 수지가 혼입되면 상호간 용융점이 다르기 때문에 결집력이 떨어져 운모의 껍질이 벗겨지듯이 층상박리를 일으킨다. 때에 따라서는 실버 스트리크로도 나타난다.

5.10 태움(Burn)

용융수지의 금형 내 유입속도에 비해 금형 내의 공기가 미처 빠져나가지 못해 순간적으로 단열압축을 받아 수지가 타버리는 현상을 말한다.

주로 공기가 빠지기 어려운 위치(보스, 리브 등 제품의 깊은 곳)나 웰드부에서 발생한다. 이것을 해결하려면 가스가 빠질 수 있도록 배기구멍을 설치하거나 인서트의 틈새 및 이젝터 핀의 틈새를 이용한 가스배출 또는 파팅라인에 얕은 홈 설치 등의 방법으로 가스배출 통로를 확보해 주면 된다.

5.11 검은 줄(Black streak)

성형품에 검은 줄이 생기는 불량현상이다. 이 현상은 공기가 유입되어 함께 성형된 경우와 수지 자체의 열분해 또는 첨가제 및 윤활제가 열분해를 일으킨 채로 성형됨으로써 검은 줄 모양으로 타서 발생한다.

1) 성형조건을 개선

수지나 첨가제가 열분해를 일으키지 않도록 수지온도를 낮춘다. 성형 사이클을 단축시켜 실린더 내 체류시간을 줄이고, 금형과 성형기의 밸런스가 맞지 않으면 (성형기의 용량이 금형에 비해 과대(過大)할 때) 교체한다.

2) 가열실린더 소손

스크루 헤드부의 체크밸브를 점검하여 문제점 발견시 조치한다.
체크밸브가 타서 못쓰게 되면 그 틈새에서 타버린 수지가 계속 성형품에 묻어나와 검은 줄이 생길 수도 있으므로 필요시 수리 또는 교환한다.

➡ **흑점 발생시 조치사항**
  ① 실린더를 철저히 청소한다.
  ② 분쇄(재생)재를 사용할 때에는 신재와 조금씩 섞어서 소모하되 흑점 발생이 심할 경우에는 신재만 사용하도록 한다.
  ③ 성형조건을 변경시켜 본다(수지온도를 낮출 것 등). 흑점 발생의 원인이 분쇄재의 '열 약화성'에 기인할 수도 있으며, 특히 분쇄재는 신재와 달리 가루가 발생되므로 이 분쇄가루로 인해 쉽게 열분해를 일으켜 타버린다(흑점 발생).
  ※ 분쇄가루를 미리 준비한 '채' 같은 것으로 깨끗이 걸러내고 열을 낮춰서 작업할 수 있도록 한다.

5.12 광택불량(표면 흐림) 가스얼룩

성형품의 표면이 수지 본래의 광택이 나지 않고 흐릿하게 유백색의 막에 덮힌 듯한 불량현상이다.
① 금형면의 가공이 불량할 경우
  금형면을 잘 연마한다.
② 성형조건 변경
  금형온도 · 수지온도 · 사출속도를 높여 주면 광택은 현저히 좋아진다.

③ 윤활제나 이형제에 의한 경우

　가급적 사용을 자제하되 어쩔 수 없을 때에는 주의깊게 사용한다.

5.13 색의 얼룩

착색원료 사용시 발생되는 불량현상으로서 성형품에 색상이 균일하게 퍼지지 못하여 불량으로 된다. 발생위치별로 봤을 때 게이트 부근에 얼룩이 지면 착색제의 분산불량이고, 제품 전체에 나타나면 수지 자체나 착색제의 열 안정성 결여로 볼 수 있다.

① 착색제의 분산불량

　특히, 드라이 컬러(Dry color)를 사용하여 텀블링(Tumbling)을 하면 펠릿(Pellet)의 표면에는 안료 입자가 그냥 부착만 되어 있으므로, 간혹 덩어리진 분말 안료가 텀블링할 때 부서지지 않고 그대로 성형공정에 투입되는데 이때 이런 현상이 나타난다.

② 열 안정성 부족

　수지온도를 조금 낮춰 주고 실린더 내에서의 체류시간을 짧게 하여 해결한다.

5.14 제팅(Zetting)

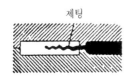

그림 3.53 제팅

성형품의 표면에 게이트를 기점으로 하여 지렁이가 기어간 자국 모양의 용융수지의 흐름 자국이 생기는 불량현상이다. 플로마크(Flow mark)의 일종이며 수지의 유입 속도가 지나치게 빠르거나 스프루에서 게이트까지의 유로(流路)가 너무 길면 생기기 쉽다. 이 현상은 콜드 슬러그 웰(Cold slug well)이 없거나 있어도 작을 경우의 사이드 게이트(Side gate) 채용 금형에서 많이 발생한다. 해결책으로는 수지유입 속도를 천천히 해주거나 게이트 단면적의 증대(키울 것) 또는 금형과 노즐온도를 높여 성형을 하면 수정이 되는데, 특히 제팅 불량현상은 이 책의 '테크닉(Technic)을 필요로 하는 성형조건 control법'의 〔사례-Ⅰ〕과 같은 성형조건을 부여해도 해결이 가능하다.

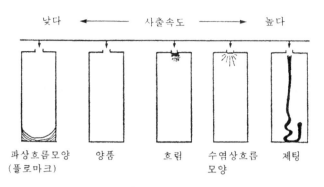

그림 3.54 사출속도와 각종 흐름 모양과의 관계

6. 성형조건 접근법

자! 지금까지 전반적으로 플라스틱 사출성형 조건을 구성하고 있는 각종 요소들에 대해서 살펴보았다.

지금부터는 이러한 기본지식을 바탕으로 비교적 쉬운 금형부터 직접 성형조건을 설정해 보기로 하자.

성형조건을 설정하기 전에 일단 작업할 준비는 되었는지 먼저 체크(Check)해 보기로 한다.

① 작업하고자 하는 원료가 전(前) 작업과 동일한 경우 - 금형 교환이 우선

② 작업하고자 하는 원료가 전(前) 작업과 동일하지 않을 경우 - 원료 교환이 우선

⇨ 호퍼 내부도 깨끗이 청소한다.

6.1 금형의 구조 관찰

① 금형 교환 후 형개를 시켜 내부를 살펴본다.

복잡한 슬라이드(Slide) 구조인지, 성형품이 잘 박히지는 않을지 등을 살핀 후 금형 내부를 에어 컴프레서(Air compressor)로 깨끗이 불어낸다 (방청제, 기타 이물질 제거).

② 형개·폐 컨트롤을 시켜서 원만한 작동상태를 확인한 후 냉각수 연결상태와 유입상태를 점검하고, 필요시 금형의 가이드 핀(Guide pin), 슬라이드(Slide) 등에 그리스(G.A.A)를 바른다.

③ 돌출(이젝터)거리 및 압력·속도를 설정(돌출방식에 적합한)한 후 성형조건 설정에 들어간다.

6.2 성형조건 설정(최초)

① 실린더 열은 이미 설정해 놓은 상태이다.

〈예〉

열 :	NH	H1	H2	H3
	〈노즐히터〉	〈히터-1〉	〈히터-2〉	〈히터-3〉
	205℃	200℃	195℃	190℃

• 사용원료 : A.B.S. Natural

② 계량

캐비티(Cavity)를 확인하고 대략적인 양(mm)을 설정한다.

※ 러너와 스프루도 포함한다.

③ 계량속도(Screw R.P.M)

50%~60% 정도로 설정한다(통상, 보편적인 기준).

④ 흐름방지(S.B)

3mm 이내, A.B.S 수지는 흐름방지를 길게(많이) 설정하면 '핀다'(실버스트리크, Silver streak). 단, 성형작업을 진행해 나가면서 적절한 거리(mm)로 조정할 수 있도록 한다.

⑤ 배압(B.P) : 조금 감을 것(수치상으로 봤을 때 약 $7kg/cm^2$).

⑥ 사출시간(Injection time) : 7초

⑦ 냉각시간(Cooling time) : 12초

⑧ 사출압력(Injection pressure) : $40kg/cm^2$

⑨ 사출속도(Injection speed) : 50%

⑩ 위치절환(mm) : 0

⑪ 기타

- A.B.S 수지이므로 충분히 건조(Dry)시켜야 한다(80℃에서 1시간 이상 건조).
- 게이트 형상 : 사이드 게이트(Side gate)

6.3 성형조건 탐색법

① 수동(Manual)상태에서 사출과 계량을 반복 실시하여 건조상태도 확인해 보고, 이상이 없을 때만 정상작업에 들어갈 수 있도록 한다.

➡ ※ 건조상태 확인

배출되어 나온 수지상태를 관찰한 결과, 수지가 퍼석퍼석하거나 부풀어 올라 있으면, 건조상태가 불량한 것이므로 충분히 건조시켜야 한다. 건조가 잘된 수지는 쫀득쫀득하고 윤기가 나며 매끄럽다.

② 계량을 시켜 봤을 때 수지가 노즐(Nozzle)에서 너무 흘러 내린다고 판단되면 배압(B.P)을 조금 풀어 줄 수 있도록 하고, 계량속도(R.P.M)도 빠른지, 느린지를 함께 체크한다(육안 관찰).

③ 위치절환(mm)은 최초 사출개시 후 몇 쇼트(Shot)까지는 생략한다.

④ 수동(Manual)위치에서 형폐(Mold close) 및 사출대 전진을 완료하고 반자동(Semi auto)으로 전환, 작업 개시!

➡ 최초 작업 때는 금형 캐비티(Cavity)에 이형제(실리콘 이형제)를 한두 번 정도 뿌려 주고 시작하는 것이 좋다.
혹시라도 금형에 성형품이 박혀 빠지지 않을 경우에 대비하기 위한 것이다.
※ 이형제 사용 요령 : 「부록」 참조

⑤ 제품 취출(최초 성형품)

1) 초기 성형시 꼭 알아야 할 사항

(1) 수지 배출 작업 실시

가열실린더 내의 잔여 수지는 금형 교환 또는 성형작업을 위한 준비 등으로 인해 체류시간이 길어지게 되어 자연적으로 과열 분해된다. 이것을 배출시켜 주지 않고 바로 성형작업에 들어가면 다음과 같은 여러 가지 문제점이 발생한다.

① 과열·분해상태에 놓여 있는 수지는 수지분자 상호간 결집력(응집력)이 매우 떨어지고 취약해진 상태이다. 그러므로 이러한 상태에서 성형이 되면, 특히 금형의 캐비티 구조가 살두께가 얇고 깊은 복잡한 리브(Rib)나 보스(Boss) 형상으로 되어 있을 경우에는 성형품의 일부분이 캐비티에 박혀서

부드럽고 스무스(Smooth)한 이형이 되지 못하고 성형품이 찢어지면서 돌출되므로, 캐비티에 남아 있는 성형품의 잔여물을 제거하는 데 상당한 시간과 정력을 소모시켜야 하는 애로점이 발생하게 된다.

- 금형의 구조가 위의 경우와는 반대로 비교적 단순하여 박힐 염려까지는 없다 하더라도 성형품 자체는 취약할 수밖에 없다.

  ※ 수지의 과열뿐만 아니라 건조가 불충분해도 과열의 경우와 똑같이 수지분자 상호간 결집력 약화로 금형의 구조에 따라서 박힐 수도 있으므로 유의하기 바란다.

➡ **<참고>**
성형작업을 종료할 때 호퍼 맨 아래쪽의 원료 투입구를 제대로 막지 않고 기계를 꺼버리면, 익일 작업시 실린더 내에 수지가 그대로 체류되어 있는 상태이므로 가열실린더 승온시간도 길어지고 배출시켜야 될 수지의 양도 **훨씬 많아진다**(실린더 내 체류 수지가 전량 과열된 상태). 반대로 원료 투입구를 막고 가열실린더 내부 수지를 완전히 배출시키고 작업을 종료할 경우에는 익일 작업시 실린더 승온시간도 **짧아지고** 실린더 내부의 잔여수지도 거의 **없으므로**(기껏해야 실린더 내벽과 스크루 자체에 묻어 있는 수지가 전부다) 수지를 조금만 배출시켜도 즉시 정상작업이 가능하게 된다.

② 배출 요령

㉮ 조금씩 배출시킨다(사출·계량 반복 실시).

  ➡ 배출된 수지는 다시 분쇄기로 잘게 부수어 재생(再生)해서 재(再)사용해야 하므로 한꺼번에 많이 배출시키지 말아야 한다. 배출된 수지가 '덩어리'가 되면 분쇄를 할 때 잘 부수어지지 않고 분쇄기의 커터날을 마모 및 손상시킬 우려가 있다.

  ◆ 수지 배출작업을 실시할 때는 주변 청결 유지<배출된 수지 오염 방지>

㉯ 배출된 수지의 상태를 봐가며 배출작업을 실시하되, 매끄러운 수지가 배출되어 나오면 즉시 성형에 들어간다.

  ➡ 장시간 가열실린더 내에 체류시켰을 경우, 수지의 종류에 따라서는 가스 발생이 많고 과열·분해가 심해서 상당히 위험할 수도 있으므로 주의를 요한다(특히, POM, PBT 등의 수지).

  ⇩

  가열실린더 내부에 분해 가스로 인한 압력(가스압력)이 형성되어 갑자기 사출을 시키면 예기치 못한 돌발사태가 발생할 수도 있다. 이때에는 사출과 계량을 반복하여 실린더 내부에 생성된 가스를 조금씩 수지와 함께 내보냄으로써 가스압력을 상실시키고, 안전사고를 미연에 방지할 수 있도록 한다.

(2) 계량 불능시 조치사항

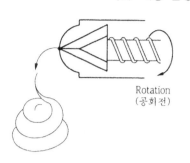

Rotation
(공회전)

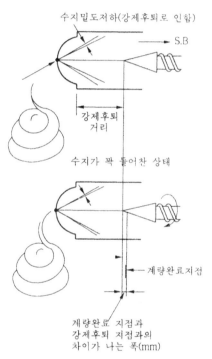

수지밀도저하(강제후퇴로 인함)

S.B

강제후퇴
거리

수지가 꽉 들어찬 상태

계량완료지점

계량완료 지점과
강제후퇴 지점과의
차이가 나는 폭(mm)

그림 3.55 강제후퇴를 이용한 계량

배압(B.P)을 풀어 주고 계량을 시키면 해결된다. 단, 정상 작업에 들어가면 본래대로 원위치시킨다.

사출기에 따라서 배압 컨트롤이 잘되지 않을 경우도 있다 (항상 높은 배압이 유지된 상태). 이때에는 노즐로부터 수지만 계속 배출되고, 스크루는 전혀 후퇴하지 못하는 현상이 생긴다(계량 불능 상태). 조치사항은 다음과 같다.

① 강제후퇴(S.B)를 이용한 계량

고의(故意)로 스크루를 강제후퇴시키면 기설정된(설정이 되지 않았다면 설정시켜 주고 계량이 완료되고 나면 본래 대로 원위치시킬 것) 강제후퇴 거리(mm)만큼 스크루가 뒤로 빠지게 되는데, 이때 강제후퇴한 거리(mm)만큼 실린더 내부에는 공백(수지의 밀도 저하 초래)이 생기게 되며, 강제후퇴를 중지하고 다시 계량을 실행하면 실린더 내부에 생긴 공백에 수지가 꽉 들어찰 때까지 스크루는 그 위치(스크루가 강제후퇴되어 있는 현재 위치)에서 공회전 만 하게 된다. 그러다가 실린더 내에 수지가 들어차면(강제후퇴 거리(mm)까지 공백부분이 완전히 메꿔지면) 다시 노즐로부터 수지가 흘러 내리게 되는데, 이때는 이미 고의적으로 설정한 강제후퇴 거리만큼 계량이 거의 완료되어 있는 상태다. 이러한 방법을 활용하면 위와 같이 배압이 높아서 발생되는 계량 불능 트러블을 극복해 낼 수가 있다.

이때 주의할 점은 의도적인(고의적인) 강제후퇴 거리(mm) 설정시 계량완료까지 완전히 도달되도록(계량완료와 일치되게) 설정하면 정작 계량공정 시에는 전혀 동작되지 않으므로 주의하여야 한다.

➡ 기계가 계량완료(종료)된 것으로 오인(착각)을 하여 동작하지 않게 된다.

② 금형의 스프루와 노즐을 터치(Touch)시켜 놓은 상태로 계량 실시

노즐과 금형의 스프루를 붙인 채로(터치 상태) 계량을 시키면 배압이 얼마나 높았든지 간에 계량은 무리없이 진행된다.

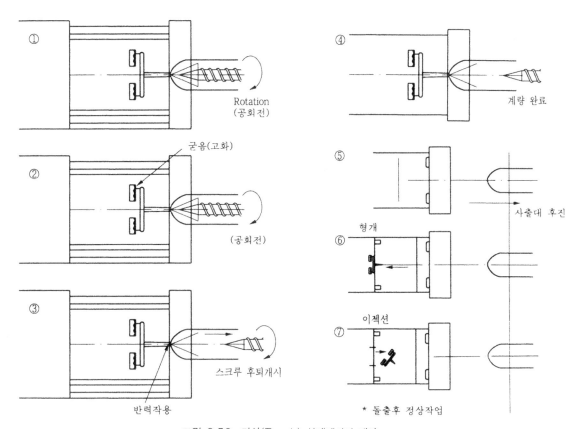

① Rotation (공회전)

② 굳음(고화) (공회전)

③ 반력작용 스크루 후퇴개시

④ 계량 완료

⑤ 사출대 후진

⑥ 형개

⑦ 이젝션 * 돌출후 정상작업

그림 3.56 터치(Touch) 상태에서의 계량

〈해설〉

금형과 노즐을 터치(Touch) 상태로 계량을 시키면 사출 진행 때와 같이 계량되는 수지의 일부가 금형의 스프루를 통하여 금형 내부로 유입된다(스크루는 공회전만 거듭하고 대신 높은 배압으로 인해 노즐로부터 흘러나온 수지가 금형 내부로 들어감). 이렇게 유입된 수지는 정상적인 사출 압력을 받은 상태가 아닌, 단지 배압(력)에 의해 떠밀려 들어간 것에 불과하므로 얼마가지 않아서 곧 굳어 버리게 되어 수지는 더 이상 금형 내로 유입되지 않는다. 이때 더 이상의 수지 유입이 없어지는 대신 기유입된 금형 내부의 굳은 수지로 인해 이번에는 반대로 받쳐 주는 역할, 즉 이미 성형된 금형의 스프루와 러너 그리고 캐비티의 일부가 성형된 상태라면 그 부분으로 말미암아 금형과 노즐이 붙어 있음으로 해서 높은 배압으로 발생되는 수지의 흘러내림을 차단시켜 주는 역할이 작용하게 되는데, 그 반력(反力)에 의해 스크루가 뒤로 밀려나면서 계량은 원활하게 진행된다.

◆ 금형과 노즐을 터치시킬 때에는 정상작업 때와 같이 형체완료 후 사출대 전진과정을 거쳐 계량을 실시한다.

㉮ 최초(초기) 성형조건은 사출압력과 속도로 볼 때 가급적 낮은 수치로 출발한다.

어차피 완전한 조건이 나오기까지의 탐색과정이므로 처음부터 무리한 조건은 피하는 게 좋다. 금형에 따라서 때로는 제품이 박혀 그것을 빼내는 데 시간과 정력을 낭비하는 경우도 있으므로, 차라리 그 금형의 내용을 완전히 알 때까지는 '미성형'에서부터 출발하여 순리대로 성형시켜 나가는 것이 현명하다. 단, 예외는 있다(흔하지는 않지만). 완전히 성형되지 않으면 성형품을 빼내는 데 애를 먹는 경우도 있다. 이런 경우에는 금형의 구조(특히, 플레이트 이젝션 방식의 금형에서 주로 발생)를 성형 전에 충분히 파악한 후 거기에 부합되는 조건으로 설정해 주면 된다.

㉯ 1회 사출 후 제품의 성형상태를 보고 성형조건의 수정을 판단한다.

➡ **미성형 발생시**

사출압력과 속도를 상향 조정한다.
조정폭은 미성형 발생 정도(크기)에 따라서 작업자가 스스로 판단한다.

▶ 사출압력과 속도를 꽤 올렸는데도 성형이 완전히 안 될 때

• 전체적으로 미성형 정도를 감안하여 실린더 열을 올린다(보통 올리는 폭은 5~10℃ 간격, 물론 숙달되면 필요한 만큼 한꺼번에 설정하는 것도 가능하다).

기타, 배압을 조금 더 감거나(올려 줌) 계량속도(Screw R.P.M)를 조금 더 빠르게 한다.

※ 주 : 계량완료(mm)는 기본적으로 확인을 해야 한다.
수지공급량(계량완료)이 부족하면 사출압력과 속도가 충분해도 미성형이 발생하기 때문이다. 일단 사출이 개시되면 스크루 포지션(Screw position) 상의 수지흐름을 잘 보고, 스크루가 잔량을 조금도 남기지 않고 끝까지 전진(0mm) 했는데도 미성형이 발생하면 사출압력과 속도가 낮아서가 아니라 수지공급량 부족이 원인이므로 계량완료(mm)를 조금 더 길게 설정(미성형 발생치만큼 대략적으로)해 준다. 반대로 사출종료 후 잔량은 충분한데도 미성형이 발생하면 위와 같은 순서로 조치를 취해 주면 된다. 또한 사출시간이 짧아도 미성형이 발생하므로 어디까지나 시간과 압력·속도·열·양(mm) 등 전반적인 사항을 고려해야 한다.

㉰ 일단 성형이 되어 나오면 성형품의 외관상태를 유심히 관찰한다.

⇨ 관찰 포인트(Point)
- 싱크마크(Sink mark)
- 웰드라인(Weld line)
- 플로마크(Flow mark)
- 기타 예상되는 불량 현상
- 버(Burr)
- 실버 스트리크(Silver streak)
- 백화(白化)

별다른 문제점이 없다 싶으면 사출 1차로만 작업을 하지 말고, 가급적 사출 2차까지 조건을 설정하여 본격적인 양산체제로 들어갈 수 있도록 한다〈1차절환(mm) 설정 요령 생략〉.

2) 사출시간(Injection time)의 적정성 판단

스크루 포지션(Screw position)을 보고 판단하되, 사출시간의 최종 종료시간 은 게이트 실(Gate seal)에 바탕을 두어야 한다.

(1) 게이트 실(Gate seal)이란?

사출이 시작되어 금형 내에 수지가 공급되고 보압(H.P)과정까지 진행되는 동 안에 캐비티의 수지공급 주통로인 게이트(Gate)는 서서히 굳어 간다. 성형품의 외관상태(특히 수축)를 조금이나마 더 양호한 상태로 만들려고 사출 2차압력 (보압)도 더 올려 보고 사출시간도 좀더 길게 설정해 보지만, 결국 게이트가 굳 어 버리면 캐비티(성형품)까지의 압력 전달 자체가 봉쇄되어 무용지물이 되고 만다.

그림 3.57 퍼텐쇼미터

이와 같이 게이트가 완전히 냉각, 고 화되어 더 이상의 사출압력(특히 2차 압력(보압)) 전달 자체가 불가능해지 는 것을 게이트 실(Gate seal)이라 한다.

사출시간의 적정성 여부는 스크루 포 지션상의 사출 2차압력(보압)이 걸리 고 나서 잠시 지체하다가 종료되면, 일단 외관상 적정시간이라 볼 수 있 다. 그러나 최종적으로는 성형품 취출 후 성형품의 외관상태를 보고 그 적정 여부를 판단하여야 한다.

특히, 싱크마크(Sink mark)를 조금만 더 보강시키고자 할 때는 사출시간만 좀 더 길게 설정해 주어도 향상된다(수지 공급은 거의 중단되다시피 하여도 사출압력(보압)이 계속 전달되어 압력 유지가 가능하므로).

※ 참고

좀 오래된 사출성형기는 스크루 포지션이 디지털(Digital)식으로 되어 있지 않고, 스크루가 사출될 때 스크루 위치를 표시하는 지침이 스크루와 함께 움직이면서 현재 스크루의 위치를 알 수 있도록 해준다(퍼텐쇼미터, 아날로그 방식).
표시방법은 달라도 보는 요령은 똑같다.

(2) 게이트의 굵기와 사출시간과의 관계

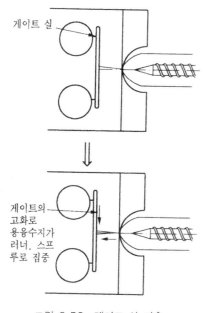

게이트 실

게이트의
고화로
용용수지가
러너, 스프
루로 집중

그림 3.58 게이트 실 이후

게이트가 굵거나 두꺼우면 쉽게 고화되지 않아 사출시간을 비교적 길게 설정할 수도 있으나, 가늘고 얇을 경우에는 쉽게 고화하므로 짧게 설정하여야 한다.

➡ 게이트 실(Gate seal)에 걸려서 고화된 다음에 주는 시간은 전부 손실시간(Loss time)이다.

※ 게이트가 고화된 줄도 모르고 사출시간을 길게 설정하였을 경우, 수지공급은 캐비티 공급이 아닌 러너, 스프루로 집중된다(게이트는 이미 굳어 버렸으나 사출압력은 사출유지 시간, 즉 사출시간이 종료될 때까지의 시간만큼 전달되므로 꾸준히 수지를 공급시키되, 캐비티가 아닌 러너, 스프루로 몰림).

➡ 러너, 스프루는 통상 게이트에 비하면 훨씬 굵고 두껍기 때문에 내부가 쉽게 굳지 않으므로 수지유입이 가능해져, 사출시간 종료시까지 게이트로 유입되어야 할 수지가 게이트의 고화로 인해 거꾸로 러너, 스프루로 공급됨으로써 러너, 스프루 중량 증가에 기여하게 된다('띵띵'해짐).
결국, 원료 손실(Loss)만 발생한다.

(3) 게이트 실 확인법

사출시간을 어느 정도까지 조금씩 상향 컨트롤해 봤다고 가정했을 때, 처음에는 다소 제품의 수축상태가 개선되는 징후가 보이더니 어느 시점에 가서는 거의 변화가 없게 되는데, 그때 경계가 되는 부분의 시간을 게이트 실(Gate seal)로 보면 된다.

3) 냉각시간의 적정성 판단

먼저 성형품을 손으로 만져 느낌으로 냉각상태를 판단해 본다. 다음으로 치수가 특히 중요시되는 제품은 제품 취출 후 완전히 냉각시킨 다음에 직접 해당 공구를 사용하여 치수를 재보는 것이 좋다. 만약 치수가 작으면 냉각시간(Cooling time)을 좀더 길게 설정하고, 그 반대이면 당겨야 한다(짧게 설정).

◉ 성형품의 치수 관계는 보통 72시간이 경과한 후 측정해야 거의 정확하다. 이유는 성형품의 후수축(After shrinkage)은 성형품 취출 후 3일(72시간) 정도는 지나야 거의 멈추기 때문이다. 그러나 플라스틱의 특성상 미세한 변형은 그 성형된 제품(성형품)이 완전히 사라질 때까지는 여러 형태의 내·외적 요인에 의해 꾸준히 이루어지게 된다.

⇨ 성형품의 치수 관계는 사출부(Injection unit)의 성형조건 컨트롤과 기타의 요소들이 직·간접으로 관련되므로, 보다 상세한 내용은 이 책의 「성형품의 치수 컨트롤 요령」편을 참조하라.

기타 성형품의 변형(휨, 구부러짐, 뒤틀림 등)을 체크해 보고 이상이 있으면 시간을 다소 늦추는 방향으로, 이상이 없을 경우에는 그대로 연속 성형에 들어간다.

※ **수축용어 중 Sink mark와 After shrinkage의 차이점**
Sink mark는 금방 금형에서 취출하였을 때의 수축을 말하고, After shrinkage는 시간이 어느 정도 경과한 후에 나타나는 수축을 말한다.

〈전체 사이클 체크(Total process cycle time)〉

1쇼트(Shot) 생산하는 데 걸리는 소요시간 체크.
- 성형품 단가 대 실제 생산 능률 판단자료로 활용.

1쇼트 공정 사이클 구성도

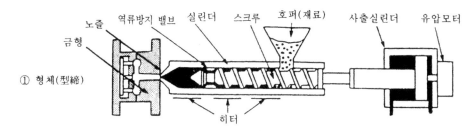

① 형체(型締)

사출압력에 의해 형체력이 밀려 금형이 벌어지지 않도록 고압(高壓)으로 클램핑(clamping)한다.

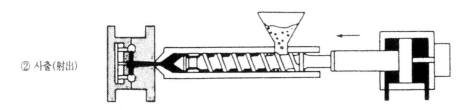

② 사출(射出)

높은 압력과 빠른 속도로 가열실린더 내의 용융수지가 금형 안으로 유입된다.

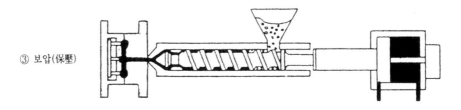

③ 보압(保壓)

사출 실린더 안의 압력을 고압으로 유지한다.

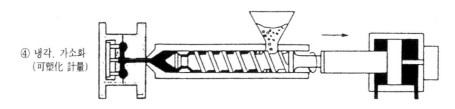

④ 냉각, 가소화
(可塑化 計量)

사출 실린더 안의 압력은 다운되고 성형품은 고화(固化)한다.
다음 쇼트 성형을 위한 가소화 공정(계량)은 이 시간(냉각시간) 중에 진행된다.

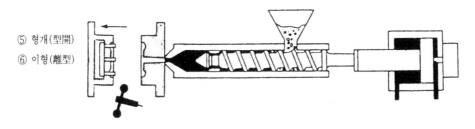

⑤ 형개(型開)
⑥ 이형(離型)

형개 및 성형품 취출

4) 종합적인 수축(Sink mark) 대책

성형품의 대표적인 불량현상은 수축으로서 특히 플라스틱은 고유특성상 필연적
으로 수축이 발생하게 되어 있다. 앞에서 누누히 강조한 사항들도 거의 대부분

이 성형 수축을 커버하기 위한 방법을 제시한 것이다. 수축 외에도 극복해야 할 불량현상은 많으나 다음 장에서 상세히 설명하기로 하고, 우선 종합적인 수축 대책에 대해서 알아보자.

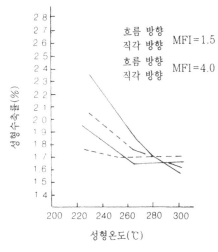

그림 3.59 성형수축률과 온도의 관계

① 제품 두께에 따라서 실린더 열을 잘 설정해야만 수축이 잡힌다.
- 두께가 두꺼울 경우 : 낮게〈금형온도도 낮게(차게 할 것)〉
- 두께가 얇을 경우 : 높게〈금형온도도 높게(뜨겁게 할 것)〉

⇨ 스크루 배압(B.P)도 올려 주면(감으면) 수지의 밀도가 높아지므로 사출용량 증가로 이어져 수축이 향상되나 사용 여부는 신중히 판단해야 한다.

※ 원료 소모가 많아지는 방법으로서 성형품의 단위중량이 증가되기 때문이다.

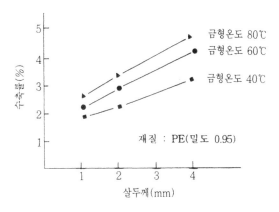

그림 3.60 살두께-성형수축률

② 두께가 특히 두꺼운 제품일 경우

성형품 취출 후 즉시 물에 떨어뜨려 수축을 억제한다.

⇨ 금방 금형에서 제품을 끄집어 냈을 때는 수축이 거의 없으나 오랫동안 그냥 놔두
면 수축된다. 이유는, 제품의 외부는 거의 굳었으나 내부는 두께(니꾸)가 두꺼운
관계로 아직도 냉각이 진행 중인 상태이기 때문이다. 즉, 반(半)용융 상태인 경우
가 많다. 그래서 안쪽 부분이 서서히 냉각되면서 바깥쪽 부분을 끌어당기기 때문
에 수축이 발생되는 것이다.

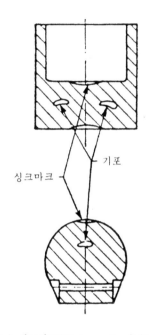
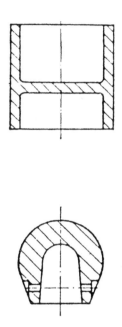

(a) 싱크마크(Sink mark, 수축) 발생　　　(b) 살두께를 균일하게 하여 싱크마크를 방지한 예

그림 3.61　싱크마크와 방지대책

③ 금형냉각 방식도 수축에 상당한 관여를 한다.

유동성이 극히 떨어지는 수지의 성형시 금형의 냉각수 유입을 차단함으로
써 효과를 볼 수 있다(금형이 열을 받음으로써 수지의 유동성(흐름성)이
향상되어, 수축뿐만 아니라 플로마크까지 해소가 가능함).

예 : P.C 등

표 3.6   주요 성형 재료의 성형수축률

(단위/1000)

성형 재료	성형수축률
폴리에틸렌	15~30
폴리프로필렌	12~25
폴리스티렌	4~6
A.S	4~6
A.B.S	4~6
메타크릴수지	2~7
폴리아미드	5~25
폴리아세탈	20~36
폴리카보네이트	4~8
염화비닐수지	4~5

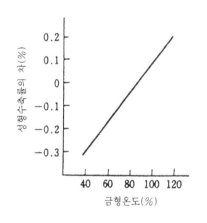

그림 3.62   아세탈코폴리머 표준 그레이드의
금형온도와 성형수축률

④ 성형조건 제어방식의 변경으로 수축 커버

사출 1·2차만으로 컨트롤하던 것을 작업자의 별도 구상에 의해 조건을 전면 수정하여 사출 4차까지 혹은 보압 3차까지(7단제어 방식의 경우) 사출기의 최대 제어 능력을 모두 활용할 수 있는 조건으로 변경 구사함으로써 수축 트러블을 극복할 수도 있다.

※ 각종 성형 불량 트러블(Trouble)은 반드시 사출부의 성형조건 제어 패널에서만 모든 해결책이 제시되는 것은 아니며, 여타 다른 조건(예 : 열·배압·계량속도·흐름방지·금형의 냉각방법·원료의 건조·원료상태(신재·재생) 등 성형에 관여하는 여러 복합적인 요인)이 정상적으로 뒷받침될 때 비로소 작업자의 성형조건 제어 능력과 정확한 판단력에 의해 문제 해결과 극복이 가능하리라 본다.

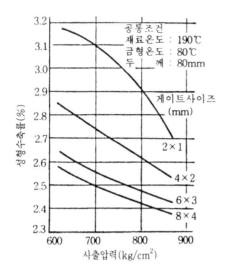

그림 3.63 사출압력과 성형수축률

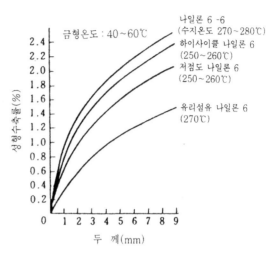

그림 3.64 나일론 성형품 두께와 성형수축률

7. 상황별 성형조건 구상 및 설정법

어떤 성형 불량 현상에서는 어떠한 조건 구상으로 대응을 해야 하며, 성형조건은 어느 단계까지 제어를 해서 최적조건을 잡아 나갈 것인지, 각 상황별로 집중 분석해 보도록 하자. 본론으로 들어가기 전에 독자의 이해도를 한층 높이는 취지에서, 그리고 앞서 설명한 '다단계 제어 시스템'에서의 성형조건 컨트롤법을 한 번 더 되새기는 의미에서 간략히 정리를 하고, 본론인 각 상황별 성형조건 구상으로 넘어갈까 한다.

⇨ 단계별 위치절환

위치절환의 대략적인 설정 요령은 스크루 포지션(Screw position)에 의한 스크루의 움직임을 보고 출발지점(사출시간 개시)과 종료지점(사출시간 끝) 사이에서 작업자의 성형조건의 개략적인 구상에 의해 나눠 준다고 하였다. 단, 최초 작업시는 사출 1차 조건만으로 100% 완제품을 뽑기 위해 탐색하는 과정이라 했고(조건 탐색), 완제품 취출후는 1차, 2차로 나눠 설정하는 것(2단 제어)이다. 그리고 한 가지 명심할 것은 사출 1차조건만으로 성형을 할 경우, 무조건 조건이 잡히지 않는다고(여기서는 '미성형'일 경우를 말함) 해서 사출압력만 무리하게 계속 올릴 것이 아니라 실린더 열이라든가 배압, 계량속도 등 전반적인 사항을 항시 염두에 두고 적절히 컨트롤하는 방법도 잊지 말아야 할 것이다. 이렇게 해서 성형이 완료되고 나면(2단제어까지 도달) 특별히 성형품의 외관상태(버(Burr)·수축·백화 등)에 이상이 없으면 본격적으로 양산에 들어가면 된다. 만일 외관 불량 현상이 나타나 사출 2단제어로 극복이 잘 안 되면 다단계 제어방식에 의한 새로운 성형조건을 부여함으로써 단계별 위치 절환을 통한 불량 극복 및 퇴치에 나서야 한다.

이렇게 하기 위해서는 먼저 불량 원인을 분석할 줄 알아야 하며, 원인 분석이 끝나면 거기에 따른 대처 방안으로서 3단제어로 할 것인지, 4단제어로 할 것인지 등 성형조건 제어 시스템을 머릿속으로 충분히 구상하여야 할 것이다.

7.1 상황-1

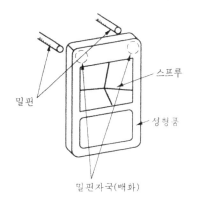

밀핀

스프루

성형품

밀핀자국(백화)

그림 3.65 백화(白化)

※ 백화(白化)란?

성형품을 금형으로부터 취출하기 위해서는 성형품을 밀어내야만 되는데(돌출), 이때 '미는 역할'을 하는 것은 금형에 설치된 밀핀이며 밀어낼 때 여러 가지 원인으로 인해 성형품에 밀핀 자국이 생기게 된다(성형품의 뒷면에 발생되는 원래의 핀 자국을 말하는 것은 아님).

특히, 성형품의 표면에 발생하여 외관을 손상시키므로 성형 불량의 원인이 되며, 이러한 현상을 백화(白化)라 한다.

1) 원인 분석

① 과도한 사출압력

② 과도한 배압(B.P)

③ 사출시간이 필요 이상으로 길 때

➡ 과충전(Over packing)의 원인(①, ②, ③)

④ 금형 이동측의 캐비티 내부에 심한 언더컷 설치 등

⇨ 성형품이 돌출될 때 언더컷에 의한 저항으로 힘들게 이형이 됨으로써 백화가 발생된다.

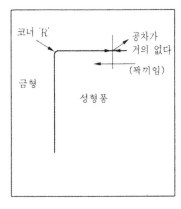

그림 3.66 과충전의 예

※ 과충전(Over packing)

용융수지가 사출되면서 금형의 캐비티 내로 유입될 때 과도한 성형조건(상기 '예')에 의해 정상적인 성형조건하에서 들어갈 수 있는 수지의 양보다 더 많은 양이 유입된 상태를 말한다.

과충전(Over packing)된 성형품의 수축상태는 수지가 많이 들어가서 성형된 관계로 지극히 양호하나, 돌출 때는 매우 힘들게 이형된다(성형품의 중량 증가로 인해 캐비티에 성형품이 꽉 차게 (끼이게) 되므로).

※ 언더컷(Under cut)

성형품은 그 해당되는 금형의 제작구조(형상)에 따라 일상적인 사출성형기의 움직이는 방향(성형기의 형개·폐되는 운동 방향을 말함)에 의한 것 만으로는 이형이 불가능한 부분이 있는데 이것을 언더컷(Under cut)이라 한다. 성형품의 내부에 언더컷이 있으면 내부 언더컷, 외부에 있으면 외부 언더컷이라 부른다.

그리고 성형품은 형개공정 때 금형의 이동측에 남아서 돌출과 동시에 취출되는 게 원안이다. 그러나 간혹 성형작업을 하다 보면 성형품이 금형 고정측에 남는 경우를 보게 된다. 이럴 경우 이동측에 성형품이 남도록 하기 위해 이동측의 러너(Runner) 혹은 캐비티(Cavity) 내의 성형품의 용도 및 외관상 지장이 없는 부분을 일부러 홈집(루타 등의 공구를 사용하여 요철(凹凸)을 냄)을 내어, 사출공정시 홈집 난 부분(요철 부분)에 수지가 차고 들어가게 만듦으로써 성형품을 꽉 잡아 주게(물고 있게) 만들어 금형이 열릴 때(형개 공정) 이동측에 확실하게 성형품이 남을 수 있도록 하는데, 이렇게 홈집을 내어 만든 요철 부분도 언더컷(Under cut)이며 여기서는 바로 이 경우를 말한다. 그리고 금형의 이동측과 반대로 고정측에는 빼기 구배를 주어서 성형품이 고정측에 남지 않게도 하는데, 통상 금형 제작 및 보수시에 적용되는 부분이다.

⇨ 언더컷(Under cut)의 설치는 금형설계시 성형품의 용도에 따라서 여러 가지 형태로 설치를 하게 되며, 금형 가공상 그 처리에 무척 신경을 써야 하는 부분 중 하나이기도 하다.

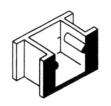

(1) 내부 언더컷   (2) 외부 언더컷

그림 3.67 언더컷이 있는 성형품의 예

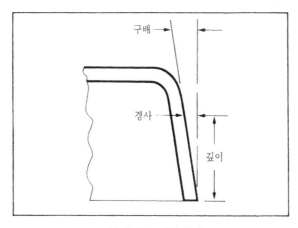

그림 3.68 빼기 구배

2) 대책

① 과충전(Over packing)이 되지 않도록 성형조건을 수정한다.

⇨ 사출압력을 낮출 수 있도록 실린더 열을 올려 준다.

▷ 성형에 꼭 필요한 만큼의 정확한 열조건과 거기에 따른 정확한 사출압력을 설정한다.

② 사출속도도 가급적 정확하게 설정해 준다(통상 사출속도는 사출압력에 비해 무시하는 경향이 있는데, 정확성이 요구될 경우에는 사출압력 못지 않게 정확히 맞춰 주어야 한다).

③ 배압, 사출시간, 계량, 기타 성형조건 전반을 성형에 꼭 필요한 수지량으로 성형시킬 수 있도록 정확히 수정 설정한다.

④ 언더컷의 크기 조절 혹은 조절 불가시, 문제가 되는 언더컷 부분에 이형제를 뿌리고 작업을 하는 방향으로 검토한다.

⇨ 이형제(특히, 실리콘 이형제(1차))를 사용하면 돌출 때 언더컷 부분이 별 저항 없이 이형이 부드럽게 되어 백화는 해결되나, 이형제 자국이 생겨 문제가 될 수도 있다(여기서는 성형품 자체로만 판단했을 때는 이형제 자국이 생겨도 별 문제가 없으나, 특히 2차 가공(후가공)이 필요한 제품이라면 충분히 문제가 될 소지도 있으므로 면밀히 검토한 후에 사용 여부를 결정하는 것이 좋다.

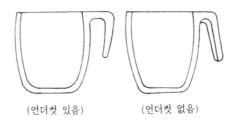

(언더컷 있음)   (언더컷 없음)

그림 3.69 제품 형상에 의한 언더컷의 제거

3) 성형조건 구상

① 2단제어 방식 채택

사출 1차(1단)에서 최대한 사출압력·속도를 낮춰 성형만 100%시킨다. 이 때, 위치절환(1차절환)도 사출 1차조건에서 수지 공급량이 적정량만 유입될 수 있도록 최대한 줄인다(우측 방향으로, 수치상으로는 상향 조절).

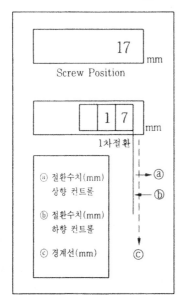

그림 3.70 위치 절환 설정 예

〈예〉

스크루 포지션(Screw position)상 '17mm'에서 1차절환이 이루어졌다면 (사출 2차(2단) 조건으로 변경됨) 18mm, 19mm, … 로 수정해 본다. 그런 다음에 성형품을 받아 보고 미성형이 발생되면, 다시 성형이 되는 수치까지 하향 컨트롤(재(再)수정)하여 경계선(미성형과 성형을 구분 짓는 정확한 경계가 되는 선)을 찾았을 때 비로소 설정을 완료하면 된다.

다음으로, 사출 2차조건도 수축에 지장이 없는 한도 내에서 사출압력과 속도를 최대한 낮춰 주어야 한다. 사출시간도 수축에 지장이 없는 범위 내에서 최대한 당기고(짧게), 냉각시간은 조금 길게 설정해 준다.

➡ 냉각이 덜 되면 성형품이 덜 굳은 상태에서 돌출되기 때문에 밀핀이 성형품을 밀어내는 과정에서 냉각이 덜 된 부분에 '핀 자국을 만듦으로써 백화(白化)를 발생시킨다.

※ 돌출속도 : 천천히(Slow)

이젝터(Ejector)를 천천히 밀어도 효과가 있다.

② 금형냉각 상태에 따른 백화의 '두 얼굴'

㉮ 냉각이 너무 잘되도 성형품을 금형의 캐비티가 꽉 물기 때문에(차가워서 성형품을 무는(잡는) 힘이 강해짐) 돌출공정에서 백화가 발생한다.

㉯ 냉각이 너무 안 되도 냉각 불충분으로 인한 백화가 발생하게 된다.

※ 위의 두 가지 경우를 충분히 검토하여 철저한 원인 분석을 통해 문제점을 해결할 수 있도록 한다.

➡ 양쪽 상황을 모두 고려하여 금형냉각을 시켜도 보고, 차단도 해보고, 냉각시간을 길게 하거나 짧게 해보고 하여 이상이 없는 쪽을 선택하면 된다.

③ 이러한 과정을 거쳐도 해결이 불가능할 경우의 조치 사항

㉮ 금형 수리(백화 발생원인 집중 분석)

㉯ 헤어 드라이어(Hair dryer)를 사용하여 백화 발생 부위에 따뜻한 공기를 불어 주면 사라진다.

7.2 상황 - Ⅱ

버(Burr 혹은 플래시(Flash))가 문제될 경우

1) 원인 분석

버(Burr)가 발생한다는 것은 일단 사출압력이 높다는 의미와 사출성형기의 형체력이 약하다 혹은 형조임이 덜 됐다 등 여러 요인(금형 자체 결함(눌림 등))이 복합되어 있다.

➡ 사출은 문제가 발생하면 어느 한 가지만 딱 꼬집어서 결론 지을 수 없고, 여러 가지 정황을 종합적으로 판단하여 원인 분석을 해나가다 보면 결론에 도달하는 경우가 대부분이다. 특히, 성형조건은 더욱더 그렇다.

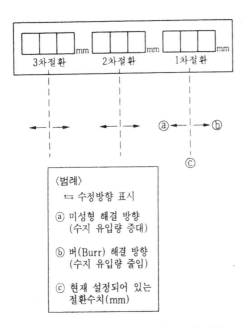

그림 3.71 4단제어 시스템에서의 위치절환
수정 요령(버의 경우)

2) 성형조건 구상

① 먼저, 금형을 관찰하여 결함이 발견되면 우선적으로 조치한다(금형 수리).

② 형 두께 조절(Mold thickness control)을 다시 해보고 필요할 경우에 수정을 한다(토글식 사출 성형기에만 해당). 그래도 해결이 안 되면 형체력이 큰 기계로 대체해야 한다.

③ 성형조건을 수정한다(2단제어 방식을 채택하였을 경우). 1차절환(mm) 거리를 줄여서 사출 1차조건하에서의 수지 공급량을 적정치로 유지하면 의외로 쉽게 잡힌다(불필요한 수지 유입량을 사출 초기부터 차단).

➡ 사출 1차조건에서 아무리 높은 사출압력을 설정하였다 하더라도 수지의 공급량 자체를 줄여 버렸기 때문에 결국 버(Burr)가 잡힐 수 있다는 뜻이다(아무리 높은 사출 압력일지라도 공급할 수지가 없다면(부족하다면) 무용지물).

성형조건을 2단제어 이상의 다단계 제어로 설정했을 때도 각 제어 단계별로 절환 거리(mm) 한 가지씩만 가지고 컨트롤하여도 웬만한 버(Burr) 정도는 능히 해결 가능한 경우가 많다(여타 다른 조건, 즉 사출압력, 속도 등은 일단 무시). 특히, 각 제어 단계별 성형조건(사출 압력·속도) 중에서 버(Burr)를 잡기 위해서는 사출 압력을 가장 높게 설정한 제어단계에 해당하는 위치절환(mm)을 수정 컨트롤(수지 공급량을 줄임)하면 버가 잡힐 확률이 비교적 높다. 단, 금형에 근본적으로 결함이 있을 경우에는 버(Burr) 발생 정도(크기)를 약화시킬 수는 있어도 완전히 없애기는 어렵다.

④ 사출 1차와 2차 압력·속도도 성형에 지장이 없는 한도 내에서 최대한 다운(Down)시킨다.

→ 2단제어 방식의 경우

➡ ※ 여기서 꼭! 알아야 할 사항

　3단제어 이상의 제어방식을 채택하였을 경우에는 성형조건 설정시에 '성형계획'을 보다 명확히 수립해야 한다.

앞에서 비교적 간단한 조건인 1단제어 혹은 2단제어까지 살펴보았다. 금형에 따라서는 2단제어일지라도 까다로운 경우가 간혹 있지만, 대부분 성형조건은 간단하다.

그래서 이번에는 3단제어 이상을 채택하여야 할 금형일 경우에 대해 성형
조건을 구상하는 요령을 살펴보도록 하겠다.

7.3 상황 - Ⅲ

1) 플로마크(Flow mark) 발생→3단제어 방식 이상 채택

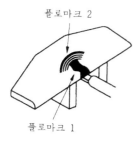

플로마크 2

플로마크 1

그림 3.72 플로마크

먼저 플로마크 발생 원인부터 알아보면, 용융수지가 금형 내에서의 유동
저항으로 인해 흐름성이 떨어져서 발생한 것이 주된 원인이다. 그러므로
금형 내에서의 수지의 흐름을 좋게 하기 위해서는, 가열실린더 열을 높여
주고(배압, 계량속도 등) 사출압력과 속도를 올려서 빠르게 충전시켜야
하는 조건을 취해 주어야 한다.

➡ 금형냉각 방식도 고정측과 이동측으로 나눠 봤을 때, 플로마크가 발생하여 외
관상 문제가 되는 쪽의 냉각수 유입을 차단시키는 방법도 고려해 봐야 한다.
금형의 냉각수 유입을 차단하면 금형이 뜨거워져서 수지의 금형 내에서의 유동
저항이 감소하게 되어 잘 흐를 수 있게 되므로 플로마크가 잡힌다.
※ 이러한 조건 구상은 그림 3.72 플로마크에서 '플로마크 2'의 경우를 말한
다.

① 금형의 고정측과 이동측은 성형품의 앞면과 뒷면의 관계로, 성형됨으로써
일체(一體)가 된다.

그러므로 똑같은 플로마크일지라도 성형품의 내면, 즉 안쪽면을 형성하는
부분은 특별한 경우가 아니면 플로마크뿐만 아니라 어떤 불량 현상도 그
성형품의 사용목적에 부합되기만 하면 하자 없이 그대로 사용할 수 있으
나, 외면(바깥면)은 어떤 성형품이건 특히 중요시되므로 플로마크가 발생
하면 안 된다.

플로마크를 해결하기 위해서는 사출 초기 조건인 사출 1차에서부터 수지를
빠르게 유입시켜야만 금형 내에서의 유동저항을 어느 정도 극복해 낼 수가
있다. 이렇게 했을 때 사출 1차에서 사출 2차로 옮겨 가는(1차절환) 과정
에서 버(Burr)가 발생할 가능성이 있다(사출 1차조건에서 플로마크는 해
결되나 1차압력·속도가 높게 설정된 관계로). 이때의 버(Burr)는 1차절
환(mm)을 우측 방향(수치상으로는 상향 조절)으로 좁혀 줌으로써 사출 1
차조건하에서의 수지 공급량 조절로 간단히 해결된다. 그러나 이것도 사출

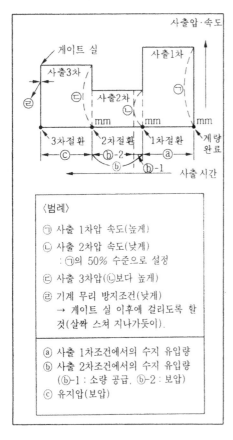

그림 3.73 플로마크 발생 성형조건 그래프

2차조건, 즉 2차압력·속도가 낮아야만 가능하므로 (사출 2차압력·속도가 높으면 다시 버(Burr) 발생) 사출 2차압력·속도를 하향 컨트롤하게 되는데, 이번에는 다시 수축이 문제가 될 소지가 있으므로 (사출 2차압력·속도가 낮음으로 인해) 사출 3차에서는 반대로 성형조건을 다시 상향 컨트롤함으로써 일단의 성형조건은 구성된다.

➪ 사출 3차에서 조건을 상향 컨트롤할 경우에는 사출압력만 높인다. 사출속도는 이 단계(사출 3차)까지 오면 별 의미가 없어진다. 단, 예외는 있다. 아주 미세한 정밀 컨트롤을 요할 경우, 사출압력, 속도 모두 그 사출기의 성형조건 설정 한계치(限界置), 즉 최소 설정 단위인 1kg/cm² (사출압력의 경우), 1% (사출속도의 경우)까지 신경을 써서 컨트롤해야 할 경우도 발생한다(성형조건이 까다로울 경우를 말하며 성형품에 아주 미세한 변화(반응)가 나타남).

② 여기서 주의할 점이 있다. 사출 3차압력을 높이는 것까지는 좋으나, 사출2차에서 3차로 절환될때 성형품의 외부가 어느 정도 굳을 수 있도록 시간적인 여유를 준 다음에 사출 3차조건이 걸리도록 위치절환(즉, 2차절환)을 잘 컨트롤해야 한다는 것이다.

➪ 「성형품의 외부가 굳을 수 있는 성형조건 설정법」은 이 책의 테크닉(Technic)을 요하는 성형조건 컨트롤법의 [사례-Ⅱ]를 참조할 것.

그리고 위의 경우와 같이 수축을 잡기 위해서 사출 3차압력을 높게 설정하면 그 높은 사출압력으로 인해 또다시 사출기에 무리가 따르게 되므로, 사출 4차 혹은 보압(4단제어일 경우는 으레히 맨 마지막은 사출 4차가 아닌 '보압'으로 명시되어 있음)을 목적에 맞도록 하향 컨트롤하는 방안도 고려해야만 할 것이다. 그리고 의도한 대로 보압을 낮게 설정했을 때에는 거기에 맞춰 사출 지속시간(유지시간)도 최대한 짧게 설정하고, 성형품의 싱크마크(Sink mark)는 이미 사출 3차에서 게이트 실까지 고려한 사출시간에 맞춰 완벽히 잡혀 있어야 하며, 사출시간의 맨 나중에 설정한 조건은

어디까지나 실제 성형조건과는 해당 사항이 없는 단순히 기계 무리 방지용
으로만 활용할 것 등 사출 4차압력(보압)의 본래 설정 취지를 확실히 이해
해야만 한다.

2) 사출기 무리 방지용으로서 성형조건을 추가로 설정할 때 주의할 점

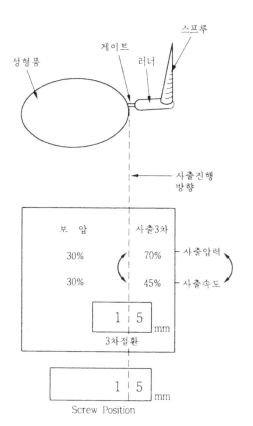

그림 3.74 사출기 무리 방지용 성형조건의 예

항상 게이트 실(Gate seal)을 고려하여야 한다.
게이트 실을 충분히 고려하여 위치절환(mm)을 잘
설정해 줘야만 본래 취지에 부합되는 조건 설정이 가
능해진다. 특히, 게이트가 지나치게 굵을 경우에는
목적을 달성하기가 쉽지 않으며, 반대로 게이트가 가
늘 경우에는 의도한 대로 진행된다. 그림 3.74를 예
로 들어 설명하겠다.

그림을 보면 현재의 스크루의 위치는 15mm이며,
15mm에서 보압으로 성형조건이 넘어가 있는 상태
다. 그런데 스크루가 15mm까지 전진하는 동안 성형
품의 수축은 거의 잡혀 있어야 하며, 게이트도 굳어
(고화) 있어야만 한다는 단서가 붙게 된다. 다시 말
하면 15mm에서 게이트 실이 걸려 더 이상의 압력
전달이 불가능한 상태에서 보압으로 조건이 넘어가야
만 기계 무리도 방지되고 성형품도 이상이 없게 된다
는 뜻이다. 이미 밝힌 대로 여기서의 보압의 의미는
수축을 커버하기 위한 목적이 아니라 단지 통과의례
에 불과할 뿐이다(기계 무리 방지 목적). 그래서 사
출압력(보압)도 보는 바와 같이 낮게 설정되어 있다. 보압에서 머무는 시간(유
지시간)도 짧게 머물도록 하기 위해 사출시간도 스크루의 움직임을 보고 적당한
시점에서 알맞게 끊어 줘야 한다.

⇨ 스크루의 움직임은 사출이 개시되면서 각 제어 단계별로 기설정된 절환위치까지 오면
그 다음 제어 단계로 이동(절환)되는 상태를 알 수 있도록 하기 위해 각 제어 단계별
로 파일럿 램프(Pilot lamp)가 부착되어 있으며, 이 불빛(파일럿 램프)에 의해 현재의
스크루의 위치나 적용되는 제어단계를 알 수 있다.

그러므로 위의 경우에는 15mm에서 보압으로 불빛이 넘어가는 순간, 지체 없이 계량 공정이 진행되도록(바꿔 말하면 냉각시간이 작동되도록) 사출시간을 컨트롤해 주면 된다(짧게 스쳐가듯이 설정).

그런데 만일 15mm까지 스크루가 전진하는 동안에도 게이트가 굵어서 굳지 않았다면 (이미 수축은 보압으로 넘어가기 전 사출 3차에서 거의 잡힌 상태(사출 3차 압력이 높은 관계로)이고, 게이트만 굳지 않은 상태임) 어떻게 될까?

그림 3.75 각종 파일럿 램프

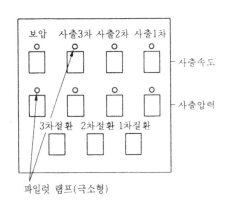

보압   사출3차 사출2차 사출1차

사출속도

3차절환 2차절환 1차절환

사출압력

파일럿 램프(극소형)

그림 3.76 동신유압기계 사출부 패널

이럴 경우에는 필연적으로 수축이 발생하도록 되어 있다. 게이트가 굳지 않은 상태에서 보압으로 성형조건이 이동했기 때문에 사출 3차압력에서 보압의 현재 설정된 압력과의 차이에 해당하는 압력차, 다시 말해서 사출 3차압력인 70%에서 보압 30%를 뺀 나머지 차이가 나는 수치, 즉 70－30=40(%)만큼 캐비티에 기유입된 아직 완전히 굳지 않은 상태의 여분의 수지가 역시 굳지 않은 게이트를 통해 역류하게 되어 그 손실된 수지(게이트로 역류된 수지)의 양만큼 성형품에는 수축이 발생되는 것이다. 이런 경우는 특히 게이트와 가까운 부분에 수축이 발생되므로 다른 원인으로 인한 수축과 쉽게 구분된다. 그러나 이와는 반대로 게이트에는 거의 수축이 없고 게이트에서 먼쪽, 즉 성형품의 어느 한 부분에 수축이 집중되어 있을 때는, 유지압(維持壓)의 급격한 저하(低下)로 인해 순간적으로 압력이 떨어져 수축이 발생한 것으로 보면 될 것이다. 결과적으로는 어느 쪽이나 다 수축이 잡힌 상태에서 사출압력을 빼버림으로써 발생된 현상이며, 이러한 상태에서 사출시간이 종료되고 냉각시간으로 넘어가면 냉각시간 진행 중에도 게이트와 캐비티가 굳을 때까지는 (더 이상 굳어져서 역류가 없을 때까지는) 수축이 진행된다고 볼 수 있다.

➪ 게이트의 고화가 느리게 진행되더라도 캐비티의 성형품 두께가 얇으면 게이트로의 역류는 당연히 없게 된다. 이미 성형품이 굳어 버렸기 때문에 역류 자체가 불가능해지기 때문이다. 그러므로 두께가 특히 얇은 성형품일 경우 미성형이 자주 발생하게 되는데, 이럴 때의 대책으로 게이트나 스프루, 러너를 되도록 크게 해서 수지의 금형 내에서의 유동저항을 최소화하여 성형을 하는 경우를 볼 수 있다. 이것이 바로 게이트보다 캐비티의 고화가 먼저 진행될 수 있는 경우로서 게이트가 비록 덜 굳었다 하더라도 게이트를 통한 역류는 사실상 상상하기가 어렵다고 할 수 있다.

물론 게이트와 가장 가까운 부분은 극소량의 수지가 역류할 수도 있으며, 이때에는 앞의 경우와 같이 게이트 주변에 약간의 '빨림'이 생기게 되어 다른 원인으로 인한 수축과 쉽게 구별할 수 있다.

극히 드문 경우지만 수축을 커버하기 위해 냉각시간을 길게 설정하는 경우도 있다. 물론 어느 정도의 효과는 있다. 그러나 그렇게 되기 위해서는 금형을 확실히 냉각시켜 주든가 아니면 수지의 종류에 따라서 유동성이 극히 불량한 수지일 경우에는 반대로 금형을 뜨겁게(냉각수 유입 차단, 혹은 온유기 사용) 하여 수지의 유동 저항을 감소시켜서 수축을 잡아야만 한다(수지가 금형 내를 빠른 속도로 흐르면 수축은 자동적으로 잡힘). 어쨌든 성형품의 수축 트러블은 사출시간 중에 해소시켜 주는 것이 가장 좋은 방법이다. 그런 의미에서 볼 때 결국 금형의 냉각상태(혹은 온유기 사용 등)도 원만히 따라 줘야 가능하리라 본다.

이번에는 반대로 게이트가 가늘(얇을) 경우를 한번 살펴보도록 하자. 이 경우에는 아무런 하자가 없다. 이미 사출 3차(위의 예)에서 게이트가 충분히 고화되었다고 볼 수 있으므로 보압으로 절환(3차절환)되고 난 후에는 압력이 높든 낮든 간에 사출압력 자체가 캐비티로의 전달이 사실상 불가능할 뿐 아니라, 동시에 역류도 생각할 필요조차 없기 때문이다. 그러므로 원래 의도한 대로의 조건성립이 가능하게 되는 것이다.

그리고 게이트가 굵을 경우에는 사실상 위치절환(mm) 컨트롤도 쉽지가 않다(기계 무리 방지 조건을 설정하기가 어렵다는 말과도 같음).

그림 3.74에서 보는 바와 같이 게이트가 충분히 고화할 수 있도록 하기 위해서는 3차절환(mm)을 나중에(늦게) 걸리도록, 15mm가 아닌 14mm, 13mm 등으로 하향 컨트롤을 해줘야만 되는데 이렇게 하면 현재의 사출 3차압력(70%로 설정된 상태)으로는 15mm 이하까지 스크루를 전진시켜 주지 못한다(사출압력 부족). 그렇다고 또다시 무리를 해서라도 사출압력을 올려서 억지로 맞춰 줄 필요까지는 없다. 어차피 여기서의 보압의 역할은 과도한 성형조건으로 인한 사출기의 무리를 감소시키겠다는 취지 외에는 달리 의도한 바가 없으므로, 사출 3차압력을 올리면 사출 3차압력 자체도 무리가 따를 수밖에 없기 때문이다. 그러므로 이럴 때에는 다소 기계에 무리가 가더라도 보압조건을 생략하고 사출 3차까지만 설정하되, 이 사출 3차압력을 조금이라도 낮출 수 있는 방안을 강구해 보는 것이 바람직하다. 만일 이것도 여의치 않다면 금형은 어차피 현재의 사출기에는 부적합한 것으로 판명이 났으므로, 차라리 기계를 한 단계 올려서 성형을 하면 사출압력도 덜 먹히고 동시에 기계 무리도 따르지 않게 되어 작업도 비교적 순조롭게 진행될 것이다. 이런 순서로 성형조건을 구상하면 성형품의 불량 원인에 따른 보다 명확한 조건 성립이 이루어진다.

➡ 위의 경우(플로마크)는 성형조건이 비교적 까다로운 경우를 예시한 것이며, 같은 불량 현상이라 하더라도 성형품의 종류에 따라서 비교적 단순한 조건을 요하는 것도 많다. 이러한 때에는 구태어 3단제어까지 사용할 필요는 없으며 2단제어까지만 활용해도 충분하다. 예를 들면, 위의 경우에는 사출 3차까지 조건을 넘기는(절환) 주목적이 수축을 잡기 위한 것이므로, 게이트가 그다지 크거나 굵지 않다면(위의 경우는 게이트가 크고 굵어서 게이트 실이 늦게 걸리므로 사출시간이 비교적 길다) 사출시간이나 사출압력(특히 2차압력(보압))이 길거나 높지 않아도 된다.

즉, 수축을 잡기 위해서 그다지 무리한 조건(위의 경우처럼)을 요구받지 않으므로 이러한 관점에서 성형조건을 구상해 보면, 사출 1차에서는 위의 경우와 같은 조건(같은 플로마크이므로 사출 1차조건, 즉 1차압력·속도·1차절환(mm) 설정 요령은 위의 경우와 동일)을 취해 주고, 대신 사출 2차에서는 게이트 실까지 고려한 사출시간과 수축에 지장이 없는 사출압력(2차 압력(보압))을 설정해 주면 기계에도 무리가 없는 원만한 성형조건이 성립되는 것이다.

결과적으로 2단제어만으로도 가능하다는 뜻이다. 어쨌든 성형조건 구상 요령은 이러한 방식으로 한다.

3) 기타 사항

(1) 미성형(Short shot) 잡는 요령

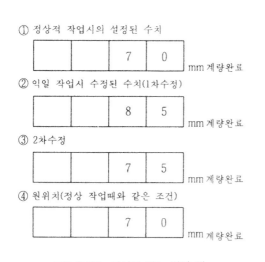

① 정상적 작업시의 설정된 수치

		7	0

mm 계량완료

② 익일 작업시 수정된 수치(1차수정)

		8	5

mm 계량완료

③ 2차수정

		7	5

mm 계량완료

④ 원위치(정상 작업때와 같은 조건)

		7	0

mm 계량완료

그림 3.77 미성형 잡는 법의 예

금형에 따라서 다소 차이는 있겠지만 최초 기계를 세워 둔 상태에서 익일 새로이 작업을 시작할 경우 금형이 정상적으로 '열'을 받을 때까지는(금형은 기계가동 중지와 함께 식어감) 통상적으로 미성형이 발생하게 되어 있다(금형이 식어 있으므로 용융수지가 금형 내로 유입될 때 상당한 유동 저항을 받게 됨). 미성형이 단지 몇 쇼트(Shot) 이내에서 끝난다면 그다지 문제가 되지 않겠지만, 금형에 따라서(특히, 시장 제품류 : 식기류·반찬통 등 주로 P.P작업일 경우) 미성형이 다량 발생되는 경우도 종종 있다. 이럴 때에는 최초 작업시, 사출압력과 속도, 기타 조건은 기작업조건 그대로 두고, 단지 계량완료(mm) 거리만 예상되는 미성형의 '양'만큼 '길게' 설정(수정)하여 제품을 성형시켜 나가면서 서서히 원래의 위치(정상적으로 금형이 열을 받아 작업이 순조로웠던 위치)까지 줄여 나가면 그만큼 손실(Loss)도 없애고 작업도 순조롭게 된다.

※ 해설

사출기를 세워 둔 상태에서 다시 작업을 할 때면 금형은 기계 가동을 멈춘 시간만큼 냉각된다. 물론, 금형으로 유입되는 냉각수를 차단시켜 놓은 상태에서 비

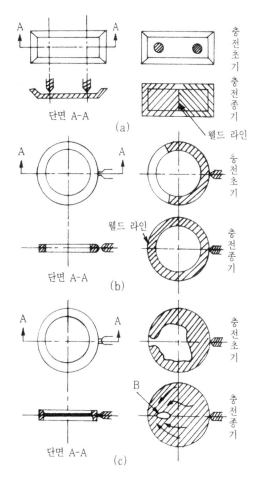

그림 3.78 웰드라인 발생 예

록 짧은 시간일시라노 성형품에 따라서는, 특히 두께(니꾸)가 얇고 큰 성형품(주로 얇은 석류 식기 종류 등)은 웰드라인(Weld line) 쪽 미성형 발생이 두드러진다. 기계 가동을 멈춘 정지시간에 비례해서 미성형 발생 폭(크기)도 당연히 '커지게' 된다.

이런 상황에서는 해결책(여기서 해결책으로 사출압력만 올리면, 미성형은 잡히지 않고 버(Burr)만 발생하면서 미성형은 거의 그대로인 경우가 대부분이다)으로서 다른 성형조건은 일체 건드리지 말고, 오로지 계량완료(mm) 거리만 컨트롤하여도 쉽게 잡힌다.

(2) 성형품의 표면에 웰드라인(Weld line)이 생겨 외관상 문제가 되었을 때

⇨ **웰드라인(Weld line)**
　수지가 사출되어 금형 내부(특히, 캐비티)를 돌면서 최종적으로 접합이 이루어지는 부분을 말한다.

① 해설-Ⅰ

용융수지는 금형 내부로 사출됨과 동시에 금형의 차가운 면에 부딪혀 열을 빼앗기게 된다. 특히, 웰드라인은 수지의 접합이 맨 마지막에 이루어진다고 볼 수 있으므로 접합 당시의 수지온도는 이미 급격히 떨어진 상태이다. 다점(多占) 게이트의 경우, 하나의 성형품에 게이트가 여러 개 위치하므로 웰드라인도 여러 곳에 발생되며, 게이트의 위치가 비록 웰드라인 바로 옆에 위치해 있다 하여도 수축을 잡아내기가 어렵다. 통상적으로 게이트와 가까운 부분은 사출압력을 보다 가까이에서 전달받으므로 수축상태가 비교적 양호하나, 웰드라인은 그 특성상 게이트 가까이에 위치해 있어도 수지의 고화가 진행되는 과정에서 접합이 이루어졌다고 볼 수 있으므로 보압(H.P)을 충분히 걸어 주어도 효과가 별로 없다. 단, 해결책으로써 수지온도를 높여 수지가 금형 내에서 유동 중에 빼앗기는 열을 보충(보상)시킨다는 차원에서, 그리고 사출압력과 속도도 높여 보다 빠르게 수지를 유입시키면 웰드라인 접합상태도 양호해지고 수축도 다소 개선된다. 그러나 여기서 웰드라인을 성형품의 외관상 지장이 없도록 하기 위해서는 다른 곳(위치)으로 옮길 수만 있다면 옮겨 주면 좋은데, 웰드라인의 위치를 변경하려면 게이트(Gate)를 다른 쪽으로 옮겨 주어야 한다는 것이다.

② 해설-Ⅱ

성형품의 '표면'에 생기는 웰드라인(Weld line)은 웰드라인이 생겨서는 안될 위치에 생겼다는 말과도 일맥상통한다 하겠다. 다시 말해서, 위치(웰드라인의 발생 위치)가 맞지 않는다는 뜻인데, 이럴 경우는 다음의 두 가지 경우를 놓고 생각해 볼 수가 있다.

㉮ 게이트가 하나밖에 없을 경우(일점 게이트)

게이트가 한 개밖에 없으므로 웰드라인을 문제가 없는 쪽(위치)으로 옮기려면 게이트의 위치를 변경시키는 수밖에 달리 방법이 없다(게이트만 금형수정).

➡ 게이트는 캐비티와 바로 연결되어 있어서 처음부터 끝까지 캐비티로의 수지 유입을 관장하므로, 이 게이트의 위치가 바뀌면 웰드라인의 위치도 당연히 변하게 된다. 예외로는, 금형에 따라서 오버플로(Over Flow)를 설치하여 웰드라인 「자체」를 없애는 방법도 있다(그림 3.79 참조).

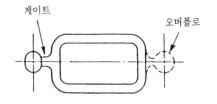

그림 3.79 오버플로를 설치하여 웰드라인을 없앤다.

㉯ 게이트가 두 개 이상 설치되어 있을 경우(다점 게이트)

이 다점 게이트도 위치 변동(수정)을 고려해 볼 수 있으나, 수정은 차후로 미루고 우선적으로 취할 수 있는 방법이 있다. 바로, 게이트를 '막는 방법'이 그것이다.

게이트가 '둘일 경우'는 그 중의 어느 하나를, 셋 이상일 경우는 하나 내지 둘을, 그러나 여기서 명심할 것은 게이트를 막는 것까지는 좋으나 자칫하면 성형이 안 될 수 있다는 것이다. 상식적으로 생각해 봐도 수지의 공급상태가 게이트가 하나일 때보다는 둘, 둘일 때보다는 셋이 공급통로(게이트)가 많아져 캐비티로의 수지 유입이 한결 수월(원활)해지므로, 이 중 어느 한 개를 막아 버리면 당연히 미성형이 발생하게 된다. 설사 성형이 된다 하여도 사출압력이나 실린더 열이 많이 먹힐 것이다.

⇨ 게이트를 막아야만 될 경우 필히 감안할 것.
　그래도 어느 한 쪽의 게이트를 막아야만 할 경우(문제가 되는 웰드라인의 위치를 변경시키고자 할 때)에는 미리 막지 말고, 막았다고 가정을 한 상태에서 웰드라인의 위치가 어느 쪽으로 이동할 것인지, 문제가 없는 쪽으로 가줄는지, 그리고 그에 따른 성형조건 변동은 어떨지, 조건 변동시에는 무엇이 문제가 될 것인지 등을 사전에 충분히 검토해 보는 것이 좋다.

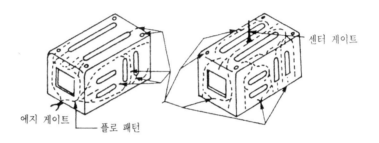

그림 3.80 게이트 위치와 웰드라인 발생 위치

(3) 성형작업 중 성형기 노즐(Nozzle)이 자주 식어(굳어) 그 다음 쇼트 진행이 순조롭지 못할 경우

① 노즐 열을 조금 더 올린다. 정상적으로 작업이 될 수 있는 선(노즐 수지가 굳지 않는 선)까지 올려 주되, 과열되지 않도록 주의해야 한다. 다른 열은 성형품에 이상이 없는 한 그대로 두는 것이 좋다. 만일, 성형상 애로(미성형, 플로마크 등)가 발생할 경우에는 가열실린더 열을 전체적으로 올려 주도록 한다. 단, 열을 올리기 전에 먼저 사출압력과 속도를 무리 없는 선까지 올려 보고 그래도 안 될 경우에 선택하도록 한다.

② 그래도 노즐이 계속 굳을 경우 노즐과 스프루 사이에 종이를 대거나(보온 효과), 아니면 성형품에 지장이 없는 범위 내에서 금형 고정측 냉각 차단 혹은 사출시에만 노즐이 금형의 스프루에 붙고 계량이 끝나면(흐름방지를 설정하였으면 흐름방지 종료 후) 즉시 사출대가 자동으로 후퇴되어 금형의 스프루와 분리하여 노즐 열 손실을 방지할 수 있도록 해주면 해소된다. 이렇게 하는 작업을 시프트 성형이라고 하며, 그 반대의 경우를 터치성형이라 한다. 터치성형은 지금까지 설명한 성형작업 방식을 말한다.

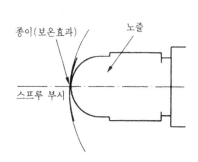

그림 3.81 종이에 의한 노즐 굳음 방지

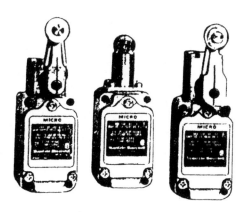

그림 3.82 각종 리밋 스위치

⇨ 이 기능 설정 요령은 사출기의 종류에 따라 다소 차이가 있으나 사출대 전·후진 근접 스위치(혹은 사출기에 따라서 리밋(Limit) 스위치)의 작동거리(한계)를 결정해 주는 사출대 전·후진 조정 캠을 가지고 조절해 주면 되는데, 전진 조정캠은 그대로 두고 사출대가 후퇴할 수 있도록 후진 조정 캠만 뒤로 조금(필요한 만큼) 빼주면 된다(후퇴거리 설정 요령).

※ 사출대 전진 조정캠도 조정이 필요할 경우에는 정확히 맞춰 주어야만 한다. 그렇지 않으면 노즐과 금형의 스프루가 터치되기도 전에 사출대 전진 스위치(근접 혹은 리밋 스위치)가 사출대 전진 조정 캠과 먼저 터치 완료되어 사출이 진행되어 버리므로 노즐로부터 수지가 새게 된다. 사출대 전진 조정 캠 조정 요령은 수동(Manual) 상태(반자동 또는 전자동 상태에서도 가능)에서 노즐과 금형의 스프루를 완전히 터치시켜 놓고, 사출대 전진 조정 캠을 그야말로 아슬아슬하게 걸리도록 살짝 걸쳐 주기만 하면 된다. 단, 너무 섬세하게 조절하면 제대로 터치되지 못하여 사출이 진행되지 않을 수도 있으므로 이 점에 유의하여 실행한다.

이때, 사출대가 매쇼트 작업시마다 금형 스프루와 붙었다 떨어졌다 함으로써 조기에 마모될 우려가 있으므로 스프루와 노즐을 보호하기 위해 사출대 전·후진 압력을 최대한 저속·저압으로 유지하여야 한다. 그리고 사출대 전·후진 압력(통상, 노즐압력이라고 함)은 사출기 메이커에 따라서 고정된 것도 있고, 조절할 수 있도록 해놓은 것도 있다. 또한 기능 설정을 해줘야만 작동이 가능한 것이 있고, 위에서 말한 사출대 전·후진 조정 캠으로써 근접(혹은, 리밋) 스위치의 작동거리(한계)만 조절해 주면 되는 것도 있다. 기능 설정을 요할 경우에는 '노즐 자동'이란 문구를 찾아 입력해 주면 작동된다.

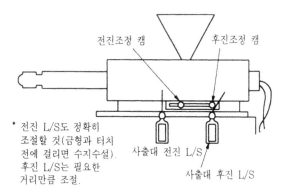

전진조정 캠　　후진조정 캠

* 전진 L/S도 정확히
조절할 것(금형과 터치
전에 걸리면 수지수설).
후진 L/S는 필요한
거리만큼 조절.

사출대 전진 L/S

사출대 후진 L/S

그림 3.83 사출대 전·후진 리밋 스위치 조작 요령

가급적 노즐과 금형을 보호하기 위해 특별한 경우(어쩔 수 없는 경우)가 아니면 사용하지 않는 것이 좋다. 그리고 이 기능을 사용하게 되면 노즐 열을 그렇게 높이지 않아도 되므로(수지가 굳을 가능성이 줄어들므로) 위의 노즐 열 상승분을 다시 조정해 주도록 한다.

노즐을 굳지 않게 하기 위해 지나치게 열을 올렸을 때(위의 '노즐 자동' 기능을 사용하기 전의 경우를 말함)는 또 다른 문제점(수지의 과열로 인한 작업 불가능)이 야기될 수도 있으므로, 이러지도 저러지도 못할 경우에 그 대책으로 사용하는 경우가 일반적이다.

노즐 열 하락을 막을 수 있는 또 한 가지 방법은, 노즐 전용 밴드히터 (Band heater)를 별도로 제작하여 부착시키면 효과를 볼 수 있다. 기존 의 부착된 히터(Heater)가 폭이 좁을 경우에는 완전히 노즐을 감쌀 수 있 는 넓은 것으로 교체하면 좋다(노즐을 전체적으로 감싸 안음으로써 열 손 실 방지).

➪ 가급적 짧은 노즐(Short nozzle)에 밴드히터(Band heater)를 감싸면 좋다.

① 형폐(Mold close)

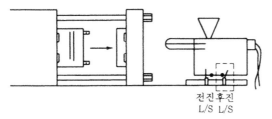

전진후진
L/S L/S

⑤ 사출대 후퇴 완료 및 형개 개시

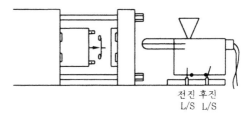

전진후진
L/S L/S

② 형폐 완료 및 노즐 Touch 개시

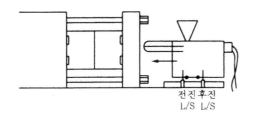

전진후진
L/S L/S

⑥ 형개 완료 및 돌출

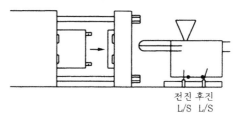

전진 후진
L/S L/S

③ 노즐 Touch 완료 및 사출 개시

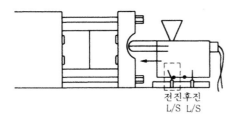

전진후진
L/S L/S

⑦ 다시 형폐 개시(Cycle start)

전진 후진
L/S L/S

⑦ 계량 종료(흐름방지 포함)후 사출대 후퇴

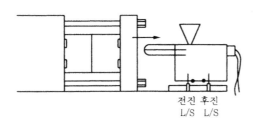

전진 후진
L/S L/S

그림 3.84 시프트 성형의 1사이클

이렇게 조치를 한 후 작업을 하면, 노즐의 밴드히터의 보온효과가 너무 우수한 나머지 반대로 노즐수지가 '줄줄' 흘러내려서 곤란한 경우가 생길 수도 있다. 이때의 조치사항으로는 다시 노즐 열을 수정(굳지도 않고, 흘러내리지도 않도록 알맞게 다운)해 주고, 배압(B.P)과 흐름방지(S.B)를 적절히 컨트롤하여 문제점을 해결할 수 있도록 한다.

⇨ 특히, P.A(나일론) 작업시 자주 발생되는 현상

이와 같이 어느 하나의 금형을 예로 들어 보더라도 때에 따라서는 여러 가지 돌발상황이 발생하므로(하나를 해결했다 싶으면, 또 다른 문제점이 도출), 이에 대처하기 위해서 다각도로 방안을 모색하다 보면 비로소 그 금형은 어떠한 방법으로 작업을 해야 보다 능률적이고, 정상적인 작업이 가능할 것인지 등 금형 내용(제품 내용)을 정확히 알게 된다.

➡ 플라스틱 사출성형기술은 매우 민감한(섬세하고 예민한) 기술(Thechnology)이다. 약간의 변화(대기온도 및 반자동 작업시 안전문(Safety door) 개·폐 동작을 느리게 하는 등)도 성형조건을 변동시켜 성형품에 불량 현상으로 나타난다. 즉, 대기온도의 변화가 가열실린더에 영향을 미쳐 열이 하강(기온이 낮을 때)하거나 상승(기온이 높을 때)하는 효과가 있고, 안전문 개·폐 동작을 느리게 하면 역시 노즐열이 하락하고 금형온도도 비록 짧은 순간이지만 미세하게 하강한다. 이러한 현상은 즉시 성형품에 그대로 나타난다.

특히, 야간근무시 주간 때보다는 기온이 떨어지므로 노즐이 잘 식는다(외부에 노출된 관계로). 이때에는 주간보다 설정치를 조금 올려 주거나 그 상태에서 별도의 보온대책을 강구해야 한다. 또 노즐열을 수정(Up)했을 경우, 주간으로 환원되면 다시 원위치로 되돌려 놓든가 아니면 당시의 기온변동 추이에 따라서 적절히 대처하도록 한다.

그리고 크랙, 크레이징 발생률도 여름보다 겨울이 비교적 높다.

8. 테크닉(Technic)을 필요로 하는 금형의 성형조건 CONTROL법

금형이 좀 까다롭다는 사례들을 몇 가지 간추려 보았다. 지금까지 설명한 내용들을 참고로 하여 성형기술을 한 차원 더 끌어올리는 데 일조할 수 있기 바란다.

8.1 사례-1

① 품명 : 전화기(가정용·사무용) 문자판 보호용 커버
② 원료 : P.C
③ 컬러 : 약간 어두운 투명
④ 금형냉각 방식 : 온유기 사용(금형온도 80℃에서 작업)

(1) 성형상 문제점
게이트 가까운 위치에 '원호'가 선명하게 발생

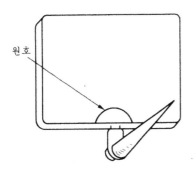

원호

그림 3.85 게이트 가까운 위치에 원호 발생

(2) 성형조건 구상

① 3단제어 방식 채택

㉮ 사출 1차~2차 : '원호' 제거 및 충전 담당

• 1차 : '원호' 크기를 거의 표시가 안 나게 하는 데 역점

• 2차 : 성형완료(충전 : ○, 수축 : ×)

㉯ 사출 3차(보압) : 수축을 잡고 마무리

② 사출시간은 비교적 길게 설정

성형조건 구성상, 그리고 수축 관계로 다소 긴 시간

(3) 성형조건 진행

① 사출 1차(1단)

• 1차절환(mm) : 최대한 좁힐 것

• 압력·속도 최대한 다운

⇨ 사출 1차(1단) 조건하에서 수지 유입은 게이트까지만(혹은, 게이트 바로 밑까지) 성형될 수 있도록 1차절환(mm) 거리를 우측 방향으로 좁혀 주면 된다(폭(간격) 조절). 사출 1차압력·속도도 위의 목적에 부합되도록 최대한 다운시킨다.

※ '스프루·러너·게이트까지 성형이 되는 부분'은 금형에 따라서 그 크기(혹은 거리)가 각기 다르다. 이러한 사실을 충분히 감안하여 크면(길면) 넓게, 작으면(짧으면) 좁게 1차 절환(mm)을 컨트롤한다.

② 사출 2차(2단) : 압력·속도 높일 것

※ **2차절환(mm)**
성형을 100% 시킬 수 있도록 정확히 컨트롤할 것(절환수치 하향 컨트롤)

⇨ 사출 1차에서 게이트까지만 성형했으므로 사출 2차에서는 완전히 마무리해야 한다.

③ 사출 3차(3단) : 사출 2차조건(2차압력·속도)의 50% 수준으로 설정(필요시 증·감 가능)

④ 사출시간 : 성형품의 수축상태를 봐가며 사출시간과 사출압력(사출 3차압력(보압))을 서로 비교해 가면서 컨트롤하여 적정 시간에 종료

1) 해설 : 게이트 주위 원호 발생 원인 분석

(1) 분석 요령

① 사출 1차조건만으로 탐색

② 2가지 유형으로 테스트

㉮ 빠르게 충전했을 경우

'원호' 발생(선명) - 플로마크 : ×, 수축 : ×, 버(Burr) : ○

㉯ 느리게 충전했을 경우

'원호' 거의 제거 - 플로마크 : ○(선명), 수축 : ○(심함), 버(Burr) : ×

위의 2가지 조건(㉮, ㉯)으로 시험해 본 결과, '원호'가 발생되는 원인은 수지의 지나친 유입속도(빠른 속도)로 게이트부에서 마찰을 일으켜(통상 게이트는 다른 부분에 비해 작기 때문에 마찰이 잘됨), 그 마찰로 인해 과열·분해된 수지가 그대로 캐비티에 유입됨으로써 발생한 현상으로 결론을 내렸다.

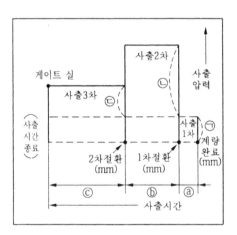

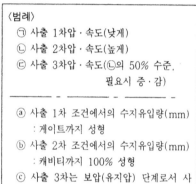

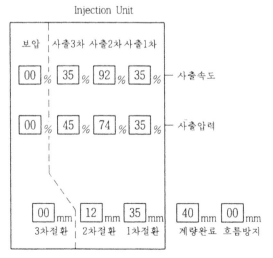

그림 3.86 성형조건 그래프(게이트 원호)

➡ 느리게 사출했을 때는 '원호'가 거의 사라졌기 때문이다. 그리고 ㉮의 경우는 '원호'는 발생되었지만 수지의 빠른 유입으로 플로마크, 수축 등은 비교적 양호한 상태였고, 반면에 사출압력과 속도가 높아서 버(Burr)가 발생하였다. ㉯의 경우는 '원호'는 거의 표시나지 않게 제거되었으나 수지의 유입속도가 느려서 플로마크가 선명하였으며, 수축상태도 불량하였다. 그러나 압력·속도가 낮아서 버(Burr)는 발생되지 않았다. 이 두 가지 결과를 놓고 볼 때, ㉮, ㉯의 성형조건을 적당히 믹싱(mixing)해야만 문제를 해결할 수 있다고 보고 그 대책으로 사출 1차에서는 수지가 가급적 천천히 유입될 수 있도록 하기 위해 1차압력·속도를 낮게 설정하여 문제가 되는 게이트 부분까지만 성형을 시키고, 계속 이런 느린 속도로 성형을 하게 되면 ㉯의 현상이 재현되므로 게이트부터는 다시 ㉮를 적용하여 빠르게 유입(사출 2차조건 적용 단계)시키면 처음부터 빠르게 유입시킨 상태와는 차원이 다름을 알 수 있다.

즉, 사출 1차에서 '느리게' 게이트까지 도달한 수지는 사출 2차에서 '빠르게' 변경(1차절환)시켜도 게이트 마찰로 인해 과열·분해될 확률은 ㉮에 비하면 현격히 떨어진다는 뜻이다.

▶게이트 마찰 감소 효과를 기대한 성형조건

※ 위의 경우는 게이트 주위에 검은 원호가 발생하였으므로 그 처방을 '게이트 마찰 감소 효과'로 보았지만 반대로 다른 불량현상이라면 경우에 따라서 그 명칭을 '게이트 마찰 효과'로 볼 수도 있으므로 이 점 착오없기 바란다.

이렇게 함으로써 게이트의 원호와 플로마크를 동시에 해결하고, 이 조건(사출 2차조건)대로 계속 진행하면 또다시 ㉮의 경우(버(Burr)문제)가 재발되므로, 이의 해소를 위해 이번에는 2차절환(mm)으로써 수지의 공급량을 조절하여 버(Burr)를 잡고(사출 2차압력 · 속도는 그대로 유지), 역시 사출 3차조건도 이 목적(버(Burr) 제거)에 부합되게 비교적 낮은 조건(사출 3차압력 · 속도 다운)을 채택하였다. 그러나 이번에는 사출압력이 낮은 관계로 다시 수축이 우려되므로 그 해결을 위해 사출시간을 비교적 길게 설정하여, 사출 3차 유지시간(보압시간)을 충분히 줌으로써 거의 불량 현상 전반을 해소할 수가 있었다.

◆ 이 방법은 꽤 수준이 높은 성형기술 중의 하나다. 원리를 잘 이해하여 실전에서 충분히 활용할 수 있기 바란다. 특히, 게이트 부근의 불량 현상 발생시 위와 똑같은 경우가 아니더라도 좀처럼 조건이 잡히지 않을 경우에 시도해 볼 만한 방법 중의 하나이다.

※ 게이트 주위뿐만 아니라 그 외 부분도 필요시 활용함으로써 효과를 볼 수도 있다.

* 동신 유압기계 Touch식 *

보압(H.P)	사출3차	사출2차	사출1차	
				7 mm
				Screw Position
00 %	35 %	92 %	35 %	— 사출속도
00 %	45 %	74 %	35 %	— 사출압력
00 mm	12 mm	35 mm	40 mm 00 mm	
3차절환	2차절환	1차절환	계량완료 흐름방지	

제외
(사출3차
까지만 활용) ←---

사출3차
(보압)
낮게유지

사출2차
(충전)
빠르게 ←

사출1차
(충전)
느리게 ←

사출시간 종료 ─── 12 mm   35 mm   40 mm   00 mm
                  2차절환   1차절환   계량완료 흐름방지

좌 ←→ 우   좌 ←→ 우   좌 ←→ 우

위치절환
수정 컨트롤 표시
(폭, 간격조절)

사출진행방향 ←

─사출2차 조건에서의 수지유입─
(캐비티 성형)

사출1차조건
에서의 수지유입
(게이트까지만 성형)

보압(사출3차)
중의 수지유입
(서서히 떨어짐)

유지압
(게이트 실
까지 도달)

미세한 양(mm)
보급

사출압력

사출시간

[사례-ㅣ 게이트 주위 원호 '상세도']

※ **참고**
어느 한 지점의 위치절환 수정이 다른 제어 단계에 미치는 영향 분석(상세도 참조)

위의 상세도에서 1차절환(mm)을 수정하였을 경우 다른 제어 단계, 즉 사출 1차와 사출 2차 성형조건에는 어떠한 영향(조건 변화)을 미칠 것인가에 대해 살펴보자.

위치절환 수정시 상세도에서 보는 바와 같이 1차 절환(mm)수치를 '우측'으로 상향 컨트롤하면 1차절환과 계량완료 사이의 폭(간격), 즉 스프루, 러너, 게이트까지 성형이 되는 부분은 줄어들게 되어 본래 의도한 대로의 목적은 달성되겠으나, 1차절환과 2차절환 사이의 폭(캐비티 성형 부분)은 반대로 넓어져서 버(Burr)가 발생할 우려가 있다.

▶ 수지 공급량의 자연적 증가분(1차절환(mm) 수정으로 인함)에 의해

그러므로 어느 한쪽을 수정하면 반드시 그것과 연관되는 다른 쪽 부분도 같이 수정함을 원칙으로 해야 한다(주변 조건에 영향을 미치므로). 여기에서는 2차절환(mm)도 1차절환(mm) 수정치만큼 우측 방향으로 똑같이 수정해 주면 된다. 그 외에 계량완료(mm) 수치를 수정할 경우도 각 제어 단계별 위치절환 수정시와 같은 개념의 효과를 볼 수 있다(수정 요령 동일). 또한 위치상으로 볼 때, 계량완료(mm) 옆에는 항시 흐름방지(mm)가 대기하고 있는데, 계량완료(mm)를 수정하면 흐름방지(mm)도 같이 수정해 주어야 한다. 단, 흐름방지를 아예 설정하지 않았으면 무시해도 좋고, 설정을 하였더라도 계량완료 설정 요령과 전혀 별개라면 역시 무시할 수 있다. 그러나 사출기에 따라서는 계량완료(mm)와 같이 움직여 주어야 할 경우도 있는데, 여기서는 이 경우를 말한다.

예 : 계량완료(mm)를 80mm로 설정하였다고 가정해 봤을 때 흐름방지(mm)를 3mm만 설정하고자 한다면 사출기 메이커에 따라서 3mm, 혹은 83mm 두 가지 설정법이 있다. 계량완료(mm)와 같이 움직여 주어야만 될 경우는 후자(後者), 즉 83mm의 경우이다.

8.2 사례-II

① 품명 : 가스 미터기 검침부 커버
② 원료 : P.C

③ 컬러 : 투명

④ 금형냉각 방식

- 일반 냉각수 유입
- 금형 고정측은 냉각을 실시하고 이동측은 냉각수 유입 차단 - 게이트에서 먼 곳의 수축을 잡기 위함(p.139 참조)

1) 성형상 문제점

① 미성형(Short shot)

② 버(Burr)

③ 수축(Sink mark)

2) 성형조건 구상

(1) 3단제어 방식 채택

① 사출 1차(1단)

압력과 속도를 최대한 높인다(미성형과 플로마크를 동시에 해결하기 위함).

➡ P.C는 금형 내에서의 유동성이 극히 떨어지므로 성형은 되어도 플로마크 발생이 우려되며, 비교적 높은 사출압력과 속도를 가해 줌으로써 동시 해결이 가능해진다.

② 사출 2차(2단)

사출 1차조건의 50% 수준에서 필요시 증·감 컨트롤한다. 버(Burr) 발생 억제, 수축 : ×

③ 사출 3차(3단)

수축을 잡고 마무리한다.

(2) 사출시간

비교적 길게 설정한다.

3) 성형조건 진행

① 사출 1차에서 압력과 속도를 최대한 높여 주었으므로 미성형과 플로마크는 해결될 것이다. 그러나 사출압력이 높아서 버(Burr)가 발생할 수도 있으므로, 이것을 방지하기 위해서 캐비티에 유입되는 수지의 양을 성형에 꼭 필요한 양(mm)만큼 들어갈 수 있도록 1차절환(mm)으로써 적절히 컨트롤하였다.

⇨ 좌·우로 수치 조절을 해보고 성형품의 변화를 본 후, 적정 위치(mm)에서 고정시킨다.

② 사출 2차조건의 일단의 목적은 버(Burr)를 억제하는 데 있다고 볼 수 있으며, 이에 부합되도록 하기 위해 사출압력을 낮춰 설정해 주면 버(Burr)는 잡히는 대신 사출압력이 낮기 때문에 수축이 필연적으로 발생된다. 이렇게 되면 수축은 사출 3차에서 잡아야 하는데 …….

③ 사출 3차에서 수축을 잡기 위해 다시 「사출압력」만 올리니까 또다시 버(burr)가 발생하여 문제가 간단치가 않았다.

⇨ 사출 3차조건에서 「사출속도(Speed)」는 그다지 큰 의미가 없다. 왜냐하면 사출 1~2차를 거치면서 거의 빠른 속도를 필요로 하는 부분은 그쪽 제어 단계에서 이미 사용했기 때문이다. 그러므로 통상 성형조건 진행과정상(성형품의 형성과정상)으로 봤을 때, 뒤로 갈수록(성형의 막바지 단계, 즉 여기서는 사출 3차를 말함) 사출속도는 기본 정도로만 설정해 주면 되고, 주로 사출압력만으로 컨트롤하게 된다.
반대로 최초 사출 개시 때부터 충전까지는 사출압력과 속도를 모두 중요시한다(그림 3.87 참조).

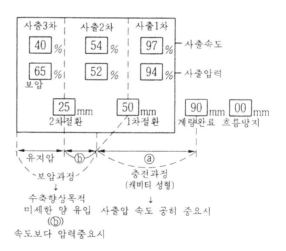

그림 3.87 사출압력과 속도의 관계

4) 해설

이때의 해결책(위 ③의 경우를 말함)으로서 다음과 같은 방법이 있다. 성형품의 외부가 굳을 수 있도록 어느 정도의 시간적 여유를 주고 난 뒤 사출압력(특히, 보압)을 가(加)하자는 것이다. 본래 버(Burr)는, 여러 가지 원인이 있겠지만 그 중에서도 성형품의 외부(外部)가 굳지 않아서 파팅라인(Parting line, 형분할면)의 내부 수지(성형품의 아직 굳지 않은 내부수지를 말함)가 일부 높은 사출압력에 의해 터져 나오는 경우가 그 일례이므로, 일단 외부가 어느 정도 굳으면 내부(內部)는 아직 굳지 않았더라도 사출압력을 웬만큼 가하지 않으면 버(Burr)는 터져 나오지 않게 된다. 이미 성형품의 외부가 굳어 버렸기 때문에 내부수지가 파팅라인 틈새로 밀려 나올 수가 없기 때문이다.

➡ 이러한 방법은 성형품의 두께(니꾸)와 상관없이 거의 모든 성형작업시에 활용이 가능하다. 단, 두께가 지나치게 얇을 경우만 제외된다. 이유는, 내·외부를 따질 것도 없이 수지가 사출되어 금형 내로 들어가자마자 굳어 버리기 때문이다.

그러므로 두께가 특히 얇을수록 수지온도를 높여줘야 성형이 가능해지며, 열을 올려도 안 될 경우에는 금형의 냉각수를 차단하든가 아니면 온유기(溫油機)를 사용하여 성형을 시키는 이유도 바로 여기에 있다.

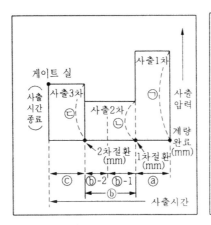

동신 유압기계(Touch식)

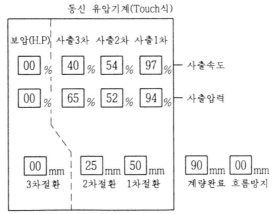

그림 3.88 성형조건 그래프

자! 그럼 여기서 어떻게 해야 성형품의 외부가 굳을 수 있는 시간적 여유를 줄 수 있을까? 그것은 다름 아닌 '위치절환'의 적절한 배치에 있다. 결국 해당 위치 절환이 현재 문제의 실마리를 쥐고 있다고 보여지며, 2차절환(mm)이 바로 그 것이라 할 수 있다. 단, 여기서 알아야 할 점이 있다. 사출 1차에서 2차로 절환 (1차절환)될 때 위에서와 같이 성형품의 외부(外部)도 굳혀 주면서 본래의 목 적인 버(Burr)의 발생도 막기 위해 사출 2차조건을 다운(Down)시켰음을 알아 야 한다. 지금 설명하고자 하는 2차절환도 사출 2차조건이 이렇게 설정되지 않 으면 사실상 불가능해진다. 왜냐하면 수지의 유입속도를 사출 2차에서 느리게 (Slow) 진행시켜 주어야만 성형품의 외부도 어느 정도 굳게 되고(굳을 수 있는 시간적 여유를 주기 위함), 그렇게 됨으로써 버(Burr)도 잡을 수 있기 때문이 다.

　　※ 반대로 빠르게(Fast) 유입시키면 버(Burr)는 영원히 잡을 수 없게 된다.

그런데 사출 2차에서 수지를 느리게 유입시킨다는 뜻은 다른 말로 표현하자면 사출 1차와 2차가 함께(공동으로) 캐비티 내의 충전 과정에 가담하고 있다고도 할 수 있다. 즉, 여기서의 사출 2차란 우리가 일반적으로 알고 있는 100% 순수 한 의미의 2차(보압)가 아닌 '충전'과 '보압'을 동시에 책임져야 하는 그러한 입 장에 놓여 있다. 이것은 금형(제품)에 따라서 요구되는 성형조건이 저마다 다르 므로, 각각의 조건을 충족시켜 주기 위해 작업자가 조건을 구상하는 과정에서 위의 경우와 같이 사출 2차조건에만 국한해서 임무를 부여했다고 보면 될 것이 다. 단, 차이점이 있다면 한쪽(사출 1차)은 빠른 형태로, 다른 쪽(사출 2차)은 느린 형태로 진행(유입)시킨다는 것뿐이다. 그러나 이러한 차이점이 바로 이 성 형조건에서의 컨트롤 방식의 핵심(核心)이라고 할 수가 있다. 이렇게 해야만 사 출 2차조건만으로 봤을 때 성형품의 외부도 어느 정도 굳혀 주고, 그럼으로써 의도하는 목적(버(Burr) 발생 억제)도 해결이 가능하게 된다. 그러기 위해서는 지금 설명하고자 하는 2차절환(mm) 못지 않게 1차절환(mm)도 매우 중요하 다. 1차절환(mm)을 설정할 때에는 일단의 목적은 '충전'에 두되, 사출 2차조건 의 역할(목적)도 충분히 고려하여 양쪽을 모두 충족시킬 수 있는 선에서 설정할 수 있도록 배려하여야 한다. 그렇게 하자면 1차절환(mm) 거리를 성형조건 설 정 초기에는 충분한 양의 수지가 캐비티 내로 유입될 수 있도록 충분히 넓혀 주고(절환수치 하향 컨트롤), 그런 다음에 성형품의 변화를 봐가며 반대로 다시 서서히 좁혀 가면서(절환수치 상향 컨트롤) 사출 2차조건(2차압력·속도)을 목적(버(Burr) 발생 억제)에 부합되도록 병행 컨트롤(2차압력·속도 다운 조치)하면 충분히 원하는 조건이 성립되리라 믿는다. 그리고 마지막으로 2차절환(mm) 설정만 남게 되는데, 2차절환은 어떻게 설정해 주어야만 성형품의 외부를 의도한 대로 굳게 할 수가 있을까? 그 방법은 비교적 간단하다. 사출 2차조건에서의 수지의 흐름이 자연적으로 멈출 때까지 스크루 포지션(Screw position)을 통해 지켜보다가 거의 멎었을 즈음에 가서 그때의 스크루 위치를 2차절환 위치로 설정하면 된다.

⇨ 수지가 거의 멎을 때까지 오는 동안 사출 2차조건(2차압력·속도)은 최대한 낮춰 설정하였기 때문에(사출 1차조건의 50% 수준) 수지의 유입속도도 비교적 느리게 진행되며, 그 늦은 시간만큼 성형품의 외부는 서서히 굳게 된다.
→ 2차압력·속도가 낮으므로 버(Burr)도 함께 억제 효과

이렇게 한 후 사출 3차조건을 다소 높게(목적에 맞게) 설정을 해줘도 버(Burr)는 발생되지 않고 수축은 향상되는 것이다. 단, 사출시간은 길게 설정한다.

※ 수축관계는 사출압력 상승도 필요하지만, 사출시간만 길게 설정해 줘도 효과가 있다고 설명한 바 있다.

기왕 말이 나온 김에 한 가지 예를 더 들어 보겠다. 두께가 특히 두꺼운 A란 성형품이 있다(실제 예).

5) 사용 원료
A · B · S. Natural

6) 성형조건 제어 방식
• 2단제어

이 제품은 성형조건을 구상할 때 위의 방식을 적용해야 한다. 먼저, 사출 1차에서 최대한 압력·속도를 낮춰 성형에 꼭 필요한 조건만 취해 주고, 성형품의 외부가 어느 정도 굳을 수 있는 시간적인 여유를 준 다음에 사출 2차압력을 사출 1차압력보다 높게 가해 주면 버(Burr)도 발생되지 않고 수축은 향상된다.

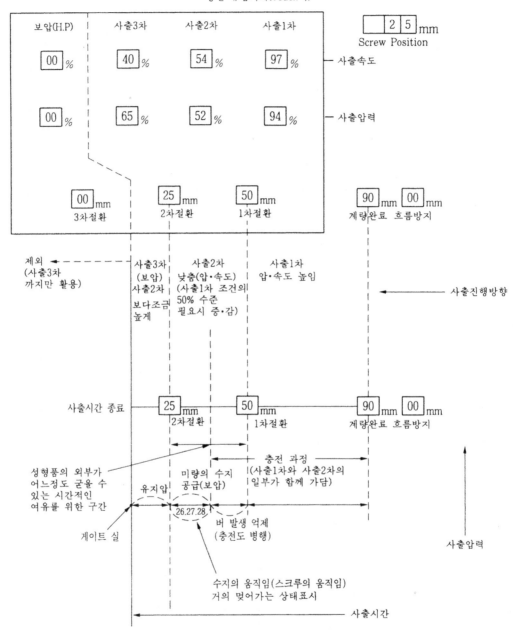

동신 유압기계(Touch식)

보압(H.P)	사출3차	사출2차	사출1차
00 %	40 %	54 %	97 %	── 사출속도
00 %	65 %	52 %	94 %	── 사출압력

2 5 mm
Screw Position

| 00 mm 3차절환 | 25 mm 2차절환 | 50 mm 1차절환 | 90 mm 00 mm 계량완료 흐름방지 |

제외 ◄ ---
(사출3차
까지만 활용)

사출3차
(보압)
사출2차
보다조금
높게

사출2차
낮춤(압·속도)
(사출1차 조건의
50% 수준
필요시 증·감)

사출1차
압·속도 높임

사출진행방향 ◄──

사출시간 종료 ── 25 mm 2차절환 ── 50 mm 1차절환 ── 90 mm 00 mm 계량완료 흐름방지

성형품의 외부가
어느정도 굳을 수
있는 시간적인
여유를 위한 구간

충전 과정
(사출1차와 사출2차의
일부가 함께 가담)

유지압

미량의 수지
공급(보압)

게이트 실

26.27.28

버 발생 억제
(충전도 병행)

사출압력

수지의 움직임(스크루의 움직임)
거의 멎어가는 상태표시

── 사출시간

* 위 상세도에서 보면 보압이 두 군데나 존재하는데
하나는 잔량 공급(보압), 하나는 그냥 유지만
시켜주는 유지압으로 보면 되겠다.

〔사례-Ⅱ 가스미터기 검침부 커버 '상세도'〕

7) 사출시간도 길게 설정

A.B.S 수지는 금형 내에서 유동성이 P.C에 비하면 월등하고, 위의 경우 성형품의 두께가 특히 두껍기 때문에 사출 1차압력을 낮게 설정하여도 수지가 쉽게 굳지 않고 성형이 비교적 무난하다. 그리고 사출시간이 길어서 사출 1차에서 금형 내로 용융수지가 유입될 때 충전 및 보압 중에 공급되는 수지의 양까지 거의 다 유입되어 버리므로 정작 사출 2차에서는 사출압력을 유지하기만 해도 수축은 이상 없이 잡혀 나온다. 단, 사출 1차압력보다는 높은 압력을 유지해 주어야 하며, 그렇지 않고 낮춰 주거나 같게 설정해 주면 필연적으로 수축이 발생하게 되어 있다(보압 중에 추가적인 수지 유입이 없이 단지 유지압(維持壓)만의 효과를 노린 성형조건의 예).

다시 앞으로 돌아가서, P.C 작업시는 배압(Back pressure)을 높게 설정해 주어야 한다.

➡ 성형품 표면에 은줄(Silver streak)이 잘 생기고 수지의 흐름성이 떨어지므로 배압을 높여 주면 향상된다. 흐름방지도 가급적 설정하지 말고, 꼭 필요할 경우에만 성형품의 상태를 봐가며 이상이 없는 한도 내에서 최대한 짧게 설정한다.

이렇게 해도 해결이 불가능할 경우에는 성형조건의 전반적인 재검토가 불가피해진다.

8.3 사례-Ⅲ

① 품명 : 카폰(Car phone) 충전기
② 원료 : A.B.S 내열성
③ 컬러 : 검정
④ 금형 냉각 방식 : 일반 냉각수 유입

1) 성형 작업상 문제점

웰드라인(Weld line)이 가스(Gas)로 인해 타버린다. 가스 배출 및 웰드라인이 거의 표시가 나지 않도록 얇게 할 것, 수축 해소 등

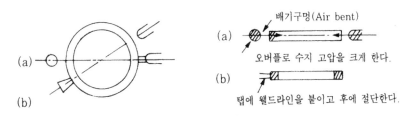

그림 3.89 웰드라인 개량책의 예

2) 성형조건 구상

(1) 2단제어 방식 채택

① 사출 1차 : 압력과 속도를 높인다.

　　※ 미성형과 웰드라인 해결 및 웰드부 가스 배출(1차배출)

　　⇨ 1차절환(mm) : 우측으로 최대한 좁혀 준다(절환수치 상향 컨트롤).

② 사출 2차 : 수축을 잡고 캐비티내 잔여가스 배출(2차배출)

(2) 사출시간

길게 설정한다.

(3) 배압(B.P)

높게 설정한다.

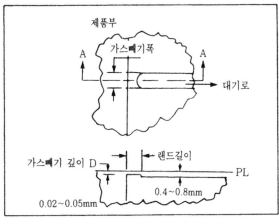

그림 3.90 일반적인 가스빼기의 예

3) 성형조건 진행

금형의 웰드부 가스(Gas) 배기구멍(Air bent) 확인 및 수정·보완 조치를 하고 사출 1차로만 성형시켜 본 결과, 역시 웰드라인에 가스가 발생하였다(금형수정은 실패).

(1) 원인 분석

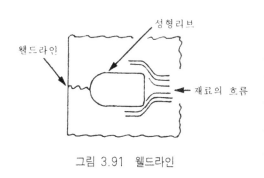

그림 3.91 웰드라인

미성형과 웰드라인을 동시에 해결하기 위해서는 부득이 사출압력과 속도(사출 1차조건)를 올려(높여) 빠르게 충전시켜야 한다. 만일 느리게 하면 가스로 인한 타버림(Burn)은 잡힐지 모르나 웰드라인은 더욱 더 선명하게 되고, 역시 미성형 발생도 우려된다(사출속도를 낮추고 사출압력만으로도 성형시켜 봤으나 역시 허사).

➡ 미성형과 웰드라인을 동시에 해결하기 위해 수지를 빠르게 유입시키면, 캐비티 내에 잔류해 있던 공기가 수지의 유입속도에 비해 미처 배기구멍으로 빠져나가지 못할 수도 있다. 통상 웰드라인이 타버리는 경우는 바로 이런 현상 때문에 발생한다. 이럴 때 해결방법이 있다.

(2) 해법

사출 1차에서의 사출압력·속도가 빠른 만큼 용융수지의 캐비티내 유입량(공급량)을 미성형 발생만 간신히 막을 수 있도록 1차절환(mm) 거리를 잘 설정해주면 해결된다(우측 방향으로 좁혀 줄 것, 즉 절환수치 상향 컨트롤).

① 원리 설명

사출 1차 성형조건을 위와 같이 설정하였다면 성형품은 필히 수축이 발생하게 되어 있다. 그러나 미성형과 웰드라인 접합상태는 높은 사출압력과 빠른 속도로 인해 지극히 양호할 것이다. 문제는 가스(Gas) 배출인데, 본래 상식적으로 생각을 해봐도 가스 배출을 하기 위한 성형조건으로서는 속도를 느리게(Slow) 하는 것이 성형기술상 일반적인 관례다. 그러나 성형품의 불량 현상이 여러 가지로 겹쳐 있을 때는 상황이 달라진다. 어느 한 가지를 해결하고 나면 또 다른 문제가 발생되는, 말하자면 바로 위와 같은 경우로 보면 될 것이다. 1단제어로만 성형을 할 경우, 가스(Gas) 한 가지만 문제가 되었다면 사출압력과 속도를 낮춰 줌으로써 간단히 해결된다.

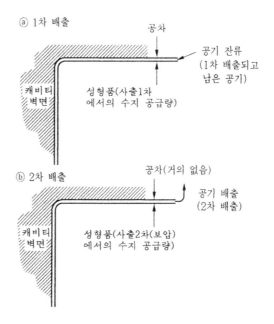

그림 3.92 공기(Air) 배출 원리

위와 같은 복잡한 상황에서는 이러한 기본 개념 자체가 전혀 먹혀들지를 않는다. 결국, 반대로(거꾸로) 성형조건이 부여(설정)되었다는 결론인데…, 어쨌든 본론으로 들어가자. 성형품에 수축이 발생한다는 것은 금형의 캐비티로 볼 때, 캐비티의 벽면(외벽)과 성형품 사이에 수축이 생긴 만큼의 '공차'가 생겼다고도 볼 수 있다.

※ 금형의 캐비티는 성형품의 수축률(플라스틱 수지의 고유 수축률을 말함)을 감안하여 금형을 설계하고 제작하였지만 성형조건 컨트롤상 고의(故意)로 수지의 양을 가감하여 유입시킬 수도 있는데(성형조건 컨트롤로써 어느 정도까지는 가능함), 여기서는 원래의 플라스틱 수지의 고유 수축률보다 더 적은 양의 수지가 유입되어 발생한 '공차'를 말한다.

수축이 크면 클수록 공차도 커진다고 볼 수 있으며, 반대로 수축이 작으면 작을수록 공차가 작으므로 금형 캐비티의 외벽에 성형품이 꽉 끼일 가능성 또한 배제할 수 없다(과충전(Over packing)). 결론적으로 금형 캐비티 내부에 잔류해 있는 공기는 성형과정에서 높은 사출압력·속도에 의해 용융수지에 떠밀려서 대부분은 캐비티 벽면(외벽)의 바깥쪽, 즉 파팅라인에 **파놓은** 배기구멍(Air bent)을 타고 대기로 배출되고, 위에서 말한 '공차' 부분(사출 1차 조건하에서의 수축이 간 부분)에만 미처 빠져나가지 못한 공기가 미량이나마 잔존해 있게 된다.

공기가 남아 있다는 말은 웰드라인에 가스가 차지 않았다는 말과도 서로 통(通)한다고 할 수 있다. 그만큼 틈(공차)이 있다는 뜻이다. 이와 달리 과충전(Over packing)을 예로 들어보자. 이 경우는 위와는 반대로 틈(공차)이 거의 없다. 이유는 수지의 캐비티내 유입속도에 비례해서 캐비티 내의 공기가 빨리 빠져 주지를 못하고, 느림(Slow)으로 인해 성형이 되는 과정에서 마지막 수지의 접합부위인 웰드라인 쪽으로 몰려 순간적으로 타기(Burn) 때문이다(공기가 압축되어 팽창되면서 열을 받아 타게 되는 현상). 즉, 단열 압축(斷熱壓縮) 현상을 말하며, 이것은 앞에서 설명한 사출 1차로만 성형하였을 경우의 예이다.

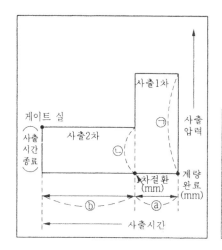

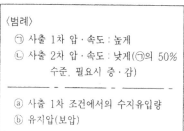

〈범례〉
㉠ 사출 1차 압·속도 : 높게
㉡ 사출 2차 압·속도 : 낮게(㉠의 50% 수준. 필요시 증·감)
────────────────
ⓐ 사출 1차 조건에서의 수지유입량
ⓑ 유지압(보압)

동신 유압기계(Touch식)

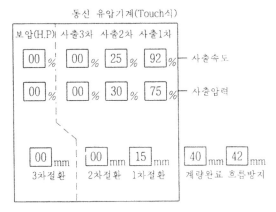

그림 3.93 성형조건 그래프

결론적으로 캐비티 벽면과 성형품과의 공차가 크면 클수록, 웰드라인부의 잔류공기가 열을 받아 타버릴 정도의 압축 및 팽창효과는 없을 것으로 판단된다. 어쨌든 사출 1차에서는 이와 같은 원리에 의해 미성형·웰드라인 및 가스(1차배출)를 해결하고(미성형과 웰드라인은 사출 1차압력이 높으면 대부분 잡힌다), 사출 2차에서는 수축도 잡고 캐비티 내에 남아 있는 잔여가스(공기)도 마저 배출시키기 위해, 앞의 사출 1차조건을 그대로 적용시키면 이미 설명한 대로 웰드라인이 타버리는 현상이 재현(再現)되므로, 이번에는 반대로 사출압력·속도(사출 2차조건)를 최대한 낮춰 잔여공기가 압축·팽창되어 열을 받지 못하도록 잔여수지(잔량, 보압시 공급되는 수지)를 유입시킨다. 그러면 공기(Air)도 서서히 배기구멍(Air bent)을 통해 빠져나가게 되고 사출압력(사출 2차압력, 즉 보압)도 꾸준히 밀어준 덕분에 수축도 향상된다.

8.4 사례-Ⅳ

〈공통사항〉
거의 모든 금형에 자주 발생되는 불량 현상 - 성형품이나 스프루(Sprue)가 금형의 고정측에 걸려서 잘 빠지지 않을 때(빠져도 심하게 긁히면서 빠질 경우(특히, 성형품의 경우))

1) 성형조건 구상

① 금형상의 결함 여부 체크

금형 고정측의 가공 불량으로 인한 언더컷(Under cut) 형성 여부와 빼기 구배 상태를 점검한다(금형 담당자와 협조). 어느 정도 금형을 수정시켜도 해결이 불가능할 경우에 성형조건을 잘 컨트롤하면 의외로 좋은 결과가 나온다.

② 최소한 2단제어 이상은 컨트롤할 수 있도록 한다(여기서는 2단제어 방식 채택).

㉮ 사출 1차(1단) : 압력과 속도를 최대한 낮춘다(수지온도는 높인다(성형품의 두께를 보고 판단)).

→1차절환(mm)은 우측 방향으로 최대한 줄인다(좁힐 것).

㉯ 사출 2차(2단) : '0'으로 하거나 설정시에는 최소한의 압력만 유지한다

(수축에 지장이 없는 범위 내에서 최대한 다운).

㉰ 사출시간 : 최대한 짧게(성형품에 지장이 없는 한도 내에서) 한다.

㉱ 금형냉각 : 고정측 - 차단

　　　　　　이동측 - 실시

➡ 특히, 스프루가 제대로 빠지지 못할 때, 배압을 높게 설정하고 흐름방지를 없애면 효과가 있다. 그 밖에 노즐 열을 올려 주고 금형의 스프루와 노즐 사이에 종이를 대고 작업을 하면 역시 효과를 볼 수 있다.

※ 참고

이 원인(스프루가 금형의 고정측에 남는 원인)은 노즐구멍의 지름(ϕ) 또는 노즐의 R이 금형의 스프루 구멍 지름(ϕ) 또는 금형의 R보다 클 때와 금형교환시에 금형과 노즐센터가 정확히 맞지 않았을 경우 등의 이유로 노즐과 금형의 스프루 사이에 수지가 끼이는 것이 주원인이다. 어느 경우를 막론하고 그 끼인 수지가 고화됨으로써 노즐과 스프루 사이에 걸려 빠져나오지 못함과 동시에 그 고화된 수지가 스프루 끝단을 꽉 잡고 놓지 않으므로 스프루가 정상적인 이형이 되지 못하고 고정측에 남는다.

2) 해설-1

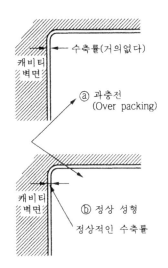

그림 3.94 과충전과 정상적인 성형의 차이

수지의 공급량을 가장 적정치로 컨트롤해 주면 과충전(Over packing)된 상태와 비교했을 때 성형된 제품의 수축률은 다소 크다고 볼 수 있으므로, 그 수축률의 차이를 이용하면(비록 미세한 '차이'지만) 성형품의 이형효과는 기대 이상이 될 수 있다(달리 표현하자면, 과충전으로 인해 캐비티 내벽에 꽉 끼인 상태의 성형품보다는 다소 헐거운 상태로 성형된 제품(수지 공급량 조절로 인한 수축률 차이에서 비롯된 현상)이 빠져나오기(이형)가 쉽다는 뜻이다).

① 우리가 모르는 중에도 성형을 하는 과정에서 비록 미세한 양이지만 성형품에 수지 유입량(공급량)이 더 들어가고 있다는 사실을 유념해 두어야 한다. 항상 가급적이면 적정치의 수지로 성형할 수 있도록 노력하고, 이렇게 하기 위해서는 상기 조건을 명심하고 충분히 활용하여 기존 성형조건도 재검토하여 그 적정성 여부를 확인하기 바란다. 금형냉각을 고정측만 생략한 이유는 금형이 뜨거워지면 이형도 쉬워진다는 간단한 논리에서다. 단, 이동측은 냉각을 시켜서 성형품을 꽉 물어 줄 수(잡아 줄 수) 있도록 한다.

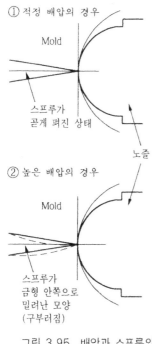

① 적정 배압의 경우

Mold

스프루가
곧게 펴진 상태

노즐

② 높은 배압의 경우

Mold

스프루가
금형 안쪽으로
밀려난 모양
(구부러짐)

그림 3.95 배압과 스프루의
관계

➡ 고정측은 뜨겁게, 이동측은 차갑게 하는 등 금형에 온도차를 두면 성형품은 고정측에 남지 않고 필히 이동측에 남게 되어 있다. 주의할 것은 이동측에 걸린 성형품이 이번에는 너무 꽉 물어서 돌출이 될 때 백화(白化)가 생길 수도 있다는 점이다. 이럴 경우 이동측도 결국 냉각수 유입량을 적게 유입되도록 조절하든가 아니면 차단시킬 경우도 생기는데, 그때의 성형품의 반응 정도에 따라서 판단할 수 있도록 한다. 그리고 스프루(Sprue)만 금형 고정측에 남을 경우도 연속 성형이 불가능해지므로 당연히 문제가 된다. 이 경우에는 배압(B.P)을 높여 주면 해소가 되는데, 원리상으로는 금형 내부의 이미 성형완료(사출공정만 완료된 상태)된 스프루에 계량공정이 진행되는 동안 배압을 높게 가하면, 계량되는 수지는 높은 수지 압력을 형성(높은 배압으로 인해)하게 되어 금형이 열릴 때까지 스프루를 금방이라도 밀어낼 것 같은 모양을 취하게 되므로, 형개시에는 성형품과 같이 스프루가 딸려 나오게 된다.

좀더 이해하기 쉽도록 보충설명을 하자면, 금형과 노즐이 떨어져 있다고 가정했을 때(No touch 상태) 배압이 높으면 수지가 줄줄 흘러내리기만 하고 계량 자체가 불능이 되는데, 금형과 노즐을 다시 붙여 놓고 계량시켜 보면, 금형이 수지의 흘러내림을 앞에서 받쳐 주기 때문에 계량이 원활해진다(스크루가 뒤로 '쭉쭉' 뻗어나감).

단, 계량되는 수지의 압력(노 터치(No touch) 상태에서 수동(Manual) 조작으로 계량을 진행시켰을 경우, 그때의 수지의 흘러내리는 압력(배압과 동일)은 앞에서 받쳐 주는 금형의 스프루에 그대로 전달된다고 볼 수 있으므로, 이 압력(계량되는 수지의 압력, 즉 배압)을 잘만 활용하면 위에서와 같이 금형 고정측에 스프루가 남아서 잘 빠지지 않을 경우에도 좋은 해결책이 될 수 있다.

3) 해설-2

적용원리는 계량이 진행되는 동안 수지압력(배압)이 스프루를 계속 밀어 주고 있기 때문에(결국 배압(력)이 스프루에 가해지고 있는 상태) 스프루가 완전히 고화가 되어 있을 경우에는 효과가 없지만(보통, 스프루는 굵기 때문에 성형작업 중에 외부는 어느 정도 굳어도 내부는 거의 굳지 않음), 보통은 자연스럽게 찌부러들면서(높은 배압으로 인하여 기성형된 스프루가 금형 안쪽으로 밀린 형태) 잔뜩 웅크린 상태(스프루가 쭉 곧게 편 상태로 있지 못하고 떠밀려진 모양)로 있다가 형개(Mold open)시에는 곧게 펴지면서 그 반동(력)으로 성형품과 함께 딸려 나오게 된다(다소 불완전하긴 하지만).

결론적으로 형개시 성형품과 함께 스프루가 빠져 나올 수 있도록 계량되는 수지 압력(배압(력))이 뒤에서 이미 성형된 스프루를 떠밀어내는 이치(원리)를 적용한 것이다.

⇨ 배압을 지나치게 높게 가하면 캐비티까지 압력(배압)이 전달되어 성형품의 종류에 따라서는 크랙이나 크레이징이 발생할 수도 있으므로 주의한다.

근본적으로는 금형의 스프루를 수정 조치해야겠지만, 임시 응급 방편으로 해볼 수 있는 방법 중의 하나라고 할 수 있겠다. 주의할 점은 흐름방지(S.B)는 없애야만 한다는 것이다(설정 금지). 흐름방지를 설정해 버리면 수지압력(배압)이 계량공정 진행 중에는 효과가 있다가, 계량완료 후 흐름방지가 가동됨으로써 노즐 선단에 집중되어 있던 수지압력을 상쇄(떨어뜨림)시키므로, 형개공정시까지 스프루를 떠밀어 주지 못하게 된다. 이럴 때 금형 내의 기성형된 스프루는 형개시까지 곧게 펴진 원래의 모양을 유지할 수 있게 되어 성형품과 함께 정상적인 이형이 「불가능」해지는 것이다. 그리고 금형 스프루와 노즐 사이에 종이를 대는 이유는 금형의 스프루의 끝부분(노즐과 터치되는 부분)이 노즐 R(노즐구멍이 위치한 노즐의 끝단, 즉 금형의 스프루와 터치되는 부분)의 냉각(금형에 열을 빼앗겨 냉각이 잘됨(잘 식음))으로 인해 기성형된 스프루 끝단의 수지가 굳어 그 굳은 수지가 성형된 스프루를 물고 안 놓아 줄 확률을 없애기 위해, 노즐 열이 떨어지지 않도록 종이로 보온 효과를 보겠다는 의도가 내포되어 있다. 그리고 금형의 스프루(노즐과 터치되는 부분, 즉 위에 적시한 내용)가 마모(쭈그러듦)되면 근본적으로 성형된 스프루를 물고 안 놓아 줄 경우가 발생되므로, 어떠한 방법으로도 스프루의 이형은 사실상 불가능하게 된다. 이럴 때는 스프루만 별도로 수정(선반 등으로 깎아서 원래의 모양으로 복원)시키는 방법 외에는 별다른 도리가 없다.

9. 성형 작업중 참고로 할 사항 몇 가지

9.1 생산수량(Shot) 증가 대책 : 성형 사이클 단축 방안

성형작업은 초(Second) 개념의 작업이므로 0.1초만 단축시켜도 생산수량은 현저히 달라진다. 특히 반자동(Semi auto) 작업시에는 안전문(Safety door) 개·폐 동작을 신속히 행해야 생산성을 향상시킬 수 있다.

◆ 노즐(Nozzle)구멍(∅) 키울 것(확대)

　※ 참고 : 금형의 스프루 직경(스프루 내면이 아닌 스프루 부시 쪽 ∅) : 3.5mm

- 키울(확대)시 기대 효과

    사출압력, 가열실린더 열 다운(Down) 및 사출시간, 냉각시간 등 전반적인 성형 사이클 단축이 가능해진다.

1) 해설 - Ⅰ

일반적으로 볼 때 금형의 스프루(∅)는 터치(Touch)되는 노즐의 ∅보다 커야만 정상적이라고 알고 있다. 물론 틀린 말은 아니다. 그러나 성형작업을 하다 보면 의외로 상식을 벗어나는 경우가 종종 발생된다. 위의 경우가 그 일례로서 아래 설명을 참고로 하여 실제 작업시 적용 여부를 고려해 보기 바란다. 먼저, 원리를 설명하자면 수지가 노즐구멍(∅)을 통과할 때 유동저항을 줄이겠다는 취지이다. 사출시 최초로 수지가 빠져나가는 통로는 노즐구멍이며, 통상 이 부분에서 용융된 플라스틱 수지는 최초로 유동저항을 받게 된다.

노즐직경(∅)을 크게 해주면 수지의 유동저항이 감소되므로 사출압력 및 성형온도를 다운(Down)시킬 수 있고, 온도가 낮아지므로(지나친 하락은 피할 것) 성형 사이클을 전반적으로 단축시킬 수 있다는 논리이다.

◆ 긴 노즐(Long nozzle)은 가급적이면 짧은 노즐(Short nozzle)로 교체한다. 단, 금형과 터치(Touch)시에 지장이 없어야 된다.

2) 해설 - Ⅱ

이것 역시 노즐 저항 감소 차원에서 비롯된다. 노즐온도의 열손실을 방지해 주면 수지의 유동성을 항상 확보할 수 있게 되므로 사이클 단축에 기여할 수 있다.

◆ 사출시간 단축

    성형품에 이상이 없는 범위 내에서 최대한 단축한다.

    즉, 꼭 필요로 하는 적정시간만으로 성형을 한다. 보편적으로 작업자가 설정해 놓은 사출시간을 보면 0.1초 개념이 아닌 다소 불필요한 시간으로 설정되어 있는 경우가 종종 있다. 사출시간을 정확하게 세팅(setting)하면 캐비티에 유입되는 수지 공급량을 조절(감소)할 수 있으므로 성형품의 전체적인 두께가 얇아지게 되어 거기에 따른 냉각 소요시간(냉각시간)도 단축할 수 있으며, 따라서 성형품의 단위 중량은 감소하게 되어 원료소모도 줄일 수 있다(일석이조의 효과 기대).

3) 성형품의 단위 중량 감소와 성형 사이클 단축을 실현하기 위한 성형조건 컨트롤

성형품의 단위 중량을 감소시키기 위해서는 사출시 캐비티 내로 가장 필요한 적정량의 용융수지만 공급시켜야 한다. 사출압력이나 사출속도가 필요 이상으로 높거나 빠르면 정해진 시간(사출시간) 내에서 사출압력·속도가 낮을 때(혹은, 정상치일 경우)보다 더 많은 양의 수지가 캐비티 내로 유입된다. 이렇게 되면 성형품의 단위 중량은 증가하고 성형 사이클(특히 냉각시간)도 자연적으로 길어지게 마련이다. 중량 증가로 인해 성형품의 두께가 전체적으로 두꺼워지기 때문이다.

중량 감소와 사이클 단축을 실현하려면 비단 사출압력·속도뿐만 아니라 성형조건 전반을 성형에 꼭 필요한 수지량으로 성형시킬 수 있도록 해야 한다. 이렇게 하기 위해서는 맨 먼저 최적의 성형온도를 찾아서 고정시켜야 한다. 열 설정을 잘못해 버리면 모든 조건이 맞아 떨어지지 않으므로 가장 우선적으로 취해야 할 부분이다. 일반적으로 성형온도는 성형품의 두께를 보고 해당 수지(성형하고자 하는 수지)의 「성형 가능 온도 범위 내」에서 설정한다. 이때 주의할 점은 두께도 중요하지만 수지의 점도 특성, 게이트와 러너 형상 및 캐비티 구조에 따른 금형 내에서의 유동에 따른 저항도 판단에 포함시켜야 한다.

성형품의 두께가 두꺼워 가열실린더 열을 낮게 설정하였다 하더라도 수지의 유동성이 부족하면 제품의 형상 성형(形象 成形)까지는 가능할는지 모르겠으나, 플로마크 등 성형품의 외관이 깨끗하지 못한 다른 불량현상이 우려되기 때문이다.

한 가지 예를 든다면, P.C(폴리카보네이트)는 성형온도 범위가 260℃~310℃이다. 성형품의 두께가 보통 정도라면 280℃(NH)~260℃(H4, 끝열)로 설정(최초 설정치)해서 시작하면 된다. 그리고 성형시켜 나가는 과정에서 발생되는 불량현상에 따라 필요시 올리거나 낮추면서 적정온도로 수정시켜 나간다. 성형온도 설정시 「온도범위」란 것은 높은 쪽을 노즐온도(NH)로, 낮은 쪽을 가열실린더 후열(끝열)로 생각해서 설정해야 한다.

위의 경우(PC) 최대 한계치는 310℃이며 이것은 노즐온도(NH)를 가리킨다.

260℃는 최저치로서 가열실린더 끝열을 의미한다. 성형과정에서 온도를 다시 조절(올림)하고자 한다면(위의 성형품 두께가 보통일 때의 설정치인 280℃~260℃ 상태에서 올리는 경우를 말함), 290℃(또는 300℃, 310℃)~270℃(또는 280℃~) 등 성형품에 나타나는 트러블 양상에 따라서 여러 방법이 있다. 10℃ 간격으로 올릴 수도 있고 심지어 1℃ 간격으로 보다 미세한 컨트롤이 필요할 때도 있다. 내릴 때도 올릴 때와 마찬가지로 컨트롤 방법은 동일하다. 성형 온도를 설정(혹은, 수정)할 때에는 일반적으로 이미 앞 장에서 소개한 「성형가능 온도 범위」를 약간 벗어나도 성형은 가능하나, 온도 수정 후에 나타나는 성형품의 변화에 따라서 그 성형품에 가장 적합한 「최적 온도」를 찾아야 한다. 이러한 사항은 모든 성형작업시에 공히 적용되므로 성형온도 컨트롤시에는 마땅히 고려해야 한다. 특히, 가열실린더 각 구역(zone) 상호간에도 해당 제품에 적합한 각각의 열이 있다. 그러므로 각 구역마다의 열도 신경을 써서 잘 맞춰주어야 한다. 어쨌든 성형온도는 이와 같은 요령으로 컨트롤한다.

다음으로 역시 성형품의 중량을 가장 적정치 또는 그 이하로 하기 위해서는 사출압력과 속도 그리고 위치절환, 사출시간, 냉각시간 등을 성형온도 수정요령과 같이 정밀하게 컨트롤해야 한다. 여기에는 단 1%의 오차도 허용되지 않는다. 이러한 조건운용의 근간이 되는 착상의 발원(發源)은 비교적 단순한 데서 출발한다. 즉, 금형은 성형작업을 계속 진행할수록 열을 받는다는 데 착안하였다. 금형이 열을 받는 정도에 따라서 용융수지의 금형 내에서의 유동저항은 감소한다는 것이다.

수지가 금형 내에서 큰 저항 없이 잘 흐르면 사출압력과 속도를 낮춰줄 수 있고, 사출압력과 속도가 낮으면 수지의 공급량(유입량)도 적어진다. 즉, 단위시간(정해진 사출시간) 내의 사출압력과 속도가 낮음으로써, 보다 적은 양의 수지가 금형이 뜨거워짐으로 인해 금형 내로의 유입이 한결 쉬워져서 성형 또한 용이해진다. 그러나 어느 시점에 가면 금형온도는 더 이상 변동이 없으며, 그 상태에서 연속성형이 이루어지는데 또다시 금형온도에 변동을 주려면 냉각시간을 당기면(단축) 된다.

냉각시간을 단축하면 다시 전반적인 성형 사이클이 빨라지면서 금형이 열을 받아 또다시 위와 같은 반복과정을 거쳐 성형품의 중량을 계속 감소시킬 수 있는 것이다. 그리고 사출시간도 병용단축이 가능(최초 설정시간이 금형이 열을 받아 수지유입이 빨라지므로 최초 설정시간이 길어질 수밖에 없기 때문)해짐으로써 전체적인 사이클도 단축되고 중량은 갈수록 적어진다. 여기에다 위치절환 컨트롤까지 가세(加勢)하면(수지 유입량을 계속 줄여 나감) 의도한 대로 여러 가지 효과를 거둘 수가 있다. 즉, 사출압력·속도·위치절환, 사출시간, 냉각시간 등을 더 이상 수정이 불가능할 때까지 미세하게 줄이기를 계속 반복하는 것이다. 그러나 성형품의 중량 감소와 사이클 단축을 무한대(無限大)로 할 수 있는 것은 아니며, 어느 한계(성형품과 금형 그리고 사출기에 무리 없는 한도 내에서의 한계를 말함)까지 오면 그 이상은 무리하지 말고 정상적으로 연속성형에 들어가야 한다. 이러한 작업방식을 채택했을 때, 주의할 점은 금형문을 조금만 늦게 열고 닫아도 그 얼마 안 되는 짧은 순간에 미성형이 발생할 수도 있다는 것이다. 하여간 이러한 방법으로 원하는 목적을 달성할 수도 있으므로 유념하여 성형작업시 충분히 활용하길 바란다.

위에서 설명한 모든 과정은 본격적인 성형에 임하기 전(前)이나 진행과정에서 작업자의 예리한 판단력과 관찰력에 의해 비롯된다 해도 지나친 말은 아니다. 주어진 시간 내에 양질의 성형품을 많이 생산하고자 하는 것은 모두의 요망사항이기도 하다. 그 중에서도 제품의 중량을 감소시키면서 보다 나은 제품을 다량 생산할 수 있다면 더할 나위 없다. 성형조건과 씨름할 때는 때로는 '고정관념(固定觀念)'에서 탈피할 줄도 알아야 한다. 스스로 '아니다' 또는 '맞다'로 인정하고 거들떠보지도 않고 지나쳐버린 '그 곳'에 의외로 구하고자 하는 '답'이 있을 수도 있기 때문이다. 성형조건은 어느 정도 수준에 도달하면 그 후부터는 두뇌플레이라 할 수 있으므로, 조건변동 후에는 성형품에 나타나는 약간의 변화도 놓치지 말아야 하며 보다 예리한 판단력으로 각종 트러블에 대처할 수 있는 능력을 길러야 한다. 항상 치밀하면서도 때로는 유연한 자세를 견지함이 바람직하리라 본다.

9.2 계량이 잘되지 않을 경우

특별히 외관상 뚜렷한 이유가 없어 보이는데도, 특히 P.C, P.M.M.A 등의 수지의 성형작업시 계량 불능일 경우가 간혹 발생한다.

이 경우에는 사출성형기의 조작 스위치를 수동(Manual)에 위치시키고, 금형과 노즐이 터치(Touch)되지 않은 상태에서 끝까지 사출시켜 가열실린더 내의 수지를 완전히 배출해 내면 해소된다. 단, 잔량은 하나도 남기지 않도록 한다(100% 배출).

1) 해설-Ⅰ

가열실린더 내부에 발생한 가스가 제때 빠지지 않음으로써 발생하였다고 보여지므로, 끝까지 사출을 시키면 수지와 가스가 노즐구멍을 통해 동시에 배출되며 그 이후로는 계량이 잘되게 되어 있다.

실린더 내부에 발생한 가스가 충분히 배출되지 못하면 가스가 다량으로 모여 일종의 가스압력을 형성하게 되며, 이로 인해 호퍼로부터 가열실린더 내부로 유입되는 수지를 유입 초기부터 가스압력으로 밀어내게 되어 계량 불능이 된다. 그래서 완전히 사출시켜 주면 가스가 빠져나가면서 동시에 가스압력의 저하가 일어나므로, 수지의 유입도 원활해져 계량 불능이 해소되는 것이다. 항상 가열실린더 내부에는 많든 적든 간에 연속적인 성형작업으로 인한 가스가 형성된다고 보여지며, 이것이 성형작업 중 배출과 유입(유입시에는 호퍼로부터 수지와 함께 들어오는 공기와 수지가 용융되면서 수지 자체에서 발산해 내는 가스와의 혼합된 가스, 즉 혼합가스를 말함)이 반복됨으로써 정상적인 작업이 진행되므로, 각종 성형불량 현상이나 비정상적인(위의 경우(계량 불능)) 가열실린더 내부의 미묘한 변화도 한 번쯤 가스와 연관을 지어 판단해 보는 것도 그다지 나쁘지는 않으리라 생각된다.

➡ 위의 경우와 전혀 무관한데도 계량이 잘 안 될 때의 조치
   ◆ 노즐 열만 내린다(Down). 단, 수지의 흐름성이 비교적 양호한 수지일 경우에만 적용할 수 있도록 한다(예 : A.B.S수지 등).
   ※ 수지의 흐름성(유동성)이 떨어질 경우에는 노즐이 식어 연속성형작업이 불가능해지므로 피해야 한다.

2) 해설-Ⅱ

노즐 열을 낮추면, 계량공정시 스크루가 노즐 선단에 모인 수지의 압력에 의해서 후퇴(계량)를 하게 되는데, 노즐구멍까지 도달해 있는 수지가 노즐 열이 낮음으로 인해 수지의 홀러내림이 거의 없게 된다. 그 대신 반대로 받쳐 주는(반동 역할) 힘이 생기게 되어 그것을 기점으로 수지를 계속 노즐 선단에 축적할 수가 있게 되고 그 힘(수지압력)으로 스크루는 뒤로 술술 잘 빠지게 되며 결국 계량은 원활해진다. 이때 가열실린더의 후열(뒷열)도 조금 더 올려 주면 계량은

훨씬 더 수월해진다.

➡ 열이 높으면 스크루의 회전저항을 감소시키므로 계량이 잘된다. 단, 지나친 상승은 피할 것!

9.3 사출시 용융수지가 금형의 슬라이드(Slide) 쪽으로 '타고 넘을 시' 대책

슬라이드 구조로 된 금형은 사출성형기의 형체력을 높여줘도(토글식 사출성형기의 경우) 형체력이 작용하는 방향과 슬라이드의 운동방향이 서로 일치하지 않는다. 그러므로 성형조건을 설정할 때 잔량(쿠션)을 많이 남기고 사출압력을 높게 가하면 성형기의 높은 형체력에도 아랑곳없이 수지가 슬라이드를 타고 넘어, 슬라이드를 분해하지 않으면 타고 넘은 굳은 수지를 제거하기가 어렵게 된다. 이것을 방지하려면 규정된 쿠션량, 즉 사출이 종료되고 최종적으로 스크루 선단에 남은 수지의 잔여량을 약 5mm 정도로 남겨 놓고 사출압력(특히, 2차압력)을 낮추는 조건으로 성형조건을 변경시키면 해결된다.

9.4 금형 교환시 노즐과 금형 스프루와의 센터맞춤

금형교환시 노즐과 금형 스프루와의 센터맞춤은 가능한 한 정통(正通)으로 맞춘다. 정확하지 못한 센터맞춤은 성형조건에 영향을 미친다.

전혀 맞지 않으면 수지가 누설되고 삐뚤게 맞으면 수지는 누설되지 않는다 하더라도 사출압력이 많이 먹히거나 사출압력이 비뚤게 작용하므로 성형품에 따라서는 웰드라인(Weld line)이 흔들린다(웰드라인 위치 변동 우려).

9.5 금형두께 조절(풀음)로 인한 가스(Gas) 배출 효과

토글식 사출성형기에만 해당한다.

성형품에 따라서 가끔 가스(Gas)가 배출되지 않아 그로 인한 불량현상이 중요한 문제점으로 부각될 때 한 번쯤 고려해 볼 수 있는 방법이다. 모든 제품에 따라 공히 적용되는 것은 아니므로 착오 없기 바란다.

금형 두께(Mold thickness)를 약간 풀어 주면 눈에 보이지 않게 금형의 파팅라인에는 '틈새'가 생기게 된다. 그 '틈새'로 가스를 배출시키겠다는 의도이다.

➡ 파팅라인 벽면 틈새를 이용한 가스 배출. 두께를 너무 풀어 주면 버(Burr)가 발생하므로 이 점에 각별히 유의하여 실행한다.

※ '버(Burr)'와 '가스(Gas)'를 동시에 잡을 수 있도록 적절히 컨트롤한다.

10. 성형품의 치수 컨트롤

치수 정밀도가 특히 중요시되는 성형품은 성형조건을 적절히 컨트롤함으로써 치수 조절이 가능하다. 주로 ENPLA(Engineering plastic) 계통의 성형품이 이에 해당되며, 단일부품(단품)보다는 여러 부품들이 모여 하나의 완성품을 형성하는 조립품(Ass′y) 쪽에 특히 중요시된다.

10.1 치수 컨트롤 요령

(1) 사출시간(Injection time)

길게 혹은 짧게 조절함으로써 캐비티 내의 수지 유입량을 증·감시켜 치수 조절을 가능케 해준다. 특히, 보압 중에 공급되는 수지의 미세한 유입량을 조절할 수 있다.

① 시간을 길게 설정시 : 치수가 커짐(유입량 증가)

② 시간을 짧게 설정시 : 치수가 작아짐(유입량 감소)

(2) 사출압력·속도

높이면 치수가 커지고, 낮추면 작아진다(수지 유입량에 비례).

(3) 절환거리(mm) 조절

위치절환(mm)을 좌·우로 폭(간격)을 넓혔다, 좁혔다 하면 치수가 커졌다, 작아졌다 하게 된다.

(4) 스크루 계량속도·배압

배압의 높고 낮음, 계량속도의 빠르고 느림에 따른 용융수지의 가소화 정도에 변화를 줌으로써 치수 변화를 초래한다. 특히, 배압을 높일 경우 성형품의 중량(重量) 차이에 따른 치수 변화가 예상된다.

(5) 냉각시간(Cooling time)

길게 하면 「금형내 구속효과」에 의해 요구하는 성형품 치수에 근접하게 되고, 짧게 하면 제품 취출 후 후수축이 금형 내에 존재할 때보다는 심해져서 치수가 작아진다.

→ 조립물(Ass′y)일 경우 안쪽에 삽입되는 부품은 냉각을 짧게 해서 치수를 줄여 주고, 바깥쪽을 차지하는 부품은 반대로 길게 해서 치수를 상대물보다 크게 해주면 좋다.

(6) 실린더 열(성형온도)

열 관리를 엄격히 실시해야 한다(그 제품에 맞는 가장 이상적인 열 설정).

→ 성형온도는 모든 성형조건 제어 시스템에 있어서 가장 중요하면서도 기본적인 영향력을 제공한다(열을 어떻게 설정하느냐에 따라서 사출압력·속도·사출시간 등 제반 성형조건이 변화하기 때문).

(7) 금형냉각 방식에 따른 치수 변화

일반 냉각(수돗물, 지하수 등 자연 그대로의 냉각 방식), 칠러(Chiller) 냉각, 온유기 등

→ 금형의 냉각 방식이 바뀜으로 인해 성형품의 수축에 영향을 주게 되어 치수가 변화하게 된다.

(8) 원료의 종류에 따른 치수 변화

① 결정성 플라스틱과 비결정성 플라스틱

② 기타

　신재와 재생재(분쇄원료 포함)

　- 신재 : 성형조건 안정

　- 재생재 : 성형조건 불안정

　신재만 사용할 경우는 성형조건의 안정화로 치수 정밀도가 매쇼트당 안정된다(균일). 그러나 재생원료 사용시에는, 예를 들어 분쇄 원료의 경우, 호퍼(Hopper)에서 낙하하여 스크루에 떨어지는 원료의 공급상태 불안정, 각종 이물질 혼입 우려, 그리고 실린더를 한 번 이상 통과한 재료이기 때문에 열을 조금 낮춰 주어야 된다는 등으로 인해 성형조건의 재구성(조건

변경 설정)이 불가피하므로, 안정된 성형조건을 위한 시스템으로의 근본적인 차질로 성형조건이 불안정해지고 따라서 치수 변화를 초래하게 된다.

(9) 기계를 세워 둔 상태에서 실린더 열을 다시 승온시켜 작업을 할 때 주의할 점

① 금형이 정상작업 때보다는 냉각된(식은) 상태이므로 정상적으로 금형이 열을 받을 때까지는 초도 제품은 가급적 불량 처리하는 것이 낫다(치수가 맞지 않기 때문). 이때에는 가능하면 성형조건을 수정하지 말고 정상적인 제품이 나올 때까지 불량 처리하되, 손실(Loss)이 많을 경우에 한해서 수정할 수 있도록 하고, 그것도 성형조건의 흐름을 정확히 간파했을 경우에 한해서만 실시토록 한다.

※ 내용도 정확히 모르면서 함부로 조건을 만지면 일을 그르치게 된다.

② 가열실린더 내부의 과열된 수지는 충분히 배출시킨 후에 작업을 실시하고, 작업을 종료할 때에는 반드시 호퍼(Hopper)의 원료 투입구를 막고 실린더 내부 수지를 완전히 배출시킨 후 종료하여야 한다.

(10) 결론

성형품의 치수 컨트롤은 캐비티에 유입되는 수지의 양(mm)을 조절해 줌으로써 나타나는 수축률의 미세한 변화가 결국 치수 정밀도로 연결된다(수지의 유입량이 많아지면 수축률은 작아지나 치수는 커지며, 그 반대면 수축률은 커지고 치수는 작아지게 됨).

※ 참고

$$성형수축률 = \frac{(상온에서\ 금형\ 치수) - (상온에서\ 성형품\ 치수)}{(상온에서\ 금형\ 치수)}$$

➡ 캐비티 내에서 성형된 제품은 수축에 의해 언제나 캐비티 치수보다 약간 작아진다. 따라서 도면의 치수와 똑같이 성형품을 만들려면 금형의 캐비티 치수는 수축을 보충할 수 있도록 약간 크게 만들어야 한다.

표 3.7 성형품 치수의 분류

종 류 별			적 용 예
금형에 의해 직접 결정되는 치수	일반치수		상자류의 내측 또는 외측의 가로, 세로 치수, 컵의 내·외경
	곡률반경		모서리각의 R
	중심간격	성형 그대로인 것	같은 쪽에 있는 구멍의 중심간격, 또는 凸부, 홈의 간격
		금구가 있는 것	삽입금구의 중심간격
금형에 의해 직접 결정되지 않는 치수	파팅을 횡단하는 치수(가압방향에 있는 치수)		상자류, 컵 등의 외측 높이 또는 바닥의 두께
	분할금형과의 관계로 결정하는 치수		분할금형에 걸친 치수
	측벽 두께 및 그것과 유사한 치수		
	금형조합에 의해 결정하는 중심간격		상하 양금형에 의해 결정하는 구멍의 중심간격 등
	삽입금구의 위치에 관한 치수		
그 밖의 치수	평행도 및 편심		중공원 등의 내외 중심선의 불일치, 등심원의 어긋남
	변형 및 휨		
	할당 각도		다이얼의 눈금각도

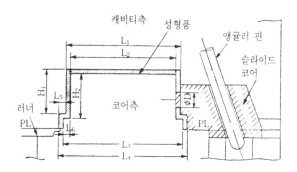

(a) 금형에 의해 직접 결정되는 치수

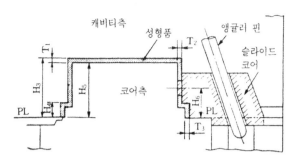

(b) 금형에 의해 직접 결정되지 않는 치수

그림 3.96

10.2 성형품의 치수 컨트롤시 유의사항

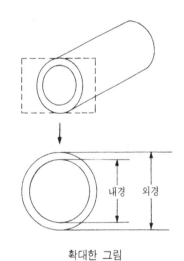

확대한 그림

그림 3.97 원통 모양 성형품의 내경과 외경

〈내측 치수(내경)와 외측 치수(외경)의 구분 컨트롤〉
성형품의 안쪽 치수(내측 치수)와 바깥쪽 치수(외측
치수)는 성형조건의 컨트롤에 따라서 서로 상반된 치
수로 성형된다. 즉, 내측 치수(내경)가 커지면 외측
치수(외경)는 작아지고, 반대로 내측치수(내경)가 작
아지면 외측 치수(외경)는 커진다.

성형품의 치수 컨트롤시에는 반드시 내측 치수인지
외측치수인지를 구분하여 원하는 부분의 치수를 정확
히 컨트롤 할 수 있도록 해야 한다. 앞에서 설명한
'성형품의 치수 컨트롤 요령'은 내·외측 치수 컨트롤
을 총망라한 것이고, 엄밀히 따지면 위와 같이 내측
이냐 외측이냐를 구분해서 컨트롤해야 한다.

그림 3.97은 원통 모양 성형품의 내경과 외경을 확대해서 보여준다. 그림 3.98
과 그림 3.99는 사출압력의 경우를 예로 들었는데, 사출압력을 올렸을 경우에
는 성형품의 치수에 어떤 변동을 가져오는지, 반대로 내렸을 경우에는 어떠한
변화에 의해 치수변동을 일으키는지를 잘 나타내고 있다.

그림 3.98에서 보는 바와 같이 사출압력을 높이면 금형 내의 성형품은 높은 사
출압력의 영향을 받아 수축이 향상되는 방향인 캐비티 벽면과 코어 벽면으로 집
중된다. 특히 사출압력에 의한 성형품의 치수 컨트롤은 사출 2차압력(보압) 중

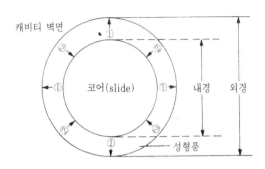

그림 3.98   사출압력을 올렸을 경우

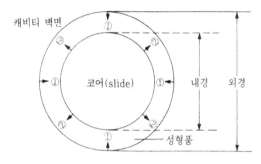

그림 3.99   사출압력을 내렸을 경우

에 공급되는 수지의 미세한 양이 성형품의 치수 변동을 가져오므로 이렇게 유입된 수지는 그림 3.98과 같이 수축을 향상시키기 위해 화살표 방향인 ①번(캐비티 벽면 방향)과 ②번(코어 벽면 방향) 쪽으로 치우친다. 이렇게 되면 성형품의 외측 치수(외경)는 보압 중에 공급된 수지의 추가적인 유입으로 인하여 치수가 커지고, 내측 치수(내경)는 반대로 추가 유입된 수지의 영향으로 압박을 받는 모양새가 되어 성형품을 취출해 보면 치수가 작아짐을 알 수 있다. 사출압력을 내렸을 경우는 위와 반대의 경우이다. 즉, 그림 3.99에서도 알 수 있듯이 사출압력을 올렸을 때와는 상반되게 성형품의 사출압력 저하로 인한 금형 내에서의 변화는 보압 중 수지 공급량의 감소로 캐비티 벽면과 코어 벽면으로부터 멀어지게 된다. 다시 말해서 성형품에 수축이 발생하므로 수축된 수지의 양만큼 성형품이 줄어든다.

결과적으로 사출압력을 내리면 성형품의 외경은 작아지고 반대로 내경은 코어 벽면으로부터 멀어지므로 치수가 커지는 것이다.

이와 같이 성형품의 치수 컨트롤은 안쪽 치수를 조절하느냐, 바깥쪽 치수를 조절하느냐에 따라 성형조건 컨트롤 개념(槪念)을 달리 해야 한다.

11. 핫 러너 금형(Hot runner mold)

핫 러너(Hot runner)란 글자 그대로 '뜨거운 러너'란 뜻으로서 성형작업 중 매 쇼트(Shot)마다 러너가 없이 성형품만 취출할 수 있도록 만들어 놓은 금형을 말하며, 다른 말로는 러너리스(Runnerless)라고도 한다.

→ 핫 러너 금형에 대해, 지금까지 설명한 금형을 콜드 러너(Cold runner) 금형이라고 한다.

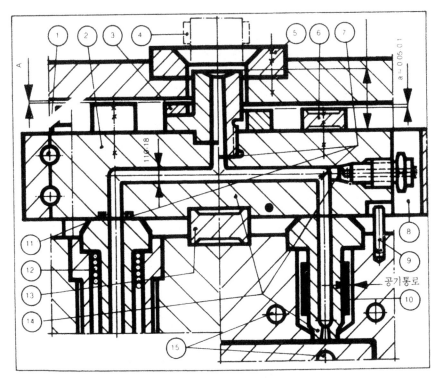

1. 카트리지 히터(Catrige Heater) - 낮은 와트(Watt) 밀도. 제거하기 쉽다.
2. 매니폴드(Manifold)
3. 단열패드(Isolation Pad)
4. 25mm 이상의 긴 스프루 부시(Sprue Bush)의 경우 히터 밴드(Heater Band)를 사용한다.
5. 로케아트 링(Locate Ring)
6. 열전달을 감소시킨다.
7. 원료가 정체되는 부위를 없앤다.
8. 전선용 공간
9. 가이드 핀(Guide Pin)
10. 밴드 히터(Band Heater)
11. 금속 "0"링을 2번 이상 사용하지 않는다.
12. 열전대가 있는 나선형 히터
13. 중심을 잡아주는 패드(Pad)
14. 적정 위치에 열전대를 설치한다.
15. 이 부위는 별도로 냉각시킨다.

그림 3.100 핫 러너 금형의 기본 구조

11.1 핫 러너 금형의 특징

별도의 온도 컨트롤러(Temperature controller, 핫 러너용)가 있다는 것 외
에는 일반 금형과 동일하다.

① 성형 사이클시간을 줄일 수 있다.

스프루 부위의 성형시간 절약과 냉각될 때까지 기다릴 필요가 없으므로.

② 원자재 소모를 줄일 수 있다.

스프루와 러너의 스크랩을 최소화할 수 있으므로.

③ 인건비를 절약할 수 있다.

거의 대부분 자동화할 수 있는 금형구조이므로.

④ 품질을 개선시킨다.

캐비티에 용융수지가 있는 관계로 러너에서의 온도 및 압력손실이 없고 성형품에 성형응력이 적으므로.

⑤ 설계를 자유로이 할 수 있다.

제품의 여러 부위에 게이트 설치가 가능하여 원료의 유동거리를 줄일 수 있다.

1) 핫 러너용 온도 컨트롤러 설정 요령

예) A.B.S 수지의 경우

① 사출성형기 가열실린더 정상 작업 온도(성형온도)

⇒200℃선(평균치)

② 핫 러너 온도 컨트롤

그 수지(A.B.S의 경우)의 성형온도 범위 내에서 얼마든지 조절이 가능한 경우도 있는 반면, 같은 수지라도 훨씬 낮게(70℃~100℃) 설정해야 될 경우도 있다(핫 러너 금형의 종류에 따른 차이). 이와 같이 핫 러너의 온도 설정 범위가 금형마다 다르므로 사전에 충분한 작업 정보(핫 러너의 성형온도 설정 범위 등)를 얻든가, 아니면 그 수지의 정상적인 성형온도로 설정한 후 성형과정에서 적정치로 컨트롤하는 수밖에 없다.

11.2 효과적인 작업 방법

기계를 세웠다가 익일 작업시, 금형의 스프루(핫 러너가 되는 부분)를 벌겋게 달군 가느다란 쇠막대를 사용하여 관통시킨 후 작업을 하면 훨씬 수월하다.

※ 주의

핫 러너 컨트롤러(Hot runner controller)를 가동(ON 상태)시키고 난 후에는 장시간 방치하지 말아야 한다. 장시간 열을 올려 놓은 채로 놔두면 핫 러너 내부에 녹아 있는 수지(용융상태의 수지)가 과열·분해되어 애로를 겪는 경우가 종종 발생하기 때문이다. 기계 정지시에는 반드시 핫 러너 컨트롤러도 OFF하도록 한다.

11.3 핫 러너 금형의 성형조건 컨트롤 사례

1) 웰드라인 위치 변경으로 '가스(Gas)' 빼기

그림 3.101은 핫 러너 금형에서 성형된 제품이다.

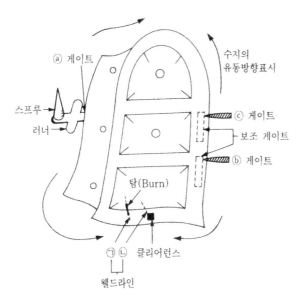

그림 3.101 클리어런스를 통한 가스 배출(위 성형품은 자동차 제품으로서 렌즈(Lens)가 결합되는 몸체부분(Body)에 해당한다.)

핫 러너의 수지온도 컨트롤 존(Zone)은 그림에서 보는 바와 같이 ⓐ, ⓑ, ⓒ 3군데다. 핫 러너 금형은 순수한 캐비티(성형품)만 취출 되는 것이 일반적 구조이나, 그 종류에 따라서 그림 3.101과 같이 게이트나 러너가 함께 취출되는 것도 있다. 그림 3.101의 성형품 성형에 있어서 문제가 되는 부분은 ㉠이다. ㉠은 웰드라인이며 ⓐ게이트를 빠져나온 용융수지와 ⓑ게이트를 통과한 용융수지가 최종적으로 만나면서 만들어낸 선(線)이다. 그런데 이 부분이 타버렸다(Burn). 가스가 빠질만한 장소가 아닌 곳에서 수지가 합류(合流)하였기 때문에 공기가 단열압축(斷熱壓縮)을 받아 타버린 것이다. 이것을 해결하기 위해서는 다른 방법도 있으나, 여기서는 핫 러너 온도 컨트롤로써 해결하는 방법을 소개할까 한다.

2) 클리어런스(Clearance, 틈새)를 통한 가스 배출

우선, ㉠에 생긴 웰드라인의 위치부터 ㉡ 쪽으로 옮겨 줘야 한다. 왜냐하면 ㉡ 위치에 '클리어런스(Clearance, 틈새)'가 되는 성형품의 한부분, 즉 '■'이 있기 때문이다. 웰드라인의 위치만 이쪽(클리어런스, ■)으로 옮겨 주면 가스는 자연히 '클리어런스를 통한 틈새 배출'이 가능하다. 그러면 과연 웰드라인의 위치 변경이 성형조건 컨트롤로써 가능할까?

이것은 다른 성형조건 컨트롤로써는 거의 불가능한데(물론, 가능할 수도 있다. 성형조건이란 작업자가 조건구상을 어떻게 하느냐에 따라 얼마든지 다른 모양(형태)으로 나타날 수 있기 때문이다) 핫 러너 온도 컨트롤로써 가능케 해준다. 지금부터 설명하고자 하는 내용도 바로 이 대목이다.

즉, 그림 3.101에서 @와 ⓑ게이트의 핫 러너 온도설정치를 차등 적용(差等適用)하는 것이다. 웰드라인을 클리어런스가 있는 ⓛ 쪽으로 옮겨 주려면 @게이트에 해당하는 핫 러너의 온도를 ⓑ게이트의 핫 러너 온도보다 조금 높여주면 된다. 다시 말해서, @는 높이고 ⓑ는 @의 온도 '상승분 만큼' 낮춰 준다. 단, ⓒ게 이트의 온도는 그대로 두어도 된다. ⓒ게이트는 수지의 흐름 방향이 @와 ⓑ를 빠져나온 수지가 만나서 접합되는 문제의 웰드라인과는 무관(無關)하기 때문이다(그림 3.101 참조).

@게이트는 온도를 높여 주면 게이트를 통과하는 용융수지의 유동저항이 감소하고 흐름이 좋아지며 ⓑ는 반대로 온도를 약간 낮춰 주었으므로 유동저항이 약간 증대됨과 동시에 게이트를 통과한 용융수지는 흐름이 떨어져 결국은 웰드라인 발생 위치가 변동된다. 즉, 유동성이 좋은 @게이트를 통과한 수지는 수정 전의 조건에서는 ⓣ에서 멎었지만 수정 후는 목표 지점인 ⓛ까지 도달할 수 있으며, ⓑ게이트를 빠져나온 수지도 수정 전에는 @게이트를 통과한 수지와 함께 ⓣ 위치에서 만나 웰드라인을 형성하고 그 자리에서 '번(Burn)'을 발생시켰지만 이번에는 흐름이 떨어져 ⓛ 위치에서 @게이트를 통과한 수지와 합류하여 웰드라인을 만든다. 결국, 클리어런스에 더 가까운 곳에서 웰드라인이 형성되므로 가스가 빠지는 데 큰 무리가 없다. 이와 같이 핫 러너 온도를 컨트롤해서 성형조건 트러블을 개선시켜 주는 방법 도 있으므로 항상 성형품의 구조를 주의깊게 관찰하여 조금만 연구를 하면 쉽게 극복할 수 있는 방법은 의외로 많다.

12. 금형 냉각시 고려사항

금형은 매성형 작업시마다 높은 사출압력으로 인해 엄청난 스트레스(Stress)를 강요받게 된다. 그리고 항상 뜨거운 수지가 유입되므로 금형도 함께 열을 받게 되어 이것을 효과적으로 제거해 주지 않으면 안 된다.

※ 금형냉각이 불충분하면 성형 사이클이 길어지고, 금형의 수명에도 악영향
(노후 촉진)을 미친다.

그러나 성형기술상 성형품의 품질향상을 위해 어쩔 수 없이 금형냉각 방식
에 차별을 두는 경우도 간혹 있다(원칙적으로는 고정측, 이동측 모두 냉각
시켜 주는 것이 순리라고 본다). 여기서는 차별 냉각을 시켜서 얻을 수 있
는 효과는 어떤 것이 있는지 한번 살펴보도록 하자.

12.1 금형의 내용에 따라서 냉각 방법이 달라져야 한다.

※ 금형 내용이란?

성형품의 형태, 즉 금형의 구조적 특징을 말하기도 하고, 그보다는 금형에
따른 성형조건의 반응 정도를 뜻하기도 한다.

① 성형품이 금형의 고정측에 남을 경우

금형의 고정측 냉각을 차단시키고 이동측 냉각만 실시한다(금형에 온도차
를 두어 이형 불량 현상 극복). 혹은, 고정측 냉각은 일반 냉각을 시키고,
이동측은 칠러(Chiller) 냉각을 고려해 볼 수도 있다.

㉮ 일반 냉각 : 별도의 온도 컨트롤러가 없이 본래의 수온 그대로 냉각시키
는 방식을 말한다.

㉯ 칠러(Chiller) 냉각 : 온도 컨트롤러를 사용하여 별도로 냉각수 온도조
절을 가능하게 한 냉각 방식을 말한다.

② 성형품에 백화(白化) 발생

위의 ①번과 반대 현상(백화는 밀핀 자국을 말하므로 금형의 이동측이 문
제가 됨)이므로 ①번과 반대로 조치를 해주면 된다.

③ 수지의 흐름(유동) 불량으로 인한 웰드라인, 수축 등이 문제가 될 경우

금형 고정측·이동측 냉각을 모두 차단하되, 성형품에 이상이 없는 범위
내에서 시행할 수 있도록 한다.

※ 금형이 뜨거워지므로 수지의 흐름성(유동성)이 향상되어 불량을 해소할 수 있다.

12.2 가장 기본적인 냉각 방법

1) 해설

통상적인 냉각 방법이다. 번호(1, 2, 3, 4)는 냉각 호스 연결용 니플(Nipple)을 말한다.

(1) "入" 호스

쿨링 타워(Cooling tower)에서 냉각된 상태의 물, 즉 금형과 사출기의 쿨러(작동유 전용 냉각기)를 한 바퀴 돌고 나서 뜨거워진 물이 쿨링 타워를 통과함으로써 식혀져 차가운 물로 되어 다시 금형으로 들어가는 호스를 말한다.

(2) "出" 호스

금형의 냉각회로를 한 바퀴 돌고 빠져나가는 호스를 말한다(온수 호스). 여기서 냉각호스를 추적해 보면, 2번(入호스)→4번→1번→3번(出호스)이 됨을 알 수 있다. 그런데 최초에 유입되는 入호스를 하필이면 왜 가운데(2번)를 택했을까?

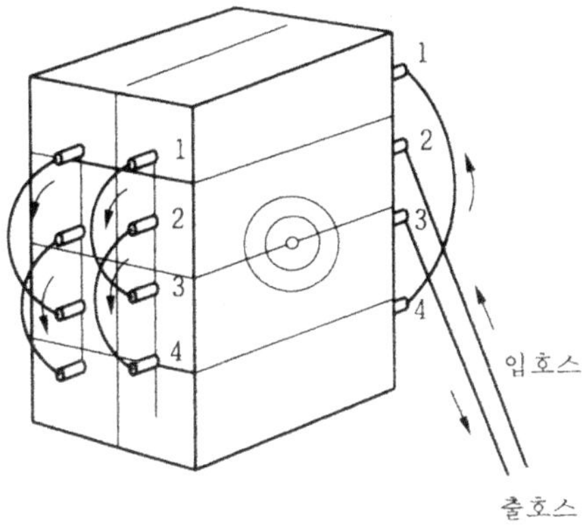

① 2번과 3번(入·出 호스)은 서로 바꾸어도 무관하다. 통상적으로 금형 냉각회로를 많이 돌수록 수온(냉각수 온도)은 올라가고, 처음 관통할 때에는 수온이 낮다. 이런 의미에서 볼 때 성형품의 중앙(가운데)이 되는 위치인 2번(入호스)은 다른 부분에 비해 최초로 금형 냉각수로를 통과하기 때문에 수온이 낮다고 볼 수 있다. 특히, 중앙부분(2번)은 스프루, 러너 등 성형품의 중심부분이 위치해 있으며, 성형시 사출압력이 집중되므로 다른 부분에 비해 다소 차가워져도 미성형이 발생할 우려는 별로 없는 편이다. 이러한 이유로 入호스(2번)를 연결하였다. 그러나 이와는 반대로 성형품의 바깥쪽을 차지하는 부분(1번과 4번)은 웰드라인이 위치해 있다. 웰드라인의 접합을 용이하게 하기 위해서는 한 번쯤 금형을 관통하고 난 온수를 다시 통과시키면 본래부터 냉수를 통과시킬 때보다는 효과가 더 있을 것이란 판단에서다.

※ 웰드라인 쪽 불량현상이 두드러질 경우에는 냉각수 유입을 차단시킨다(1번, 4번만 혹은 전체 차단). 금형 냉각시에는 필히 상기 냉각 방법을 기본적으로 고려해야 하며, 어쩔 수 없는 때에는 작업자의 판단대로 시행하도록 한다.

그림 3.102 가장 기본적인 냉각 방법

② 찬물(入호스)과 더운물(出호스)을 금형에 따라서 적절히 배분하여야 한다. 금형의 고정측·이동측은 금형 구조상 대부분 성형품이 반반씩 나누어져 (캐비티, 코어로 분리)있기 때문에, 성형품 전체의 냉각속도가 균일해질 수 있도록 똑같은 조건으로의 입·출 방법을 고려해 보는 것이 좋다.

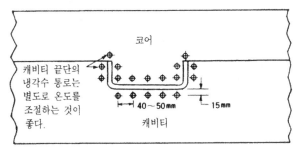

그림 3.103 냉각수 홈 설치 방법

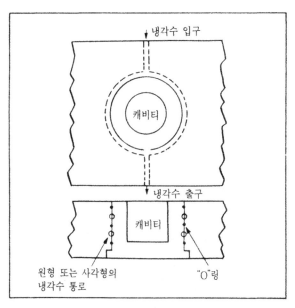

그림 3.104 원형의 캐비티 주위의 냉각수 통로

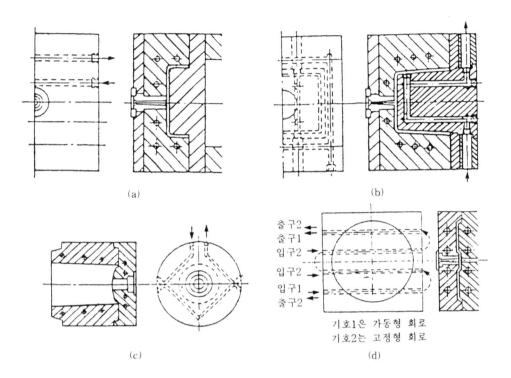

(a)   (b)

(c)   (d)

그림 3.105 단일 캐비티의 냉각회로

2) 주의 사항

① 금형 교환 후 냉각호스를 연결하기 전에 필히 냉각수 입·출 회로에 막힘이 있나, 없나를 확인해 봐야만 한다.

※ 공기(Air)로 한 번쯤 불어서 확인을 해보는 것이 좋다.

② 냉각호스 연결 후에도 바로 냉각을 돌리지 말고, 입(入)호스만 연결한 채로 종이컵 같은 것을 사용하여 출(出)호스 쪽에 갖다 대고 한두 번쯤 냉각수를 순환시켜 금형 냉각회로 내의 녹물을 제거하도록 한다. 그 후, 맑은 물이 나오기 시작하면 출(出)호스를 정상적으로 연결하고 가동하면 된다.

➡ 사출기 쿨러(Cooler) 내부 및 쿨링 타워 냉각수 저장 탱크 내부로 녹물이 유입되지 못하도록 사전에 차단하여, 항상 양질의 수질유지 및 확보로써 성형조건뿐 아니라 금형 및 기계수명의 연장을 도모하기 위함이다.

③ 최초 작업시에는 가급적 금형을 냉각시키지 말고 보류한다.

항상 하던 작업이면 제품의 내용을 잘 아니까 알아서 하면 되나, 전혀 해 보지 않은 금형이라면 어느 정도 내용을 알 때까지만이라도 냉각을 자제하는 것이 좋다.

➪ 금형이 지나치게 차가우면 성형품이 박힐 수도 있고, 또한 성형 초기에는 미성형 발생이 우려되므로 어느 정도 금형이 열을 받을 때까지는 가급적 냉각시키지 않는다.

※ 초기에는 금형이 식어 있으므로, 구태여 냉각시키지 않아도 큰 지장은 없다.

④ 성형작업을 종료할 때, 특히 칠러(Chiller) 냉각일 경우에는 금형 냉각수를 필히 차단하도록 한다. 생산 현장 사정상 일부 기계가 가동 중일 때에도 가동시키지 않는 기계는 반드시 차단하여야 하며, 그렇지 않으면 금형이 계속 냉각되어 '벌겋게' 녹슬 염려가 있다.

13. 온유기 사용 금형

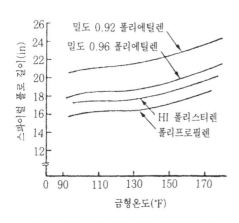

그림 3.106 유동성에 대한 금형온도 영향

칠러(Chiller)가 금형을 차갑게 냉각시켜 생산성 향상에 기여하고 있는 반면, 기름이나 물을 순환시켜 금형을 데워 주어야만 원하는 제품을 얻을 수 있는 금형도 있다.

단, 온유(수)기를 쓸 것인가, 칠러를 쓸 것인가, 아니면 일반 냉각으로 할 것인가 하는 판단은 결국 작업자 스스로 판단할 문제이나 여기에 몇 가지 예를 들어 설명하고자 하니 성형작업시에 참조하기 바란다.

13.1 온유기 사용목적

수지의 금형 내에서의 유동성이 극히 불량하여 성형품의 외관 불량의 원인 다거나, 유동성은 좋아도 성형품의 두께가 얇아서 미성형 발생이 두드러지는 등

정상적인 냉각방식으로는 불량 현상을 제거하기가 곤란할 경우에 사용한다.

> ※ 주로 금형 냉각수 유입을 전면 차단시켜도 성형 불량 현상을 제거하기가 불가능할 경우에 사용된다.

(1) 비교적 온유기 사용이 빈번한 수지의 종류

P.C, P.M.M.A 등이며 그 외의 수지라도 작업자의 판단에 의해 필요시 사용이 가능하다(수지별로 온유기 사용을 의무화한 것은 아님).

(2) 주된 불량 현상

다음의 경우에 온유기를 사용한다.

① 플로마크(금형 냉각수 유입을 전면 차단하는 등의 조치로도 성형조건이 잡히지 않을 경우)

② 미성형(특히 두께가 얇은 성형품에 해당)

③ 크랙(Crack), 크레이징(Crazing), 기타

14. 금형온도 컨트롤

성형품의 종류에 따라서 일반냉각만 시켜도 성형품의 품질 면에서나 생산성에 전혀 하자가 없는 경우도 있고, 칠러나 온유기를 사용하지 않고서는 양질(良質)의 성형품을 기대하기가 어려운 것도 있다.

일반적으로 금형온도 컨트롤 면에서 봤을 때 금형을 차게 냉각시켜야 할 성형품이 플라스틱 사출성형의 대부분을 차지하며, 온유기를 사용하여 금형을 뜨겁게 해서 성형해야 할 경우는 비교적 드문 편이다. 그리고 일반냉각보다는 칠러냉각을 더 선호하는 것은 보다 정밀한 온도조절이 가능하기 때문이며 온유기와 칠러는 성형조건 컨트롤상 개념 자체가 서로 배치된다. 그러면 어떠한 때에 칠러를 사용해야 하며 어떠한 때에 온유기를 사용해야 할까. 그것은 현재 사용 중인 플라스틱 원료의 특성에 따라서 사용 여부를 판단할 수도 있으나, 온유기의 경우 대표적으로 많이 사용하는 수지는 P.C, P.M.M.A 등이며 이러한 수지라도 무조건 모든 금형마다 온유기를 의무적으로 사용해야 된다는 것은 아니다.

금형에 따라서 그리고 제품에 비춰 요구되는 성형조건이 성립되지 않고, 금형을 차게 하는 것보다 뜨겁게 해줘야만 성형이 가능하겠다는 판단이 섰을 때 비로소 온유기를 사용하는 것이다. 어떠한 금형이건 성형 초기에는 이유 여하를 불문하고 금형냉각(일반 혹은 칠러냉각)에 주안점(主眼點)을 두고 성형에 임해야 하며, 성형과정에서 금형을 차게 하면 도저히 불량현상을 제거하기가 곤란할 때는 금형을 뜨겁게 하는 쪽으로 방향을 잡아야 한다.

온유기를 사용하면 칠러를 사용할 때보다 성형조건에 많은 변화를 가져온다. 우선 금형이 뜨거워지므로 금형 냉각시에 설정한 가열실린더 온도를 조절해 줄 필요가 있다. 즉, 낮은 열로써도 금형온도가 높으면 수지진입이 용이해지므로 용융수지를 금형 내로 충분히 밀어 넣을 수 있다. 금형온도가 변화함으로써 성형조건 전반이 바뀔 수 있음을 엿볼 수 있는 대목이다.

온유기 사용시 온도 컨트롤법은 금형에 따라서 다소 차이가 있으나 보통 80℃ 정도로 설정하여 출발한다. 최종 적정온도는 성형을 해나가면서 작업자 스스로 찾아야 하며, 작업을 하다 보면 성형조건 수정과정에서 적정온도에 대한 감(感)을 잡게 된다.

칠러 냉각시는 최초 설정온도를 5℃~10℃ 정도로 설정하고 최종 적정온도는 역시 온유기 작업 때와 동일한 과정을 거쳐 완성한다. 금형을 냉각시킬 때, 때로는 일반냉각도 칠러냉각과 병용해서 사용할 수 있다. 금형 구조상 고정측과 이동측에 온도차가 있어야만 할 경우에 활용이 가능하기 때문이다.

금형온도 컨트롤시 유의해야 할 점은 금형이 지나치게 차가우면 금형 내로 수지가 유입될 때 상당한 저항을 받게 되어 사출압력을 웬만큼 올려도 성형이 어려워지며, 반대로 지나치게 뜨거우면 수지 유입은 쉬워지나 양질의 성형품을 얻는다 하더라도 성형 사이클이 길어져서 단위시간당 쇼트 수가 감소하게 된다는 것이다. 항상 품질과 생산성의 균형을 고려하여 어느 쪽도 희생되지 않도록 성형조건을 충분히 검토해야 할 것이다.

15. 구형(舊形) 사출성형기 성형조건 CONTROL법

그림 3.107 구형 사출성형기

1) 개요

이 단원에서는 하나의 참고사항으로서 지금까지 이론적으로 접해 본 플라스틱 사출성형기술에 대해 단지 취급해 보지 않은 기계라서 성형조건을 어떻게 설정해야 될지 잘 모르겠다는 독자들이 혹시 있을까봐 다소 좀 오래된 모델을 가지고 잠깐 설명을 할까 한다.

지금껏 필자가 성형기술에 관해 설명을 하는 과정에서 독자들의 이해를 돕기 위해 설명에 활용해 온 사출성형기는 주로 4단제어 시스템(Touch식)으로서 비교적 시대에 크게 뒤떨어지지 않는 방식을 택했다. 플라스틱 성형공장을 둘러보노라면 여러 종류의 성형기가 뒤섞여 생산에 가담하고 있는 것을 볼 수 있다. 그 중에서는 취급해 본 기계도 있을 것이고, 또 그렇지 않은 기계도 있을 것이다. 그러나 결코 다뤄 보지 않은 기계라 해서 당황하지 말고 어디까지나 침착히 대응할 것을 권고하는 바이다.

플라스틱 성형기술이란 기계가 바뀐다고 해서 성형기술도 따라서 바뀌는 것은 아니기 때문이다.

(1) 밸브식 사출성형기의 성형조건 제어 및 출력기기 구성
① 사출압력(Relief valve)
② 사출속도(Flow control valve)
③ 배압(Back pressure valve)
④ 사출 타이머(Injection timer)
⑤ 냉각 타이머(Cooling timer)
⑥ 기타(계량속도 · 흐름방지 등)

먼저, 사출 타이머와 냉각 타이머는 시계형으로서 한시 계전기라고도 하며, 릴레이(Relay)의 일종이다. 타이머는 계기전원이 공급되어도 즉시 접점이 절환되지 않고 일정시간(극히 짧은 시간)이 경과함으로써 비로소 접점이 절환되어 사이클이 진행되는 것이 특징이며, 사출 타이머는 기계에 따라서 1개에서 많게는 3개까지 부착된 것도 있다. 냉각 타이머는 통상 1개다. 사출압력용 밸브(릴리프 밸브)는 사출 타이머 숫자에 비례해서 설치되어 있고, 사출속도용 밸브(플로 컨트롤 밸브)는 1개 혹은 그 이상인데 사출기에 따라 상이하다. 배압과 계량속도, 흐름방지 등도 기계에 따라서 약간씩 차이가 있으나 큰 차이는 없다.
성형조건 설정방법은 다음에 열거한 내용을 충분히 이해한 후에 설정할 수 있도록 한다.

그림 3.108 타이머

그림 3.109 릴리프 밸브

그림 3.110 플로 컨트롤 밸브

① 사출 타이머 숫자

성형조건 제어방식을 뜻한다.

➩ 타이머가 3개일 경우 → 사출 3차(3단)까지 제어 가능

② 사출압력(용) 밸브 숫자

사출 타이머당 1개씩 할당되어 성형조건을 컨트롤할 수 있도록 해놓았다.

③ 사출속도(용) 밸브 숫자

위의 ②의 경우와 같이 사출 타이머마다 1개씩 배정되어 있으면 각각 컨트롤이 가능한 것으로 보면 되고, 1개만 설치되어 있을 경우에는 한 개의 밸브로써 전체를 컨트롤한다고 이해하면 된다.

➩ 여기서 '전체'란 사출부 제어 패널에만 국한해서 말한 것이다.

④ 위치절환(mm)

별도의 위치절환(mm) 표시가 되어 있는 경우도 있지만, 보편적으로 같은 밸브식 성형기라도 과거로 갈수록 주로 사출 타이머에 의존해서 위치절환(mm)이 가능하도록 해놓은 것이 대부분이다. 단, 사출 타이머가 한 개밖에 없을 경우는 위치절환(mm) 설정이 불가능하다.

이유는 1단제어 방식만 채용했기 때문이다.

2) 성형조건 CONTROL법

(1) 2단제어 방식(사출 타이머가 두 개일 경우)

사출 1차 타이머가 작동을 개시하면 그와 동시에 사출이 개시되는데, 사출 1차 타이머가 끝나고 나면 자동적으로 사출 2차 타이머의 동작이 개시된다. 이때, 사출 1차 타이머가 끝나는 시점(혹은 사출 2차 타이머가 개시되는 시점)이 1차 절환(mm)이다.

왜냐하면 1차 타이머의 작동 개시와 때를 맞춰 사출 1차(1단) 조건이 진행되는데, 만일 사출 2차(2단)로 절환하고자 한다면 1차 타이머를 짧게 끊으면(시간을 당기면) 사출 1차 조건에서의 수지 유입량이 적어지고, 길게 설정하면 그 반대가 되면서 사출 1차 시간이 끝나게 되며, 사출 1차 타이머의 동작이 끝남과 동시에 사출 2차 시간(즉, 사출 2차조건)으로의 절환(1차절환)이 이루어져 사출 2차 타이머가 작동을 개시하기 때문이다.

여기서 사출 1차에서 2차로 넘어갈 때, 즉 사출 1차 타이머의 작동이 끝나는 시

점과 사출 2차 타이머의 작동 개시점은 거의 동시에 이루어지게 된다.

이와 같은 원리로 위치절환은 진행되며, 사출 타이머가 3개일 경우도 절환방법 은 똑같다.

※ 구형 사출기는 성형조건의 정밀 컨트롤 면에서 볼 때 기능이 떨어짐은 어쩔 수 없 는 한계이다.

16. 그래도 풀리지 않는 제품의 성형조건 풀이법

사출성형 기술의 포인트(Point)는 제품의 정확한 원인분석 능력에 있다고 해도 과언이 아니다. 모든 사물의 이치가 그러하듯이 모든 일에는 원인이 있게 마련 이다. 원인을 알고 나면 어떤 대처방법이 나오게 되어 있으며, 원인을 모르는 상 태에서는 분석 자체가 불가능할 뿐만 아니라 대처방법도 찾아낼 수 없다. 한가 지 예를 들어 보자. 늘 생산현장에서 자주 다루던 금형(제품)이라 하더라도 기 계에 올릴 때마다(금형을 교환하여 새로이 작업을 할 때마다) 그 당시의 성형조 건에 영향을 끼칠 수 있는 「주변 여건의 변동」에 따라서 성형조건이 항상 일률 적이지 않은 경우가 많다. 특히, 이 대목은 작업자들이 상당히 곤혹스러워하는 부분이기도 하다.

➡ 주변 여건의 변동 요인
① 가열실린더 내부 상황의 변동. 예를 들면, 다른 수지의 작업으로 인한 청소 상태 불량, 스크루의 마모 등
② 금형냉각 상태가 전과 같지 않다. 금형의 냉각회로가 녹물로 인해 막혔을 경우 등
③ 기계의 작동유 냉각상태가 좋지 않다. 특히, 작동유의 온도 상승(유온 상승)으로 인 한 작동상의 불안정(형개·폐 속도, 사출압력·속도의 불안정으로 이어짐)
④ 원료의 그레이드(Grade)가 변경되었거나 원료의 배합(신재+분쇄재) 비율의 상이(相 異), 또는 원료 교환시 호퍼의 청소상태 불완전 등
⑤ 기타, 여러 복합적인 요소(요인)

그러므로 성형품의 불량 발생시 당황하지 말고, 여러 각도에서 원인분석을 통한 문제점을 발췌하여 정확한 수정작업을 거쳐 문제 해결에 나서야 한다.

아무래도 작업을 하다 보면, 여러 형태의 제품 및 금형 그리고 사출기도 접하게 될 것이다. 앞에서 누차 강조하였지만, 사출성형기술의 본질은 가장 기본적인 사항 몇 가지를 정확히 이해하고, 충분히 응용, 활용할 줄만 알면 어떠한 제품도

충분히 소화해 낼 수가 있다. 거기에다 성형조건 컨트롤의 기본적 개념만 확고
하다면 어떤 다단계 제어가 필요한 금형도 능히 해결이 가능하리라 본다.

사출성형은 문제점 발생시 항상 전체적이고 복합적인 차원에서 검토하여야 하
며, 문제가 풀리지 않는다고 결코 실망하거나 포기할 필요는 없다고 본다. 왜냐
하면, 답이 없는 게 아니고 못 찾는 것이기 때문이다. 하나하나 차근차근 원인을
분석해 들어가면 차츰 범위가(포위망이) 좁혀져 결국 잡히게 되어 있다. 그리고
원인분석법에서 볼 때, 가장 효과적인 분석 방법이 있다. 아무리 해도 풀리지 않
는 성형조건 트러블(Trouble)은 이 방법을 사용하면 쉽게 풀리고, 작업자가 설
정한 성형조건이 적합한 여부도 이 방법으로 하면 확인이 가능하다.

16.1 '좌 · 우 · 상 · 하'의 원리 - 방향의 원리

① 가장 효과적인 '불량원인 분석'법

어떤 까다로운 금형이라 하더라도 성형조건을 거의 다 찾아낼 수 있다.

다소 예외가 있더라도 최소한 불량원인 하나 정도는 정확히 가려진다.

② 완결(完結)된 성형조건의 적정성(적합성) 검토

성형조건이 맞게(옳게) 설정되었는지 확인이 가능하다.

③ 현재 생산 현장에 종사하고 있는 실무자들의 성형조건 설정(혹은 수정)시
취하고 있는, 가장 기본적이면서도 보편적인 방법 중 하나라고 할 수가 있
다. 현장 실무자 대부분이 이러한 방식(방향의 원리, 좌 · 우 · 상 · 하의 원
리)에 입각하여 작업에 임하고 있다고 보면 된다.

1) 해설

「성형조건을 '수정시' 우리가 모르는 중에도 은연중 좌 · 우 · 상 · 하의 원리에 입
각한 '수정'을 하게 된다.」

무슨 말인지 고개가 갸우뚱해질 것이다. 필자도 사실 설명하기가 무척 애매모호
하다. 그러나 실은 매우 중요한 의미를 함축하고 있다. 그것은 다름 아닌 감(感,
즉 느낌(Feeling))에 의해 성형조건을 잡아 나간다는 뜻이다.

이 말의 의미를 본격적으로 설명하기에 앞서 직접 생산현장의 성형과정을 한번
살펴보도록 하자.

단, 사출성형기에 금형도 부착되어 있고, 원료(수지)라든가 기타 성형작업에 필요한 준비는 한치의 소홀함도 없이 거의 완벽한 상태로 대기 중이다.

※ 초기 성형조건 설정

(1) 작업자의 이론과 경험에 입각한 최초의 성형조건 설정
어디까지나 가상치

```
┌─────────────────────────────────────────┐
│ 성형조건의 구성요소                          │
│    (주조건＋보조조건) ＋ 경험 ⇒ 초기 성형조건   │
│                  ⇓                        │
│                 이론                       │
└─────────────────────────────────────────┘
```

(2) 성형조건 수정 및 보완
성형품을 취출해 나가면서 성형상태를 면밀히 관찰하고 수정을 되풀이하며, 최적의 성형조건 창출

ⓐ 성형조건이 쉽게 잡혔을 경우

ⓑ 성형조건이 쉽게 잡히지 않고 다소 까다로울 경우

> ※ 주 : 성형조건이 잡혔으면(ⓐ의 경우) 일단 그 상태로 작업을 계속해 나가면서 현재의 조건이 적절한지 여부를 면밀히 검토한다.
> <성형조건의 적정성 검토>
> 단, ⓑ의 경우는 철저한 원인분석으로 기필코 최적조건을 찾아낼 수 있도록 한다.

(3) 성형조건의 적정성 검토
① 검토목적

성형조건의 '정확도'를 기하여 불필요한 손실(Loss)을 없애고, 원활한 기계 운용과 생산성 향상을 기하기 위한 것이다(ⓐ의 경우).

② 검토대상

성형과정에 조금이라도 관여(연관)하고 있는 모든 성형조건 구성요소가 대상이다.

- 1차적인 검토대상 : 주조건＋보조조건
- 2차적인 검토대상 : 금형냉각 상태, 기타

③ 검토방법 : '방향의 원리'에 의한 검토

본격적인 설명에 들어가기 전에 과연 방향의 원리(좌·우·상·하의 원리)

란 무엇을 뜻하는지 그 의미에 대해서 한번 살펴보도록 하자.

「상·하·좌·우」의 원리→방향의 원리

㉮ 상(上)·하(下)란?

글자 그대로 위·아래를 말한다. 성형조건 '수정'시 올리고(위·上), 내
릴(아래·下) 경우에 적용하며, 올릴 경우를 상(上)의 원리, 내릴 경우
를 하(下)의 원리라고 한다.

- 예 : 사출압력을 올릴 경우 → 상(上)의 원리, 내릴 경우 → 하(下)의
  원리

㉯ 좌(左)·우(右)란?

왼쪽과 오른쪽을 말한다. 성형조건 '수정'시 폭과 간격을 좌측으로 넓혀
주고, 우측으로 좁혀 줄 경우에 적용한다. 넓혀 줄 경우를 좌(左)의 원
리(좌측 방향으로 넓혀 줌), 좁혀 줄 경우를 우(右)의 원리(우측 방향
으로 좁혀 줌)라 한다.

- 예 : 1차절환 거리(mm)를 넓힐 경우 → 좌(左)의 원리(폭이 넓어지므
  로 사출 1차(충전과정)에서의 수지 유입량 증대 효과)
  1차절환 거리(mm)를 좁힐 경우 → 우(右)의 원리(좌(左)의 원리
  와 반대 현상)

※ 통상적으로 상(上)의 원리, 하(下)의 원리 혹은 좌(左)의 원리, 우(右)의 원리
  등과 같이 따로따로 떼어서 적용시키지 않고, 「상·하의 원리」, 「좌·우의 원리」
  등으로 묶어서 적용시킨다.

◆ 독자 여러분의 보다 확실한 이해를 돕기 위해 '사례'를 들어 가면서 설
명하고자 한다.

㉮ 사례-Ⅰ : 상(上)의 원리

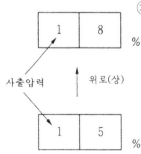

- 상황
  성형작업 중 '미성형'이 발생하였다.

  ※ 주 : 미성형 발생 정도(크기)는 그다지 심한 편은 아님.

- 해법
  미성형 발생 상태가 그다지 심각하지 않으므로 사출압력과 속도를 조
  금 '올려 주는 방향'으로 성형조건을 수정하였다.

그림 3.111 상(上)의 원리

⇨ 여기서 주목할 것은 '올려 주는 방향'이란 용어다. '올려 주는'이란 위(上)와 같은 말이라고 볼 수 있으며, 그 뒤에 붙은 '방향'이란 말과 함께 '위쪽 방향'을 뜻하므로 방향의 원리, 즉 상(上)의 원리와 같은 뜻으로 해석할 수 있다. 다시 말해서, 맨 처음의 사출압력과 속도를 '올려 주는 방향'이란, 바로 성형 조건의 '수정 방향'을 의미한다고도 볼 수 있다. 한마디로 작업자가 성형품을 취출하자마자 제품(성형품)에 나타난 변화(미성형)를 보고, 즉각 수정 방향을 감(感) 잡았다고 할 수 있다.

⑭ 사례-Ⅱ : 하(下)의 원리

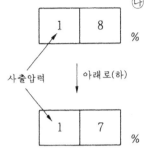

사출압력   아래로(하)

그림 3.112 하(下)의 원리
(Burr의 경우)

• 상황

사출압력과 속도를 수정한 후 성형품을 받아 보니 미성형은 잡혔으나, 버(Burr)가 약간 생겼다.

※ 사출압력·속도 수정시(사례-Ⅰ, 상(上)의 원리) 작업자가 조금만(적정치만) 올린다는 게 결론적으로 오버(Over)된 셈이다.

• 해법

버(Burr) 상태를 감안하여 다시 내리는 방향으로 수정하되, 이번에는 사출압력만 내리는 방향으로 수정하고, 「사출속도」는 그대로 둔다.

※ 주 : 사출압력·속도 수정시 한꺼번에 둘 다 만지는 것은 가급적 자제하는 것이 좋다.

제품이 그다지 까다롭지 않다면 별다른 문제가 없으나 아주 미세한 수정 컨트롤을 요구받을시는 한꺼번에 둘 다 만질 경우(둘 다 만져서 조건이 잡혀 나오면 관계가 없겠으나), 조건이 쉽게 잡히지 않으면 어느 쪽(사출압력, 속도 둘 중의 하나)에 문제가 있어서 그런지 즉각적인 원인 규명이 어려워진다. 비단 사출압력·속도뿐만이 아니고 어떠한 조건 수정시라도 「방향의 원리」 적용시에는 필히 한 가지씩 수정해 가면서 시행한다. 한 가지가 끝나고 나면 또 다른 조건을 역시 같은 요령으로 수정한다.

이번에는 반대로 '내리는 방향'이 되었다. → 하의 원리

상(上)의 원리와 반대되는 개념으로서, 결국 수정 방향이 바뀐(상(上)에서 하(下)로) 셈이다.

역시 성형품에 나타난 변화(버(Burr))를 보고 수정 방향을 감(感) 잡았다고 할 수 있다.

• 분석

위의 두 가지 사례에서 보듯이, 성형조건 수정과정에서 항상 일정하게 '수정 방향'이 나타나는 것을 발견할 수가 있다. 즉, 올렸다가 안

되면 내리는 방향 → 방향의 원리(상·하의 원리)

그리고 성형품의 불량 현상을 보고 일차적으로 '수정 방향'을 가늠해 볼 수가 있으며, 수정했을 때 아니다 싶으면 즉시 내리고, 너무 내렸다 싶으면 다시 올리고 하다 보면 어느덧 정확한 경계선(위의 경우, 미성형과 버의 경계가 되는 부분, 즉 양쪽(버(Burr), 미성형)을 모두 만족시킬 수 있는 적당한 한계선(타협점))을 만나게 된다. 그럼으로써 그 성형품의 불량 현상은 어떻게, 어느 정도의 수정조건을 가해 주어야만 비교적 무리없는 선(경계선, 마지노선)에서 정확한 조건이 잡혀 나오겠다는 감(感)이 생기게 된다.

- 포인트

  상·하의 원리에 입각한 성형조건의 적정성(정확성) 검토방법

- 참조

  상·하의 원리 적용과정에서 경계선이 되는 부분까지 수정 컨트롤 하였을 경우, 성형조건(사출압력·속도)은 성형품의 '불량부분'(상기 "예" 미성형과 버(Burr) 사이를 왔다갔다하는 아주 미세한 부분)만큼 매우 섬세하고 정밀한 수정 컨트롤이 이루어지게 된다.

  ※ 사출압력 : 그 사출기의 수정(혹은 설정) 최소 단위인 1kg/cm²

  　사출속도 : 그 사출기의 수정(혹은 설정) 최소 단위인 1%까지 정밀 컨트롤 가능

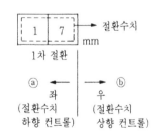

절환수치
mm

1차 절환

ⓐ ← 　 → ⓑ
좌 　 우
(절환수치 　(절환수치
하향 컨트롤) 상향 컨트롤)

* ⓐ → 과충전(Over Packing)
　　방향

ⓑ → 미성형(Short shot)
　　방향

그림 3.113
좌·우의 원리

㉰ 사례-Ⅲ : 좌·우의 원리

• 상황

  성형 불량 현상 : 미성형(사례-Ⅰ과 같은 현상)

  ※ 역시 같은 '미성형'의 경우, 이번에는 사출압력·속도로써 수정하지 말고 절환거리(mm)로써 수정해 보자.

• 해법

  - 1차절환(mm) : 이것은 좌(左), 우(右)의 원리를 적용받게 된다. 왜냐하면, 절환거리를 좌(左) 혹은 우(右)로 넓혔다, 좁혔다 하므로(폭, 간격 조절), 일단은 미성형이므로 성형을 시키기 위해서는 좌(左)로 넓혀 주어야 한다. → 좌의 원리

  ※ 좌(左)의 원리를 적용시켜 절환거리(mm)를 수정하면 사출 1차에서의 수지 공급량이 증대되어 미성형이 잡히게 된다.

역시 너무 넓혀 주었다 싶으면(버(Burr) 발생 : 사례-Ⅱ와 같은 현상) 다시 「우(右)의 원리」를 적용하여 우측으로 좁혀 준다. 결국 넓혔다, 좁혔다를 반복하다 보면 상·하의 원리에서처럼 경계선을 만나게 되고, 그 사출기의 수정(혹은 설정) 최소 단위인 1mm, 혹은 0.1mm(사출기의 제어 능력(기계 성능)에 따라서 절환거리(mm) 수정(설정) 최소 단위는 약간씩 차이가 있음)까지 미세한 정밀 컨트롤이 가능하게 된다. 근본원리는 상·하의 원리 때와 똑같다. 이러한 방법으로 모든 성형조건의 구성요소에 대해서 방향의 원리를 적용하여 하나하나 체크(Check)해 나가다 보면, 성형조건 설정의 적정성(정확성) 여부 및 조건이 잡히지 않았을 경우에는 무엇이 잘못되었는지 순전히 성형품의 불량현상을 보고 감(感)에 의해 수정 방향을 판단할 수가 있다. 그리고 상·하·좌·우로 수정 컨트롤(정밀 수정과정)을 해나가는 중에 최적조건이 도출되며, 성형조건의 적정성 여부도 동시에 검토가 가능해진다.

• 결론

좌·우·상·하의 원리는 다시 「좌·우」의 원리 및 「상·하」의 원리로 묶여지며, 항상 성형조건의 마지막 단계에서 잘 활용하면, 조건이 잡혀 나왔을 경우에는 그 조건의 적정성 검토로, 반대로 조건이 잡혀 나오지 않았을 경우에는 무엇이 잘못 되었는지 원인 분석용으로 활용이 가능하다. 특히, 성형작업시 발생되는 각종 성형 불량 트러블도 거의가 방향의 원리(상·하의 원리, 좌·우의 원리) 내에서 원인분석 및 대책이 강구되므로(결국 작업자 자신도 느끼지 못하는 사이에 성형조건의 수정은 방향의 원리에 입각한 수정을 하는 셈임), 그 원리 적용의 묘미를 한껏 살려서 어떠한 금형(제품), 어떠한 상황(악조건) 하에서도 유효 적절히 대응할 수 있도록 한다.

※ 방향의 원리에 입각하여 성형 불량 원인 분석시, 각 성형조건의 구성요소별로 하나하나 체크해 나가다 보면 어김없이 문제점을 발견해 낼 수가 있다. 예를 들어 강제후퇴의 경우(좌·우의 원리에 해당), 후퇴거리(mm)를 좌·우로 넓혔다, 좁혔다 혹은 아예 설정 자체를 없애든지 하면, 그 중에서도 성형품에 만족할 만한(불량의 원인이 강제후퇴 거리(mm)에 있었는지 조차도 모르고 수정했을 경우라도) 변화(좋은 방향)가 나타나게 된다(물론 나타나지 않을 경우도 있다(무변화, 무반응)). 이럴 때 좋은 방향으로 조건을 고정시켜 놓는다는 것이 '방향의 원리'의 근본 취지이다. 그래도 불량현상이 해소되지 않으면 역시 같은 방법으로 여타의 다른 조건도 똑같이 하나하나 체크해 나가다 보면 결국 마지막에 가서는 원인이 밝혀지게 되어 있다.

2) 도움되는 말

사실, 방향의 원리(상·하·좌·우의 원리)란 필자가 독자 여러분들의 이해를 돕고자 하는 취지에서 붙여 놓은 필자 나름대로의 명칭(원리)에 불과하다. 그러나 그 취지(방향의 원리)를 알고 나면 이제까지 설명한 내용들이 매우 중요하다는 것을 독자들도 이해하리라 보기 때문에, 필자가 알고 있는 생각(지식)을 어떻게 하면 정확히 전달할 수 있을지 매우 고심해 왔다.

우리가 통상 대화를 나누기 위해서는 상대가 있어야 하며, 대화 당사자 간에 이야기를 전개시켜 나가는 과정에서 상대방의 이해 정도를 파악하게 된다. 또한 필요시 질문도 하고, 설명이 잘되지 않는 부분이 있을 경우에는 상대방의 동작(제스처)과 표정을 보고서 자질구레한 설명을 듣지 않고도 이해할 수 있다.

그러나 글로써 자신의 생각을 알린다는 것은 그것 자체가 이미 위에서 제시한 '상대를 보고 대화를 나누는' 장점이 되는 요소들이 근본적으로 차단된 상태이기 때문에 필자가 전달하고자 하는 의도를 100% 지면에 옮기지 않으면 절대로 독자들을 감동시키거나 이해시킬 수 없다는 사실에 직면하게 된다.

바로 이러한 점이 필자의 가장 큰 애로 사항이었다. 그리고 용어 선택 역시 마찬가지이다. 자칫 용어를 잘못 선택했을 경우, 전혀 엉뚱한 방향으로 이해하거나 전혀 이해하지 못할 수도 있고, 도리어 혼란만 가중시킬 뿐이다.

〈상·하·좌·우의 원리〉 → 방향의 원리

이것도 위의 경우에서 볼 때 결코 예외가 될 수 없다. 어떻게 보면 매우 황당하기 짝이 없는 '문구'다. 그러나 필자의 입장에서 생각해 보면 이러한 용어와 원칙을 정해 놓지 않으면 필자의 생각(지식)을 독자들에게 전달할 길이 없어진다.

'알고는 있는데 설명을 못하겠다'는 취지가 바로 그것이다. 말로는 상대방의 표정과 행동을 서로 봐가면서 다소 표현할 수 없는 부분까지도 상대방을 이해시킬 수 있지만, 상대를 보지 않고 '글'로써 표현한다는 그 자체가 이미 한계가 있다는 것이다.

※ **<상·하·좌·우의 원리>**
「방향의 원리」라는 용어 자체에 너무 신경을 쓰지 않도록! 단, 필자가 전달하려는 의도만 정확히 이해하고 감(感)을 잡을 수 있으면 OK.

※ **참조** : 이 문구 선택은 하루 이틀에 이루어진 것이 아니다. 필자 나름대로 오랜 경험을 통해 내린 결론임. - 성형조건을 관찰하는 과정에서 발견된 하나의 '법칙'과도 같은 것이다.

독자 여러분들도 필자가 방금 이야기한 대로 사출성형기의 움직임을 자세히 관찰해 보라. 특히, 성형조건을 입력시키면 그 입력한 메시지(Message)에 대해서 기계가 어떻게 반응(동작)하는가를!

참고로 말할 것 같으면 사출성형기의 유압 계통의 움직임은 성형조건이란 메시지를 받아서 실행(동작)하는 역할을 담당한다.

사출기의 움직임을 자세히 지켜 보면 알겠지만, '좌·우' 아니면 '상·하'로 움직인다는 것을 알게 될 것이다.

예를 든다면, 사출·계량 공정시 사출은 좌(左)로 진행되고, 계량은 우(右)로 진행된다. 형개·폐시도 역시 좌로 열리고(Open), 우로 닫힌다(Close).

〈예〉〔사이클도(Cycle圖, 1쇼트(shot) 사이클〕

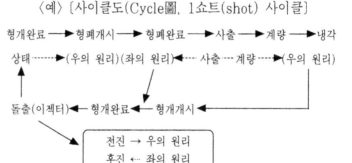

◆ 비고
- 사출시간 - 길게, 짧게 : 폭(간격, 좌 · 우의 원리)이 아니므로 「상 · 하의 원리」 적용
- 냉각시간 - 길게, 짧게 : 폭(간격, 좌 · 우의 원리)이 아니므로 「상 · 하의 원리」 적용
- 기타

결과적으로 「좌・우・상・하의 원리」가 그대로 나타나게 된다. 결국, 좌・우・상・하의 원리란, 왼쪽(左) 아니면 오른쪽(右)이고, 위(上) 아니면 아래(下)다. 이것이 결론이다. 유압 계통의 전반적인 움직임은 두 군데(방향)로 이미 결론이 나있는 상태이기 때문에 올려서 안 되면 내리고, 폭(간격)을 넓혀서 안 되면 좁히면 된다는 간단한 원리(이치)가 사출성형기 성형조건의 구성원리 전부이자 바로 「그 자체」라고 보았다.

그런 의미에서 볼 때 이미 앞에서 사례로 제시되었던 '성형조건이 잡혔을 경우'에는 좌・우・상・하의 원리에 의해 성형 사이클과 성형조건 상태를 전체적으로 정밀 검토함으로써(방향의 원리에 의해 적정성 검토를 함), 앞에서 설명했듯이 성형조건뿐 아니라 기계에 무리가 가는 조건은 아닌지(만일 무리가 간다면 무리가 가지 않는 조건으로 변경시킬 수 있다. 성형조건은 그때의 상황에 따라 (작업자가 마음먹기에 따라서) 기계에 무리가 없는 쪽으로 얼마든지 수정이 가능하다) 확인해 볼 수도 있다.

　　※ 무궁무진한 사출수(射出數) → 작업자가 어떻게 조건을 구상하는가에 따라서 가능

또한 보다 확실한 원리 적용으로 충분히 적정성 검토를 마친 상태라면 – 성형조건이 잡혔을 경우 – 어느 누가와서 성형조건을 설정한다 하더라도 이 조건 이상은 나올 수가(설정할 수가) 없다는 확신을 가지게 된다. 만일 성형조건이 잡히지 않았을 경우라도 적정성 검토를 충분히 거친 상태라면 성형조건 설정 자체에는 전혀 하자가 없다는 결론을 도출해 낼 수 있고, 결국 다른 곳(금형, 원료 결함 여부, 기타)에서 원인 규명을 해야만 한다는 것을 작업자가 확실하게 판단할 수 있도록 만들어 준다.

　　※ 주 : '방향의 원리'를 잘 이해하고 활용한다면 어떠한 금형이라도 성형조건 자체를
　　　　정밀 추적·분석 및 해부까지 가능해지므로 성형조건 컨트롤에 있어서 상당한 도움
　　　　을 받게 된다.

단, 모든 금형(제품)마다 성형조건은 천태만상이므로 모든 금형을 이러한 방식으로 '골치 아프게' 조건을 부여(설정)할 필요는 없다고 본다.

단지, 성형이 비교적 무난하고 까다롭지 않을 경우(예 : P.P, P.E 등 비교적 작업성이 무난한 범용 P/L 성형의 경우), 대충 기계에 무리가 가지 않고 성형 사이클에 지장이 없는 한도 내에서 적당하고 무리없는 조건으로 설정하는 것이 보편적인 관례다(생산수량에 차질이 없는 한도). 그러나 비교적 금형(제품)이 까다롭다고 판단될 경우는 치밀하게 방향의 원리에 입각하여 각 구성 요소별로 성

형조건 적정성 검토를 거쳐 거의 완벽에 가까운 조건 창출에 주력해야 할 것이다.

특히, 조건이 잡혀 나오지 않을 경우, 필히 좌·우·상·하의 원리에 충실하여 철저한 원인 분석(정말 수정을 시켜보면 무엇이 문제인가가 분명히 밝혀지게 되어 있다)을 통해서 거의 문제부위(성형 불량 원인)까지 접근이 가능하여 마지막 단계에서 감(感)으로 조건을 잡아 낼 수가 있다. 만일 이렇게 해도 조건이 잡히지 않는다면 최소한의 불량원인 분석 정도는 가능하며, 역시 그에 따른 대처방안도 나오게 될 것이다.

> ※ 금형에 근본 결함은 없는지, 있다면 정확히 어느 부위(게이트, 기타)인지, 원료(수지)에 결함 여부는 어떤지 등, 작업자로 하여금 판단이 서게 된다.

3) 정리

상·하·좌·우의 원리 중 위치절환(mm), 계량완료(mm), 흐름방지(mm)만 「좌(左)·우(右)의 원리」가 적용되고 나머지 대부분의 성형조건(각각의 구성요소 : 주조건만의 경우 보조조건은 일단 제외)은 「상(上)·하(下)의 원리」를 적용받는다.

◆ 성형조건의 적정성(적합성) 검토는 상·하·좌·우의 원리에 의해 정확히 검증이 된다.

성형조건을 각 구성요소별로 설정 최소 단위(실린더 온도의 경우, 최소 단위인 1℃까지 정확한 컨트롤이 가능하며, 특히 성형온도 범위가 좁은 수지나 금형(제품)이 까다로울 경우에는 성형온도를 아주 정밀하게 컨트롤해 주어야 한다)까지 아주 미세한(정밀한) 컨트롤을 해보면 제아무리 까다로운 금형일지라도 거의 완벽에 가까운 원인 분석이 가능해진다. 일단 정확한 원인 분석이 되면 거기에 따른 대응책도 나오기 마련이므로, 어떠한 금형일지라도 방향의 원리(좌·우·상·하)로 풀어 나가면 해결이 가능할 것이다. 그리고 금형(제품)에 따라서 성형조건 수정 방향이 좀처럼 잡혀 나오지 않으면, 역시 방향의 원리(좌·우·상·하의 원리)에 입각하여 특별히 불량의 원인으로 의심되는 성형조건(구성요소 중 어느 한 가지)을 탐색 차원에서 좌·우 혹은 상·하로 살짝살짝 건드려 보면 수정 방향에 대한 정확한 감(感)이 잡히게 된다. 다소 이론적으로 설명이 되지 않는 성형품의 불량 현상도 이론에만 너무 집착하지 말고 오직 방향의 원리만 적용하여, 순전히 감(感)만으로 성형품의 변화를 세밀히 관찰하면서 정밀하게 좁혀(탐색) 들어가면 의외로 쉽게 해결될 수도 있으므로, 항상 염두에 두고 매성형 작업시마다 방향의 원리를 유효 적절히 활용하기 바란다.

※ '방향의 원리' 적용 사례 : 성형작업시 참조
  어떤 금형을 가지고 필자가 성형조건을 잡아나가고 있었는데, 막상 조건을 잡아나가다 보니까 간단치가 않았다. 수지의 흐름도 좋지 않았고, 성형품에 버(Burr)도 많이 발생하였으며, 특히 웰드라인(Weld line)에 가스(Gas)가 차서 웰드라인의 접합상태가 매우 불량했고 성형품의 표면 조각(문자를 새겨 넣음 : 일종의 상표) 부위에 플로마크(Flow mark)가 발생하는 등 한마디로 말해 엉망이었다.

4) 풀이

일단 필자 나름대로 판단을 해보았다. 지금 현재의 성형조건은 성형품을 놓고 봤을 때 결코 최적 조건은 아니다. 단지, 초기 성형조건을 컨트롤하는 과정이었기 때문에 그 제품(성형품)의 내용도 정확히 파악되지 않은 상태였고, 성형온도도(사용 원료는 P·A, 즉 나일론-6) 성형품의 두께를 보고 전체적인 성형 가능온도 범위 내에서 짐작(이론+경험)으로 설정해 놓았기 때문에, 정확한(제품에 맞는) 온도로 보기는 사실상 어려웠다(보편적인 초기 성형조건 설정과정). 그래서 전반적인 성형 불량의 원인 분석을 위해 본격적으로 방향의 원리를 적용하기로 작정하고, 우선 성형조건의 구성요소(주조건+보조조건) 전반에 대하여 그 적정성 여부를 놓고 검토(탐색) 작업에 들어갔다. 정확한 성형조건은 아닐지라도 일단의 성형조건(초기 성형조건)은 형성되어 있는 상태이므로!

➡ 이론+경험에 입각한 나름대로의 단계별 제어(당시, 3단제어)까지 설정된 상태
  ※ 성형조건을 구상할 동안 기계 가동은 일단 정지(손실 발생을 차단하기 위함)

(1) 방향의 원리에 입각한 성형조건 적정성 검토 "실례"

① 원료(나일론-6)의 적정성 판단
  이상 없었음(건조상태도 양호).

② 금형수정 및 냉각상태 함께 체크
  웰드라인부 배기구멍(Air bent) 수정 조치

③ 실린더 온도
  초기 성형조건 수정과정에서도 방향의 원리에 입각하여 '올리는 방향'으로 방향을 잡았다.

⇨ 성형품의 표면 '조각' 부위에 플로마크가 발생하였으므로 성형온도가 낮을 것으로 판단하였다. 그래서 성형조건 수정계획상 열을 올려 줌으로써 일단 플로마크를 해결하고(열이 높으면 수지의 흐름이 좋아지므로), 또한 열이 높으면 자연적으로 사출압력도 적게 먹힐 것이기 때문에 버(Burr) 문제도 동시에 해결이 가능할 것이고, 사출속도도 낮출 수가 있어 웰드라인 가스(Gas) 발생도 억제되지 않겠나 생각하여 실린더 온도 수정 방향을 '올리는' 쪽으로 잡았다.

그러나 실제의 성형조건은 이와는 정반대 현상이 발생하였고, 결국 「상·하의 원리」대로 이번에는 '내리는 방향'으로 수정하였다.

※ 주 : 성형조건 수정시 실린더 온도를 가급적 먼저 수정한다. 성형조건 전체는 거의가 성형온도(실린더 온도)가 좌우한다. 이유는 실린더 온도를 어떻게 설정하느냐에 따라서 전체적인 성형조건에 변동을 주기 때문이다. 그 중에서도 특히 사출압력·속도에 우선적인 영향을 초래한다.

성형온도를 '내리는 방향'으로 잡되, 1℃(설정 최소 단위) 혹은 많게는 3℃~5℃ 내에서 컨트롤하기로 하고 대략적으로(감에 의존) 낮추어 놓았다.

※ 성형온도는 실제 작업을 해나가면서 성형품의 변화를 봐가며 정밀 컨트롤해야 하며, 기계를 세워 놓은 상태에서는 절대로 정확한 온도로 수정할 수가 없다. 그리고 이미 앞에서 밝혔듯이 성형온도에 변화(수정)를 주면 성형조건 전반에 영향(변화)을 끼치게 되므로, 각 성형조건 구성요소별 '방향의 원리' 적용도 실린더 온도와 함께 성형기를 가동시키지 않고서는 알 수가 없다.

④ 사출기를 다시 정상 가동시켜 사출압력·속도, 절환거리(mm), 배압, 흐름방지, 기타 모든 성형조건 구성요소를 방향의 원리대로 정밀 수정 컨트롤한 결과, 불량 현상 대부분이 해소되었다.

▶ 맨 마지막 단계에서 문제점으로 남은 것은 '웰드라인 가스'였으며, 100% 퇴치는 불가능했으나 거의 표시가 없도록 조건을 잡았다. 역시 방향의 원리가 마지막 단계에서도 그 위력을 발휘했으며, 여기에는 이론적인 설명과는 다소 동떨어진 현상(이론적으로는 설명이 불가능한 매우 미세한 변화)으로 잡았다. 즉, 올리니까 안 되어서 내리는 방향으로(상·하의 원리), 넓히니까 안 되어서 다시 좁히는 방향으로(좌·우의 원리), 이론적 개념 자체는 접어두고 성형품 대(對) 방향의 원리 적용만으로 불량을 해소하였다.

→ 성형품의 변화를 읽고 좋은 쪽(방향)으로 선택(설정)한 셈이다.

※ 주 : 작업을 하다 보면 때로는 이론적으로 설명되지 않는 부분도 나타나게 된다. 이럴 경우, 꼭 이론에만 전적으로 매달리지 말도록!

독자 여러분들에게 '방향의 원리'를 이해하고 활용하는 데 도움이 될 수 있도록 잠깐만 더 보충 설명을 하고자 한다(불량 해결의 마지막 부분인 이론적인 설명이 불가능한 부분만).

(2) 보충설명

① 웰드라인 가스(Gas) 제거

「상·하·좌·우」의 원리 모두 적용. 그 당시 성형조건 사출부(Injection unit) 제어 구조 형태 → 4단제어 방식. 그 중 3단제어까지만 활용

여기에서는 3단제어 중 마지막 단계인 사출 3차(3단)에서 웰드라인을 잡았으므로(웰드라인의 특성상 통상적으로 성형 마지막 단계에서 잡히게 된다. 수지의 접합이 최종적으로 이루어지는 관계로, 마지막까지 수지가 캐비티 내에 모두 유입이 되어야 가스가 찼는지, 안 찼는지 결말이 나므로), 1차, 2차는 생략하고 사출 3차만 가지고 설명을 할까 한다.

㉮ 사출 3차 성형조건의 구성요소

사출 3차 압력	「상·하의 원리 적용」
사출 3차 속도	
2차절환(mm)*사출 3차 성형조건은 앞에서 설명했듯이 2차절환(mm)에서 사출 3차조건이 걸린다.	「좌·우의 원리 적용」

먼저, 사출압력 한 가지만 올리거나 내려(상·하의 원리) 보아, 성형품의 웰드라인 상태(접합 및 가스 발생 상태)가 비교적 양호한 쪽의 사출압력으로 확정한다.

다음으로 사출속도도 역시 같은 요령으로 정확히 수정한다.

마지막으로 2차절환 거리(mm)를 좌·우로 넓혔다, 좁혔다 함으로써 성형품에 대해 아주 미세하고도 미묘한 변화를 감지(感知)할 수 있다.

㉯ 웰드라인 가스 발생이 거의 없고 접합상태도 매우 양호한 방향으로 고정한다.

➡ 2차절환을 먼저 좌·우로 컨트롤해 본 후, 사출압력·속도를 똑같은 요령으로 실시해도 무관하다(순서에 관계없음. 작업자가 하기 좋은 방식대로 시행).

이러한 방식으로 거의 완전한 해결을 볼 수가 있었다.

5) 마무리

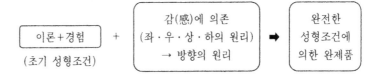

감(感)에 의존한다 하더라도 작업자의 성형지식(이론)과 경험이 항상 밑바탕(Base)에 깔려 무의식적으로 작용하게 되므로, 성형기술은 늘 복합적인 개념으로 볼 수밖에 없다.

➡ 이론과 경험에 입각한 성형조건 구상과 여태까지 설명한 방향의 원리를 적절히 잘 믹싱(Mixing)하여 충분히 목적(최적 조건 창출)을 달성할 수 있도록 한다.

> ※ **사출성형 조건의 묘미(妙味)**
> 작업자가 조건구상을 어떻게 하든지 간에 '자유자재'로 성형조건을 '그림 그리듯이' 성형기에 '그려 넣을 수 있다.' 성형기가 '도화지'라면 성형조건은 결국 '그림'이 되는 셈이다.
> 각종 성형 트러블 극복을 위해 어떠한 구상을 하였든지 성형기의 제어능력만 충분하다면 조건설정은 작업자가 뜻한 대로 얼마든지 설정이 가능하다.
> 성형품을 원하는 선까지 만들 수 있고(미성형에서 성형까지), 특히 성형조건상 원인을 규명하기 어려운 상당히 애매한 부분(성형품의 어느 한 부분)이 있을 때에는 이 부분만 집중적으로 '미성형' 혹은 '성형'까지 제품을 완성시켰다. 미완성시켰다면 눈으로 보고 확인을 해가며 원인분석에 활용할 수도 있다.

제4장

사출성형 기술자로서 알아야 할 일반상식

제4장 사출성형 기술자로서 알아야 할 일반상식

1. 서론

지금까지 사출성형조건 컨트롤법에 대해서 비교적 자세하게 알아보았다.
지금부터는 성형작업과 관련하여 알아야만 할 일반적인 사항에 대하여 살펴보
도록 하자.

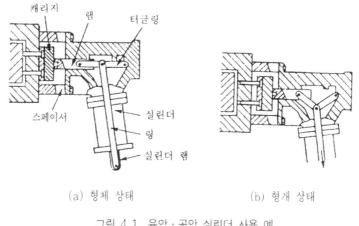

(a) 형체 상태   (b) 형개 상태

그림 4.1 유압·공압 실린더 사용 예

2. 유압 코어 금형(Hydraulic core mold)의 코어 종류 및 작동법

2.1 종류

① A-core(에이 코어)

② B-core(비 코어)

③ C-core(시 코어)

2.2 작동법

① A-core

　　형개완료된 상태에서 코어 작동

② B-core

　　형폐완료된 상태에서 코어 작동

③ C-core

　　A+B) core

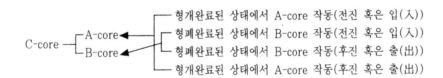

2.3 유압 코어 금형의 일반적 사이클도

① A-core

형개완료(core-入) ➡ 형폐완료 ➡ 사출 ➡ 계량 ➡ 냉각

돌출(이젝터) ⬅ 형개완료(core-出) ⬅ 형개개시 ⬅

② B-core

형폐완료(core-入) ➡ 사출 ➡ 계량 ➡ 냉각 ➡ 형폐완료중(core-出)

돌출(이젝터) ⬅ 형개완료 ⬅ 형개개시 ⬅

③ C-core

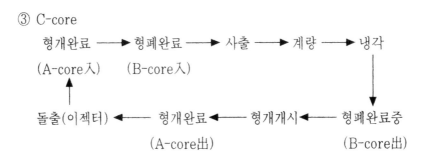

2.4 유압 코어 판별법

① A-core

주로 금형의 이동측에 위치

② B-core

주로 금형의 고정측에 위치

③ C-core

A+B이므로 고정측·이동측에 공존

3. 착색법(간단한 Coloring)

3.1 안료와 마스터 배치(Master batch)의 구분

① 안료

분말형태로 존재한다.

② 마스터 배치(Master batch)

입자형태로 존재한다.

※ 마스터 배치 착색은 컬러 농도(고농도 등)에 따라서 적정량을 원료와 섞는 비교적 간편한 착색방법이다. 그러므로 여기서는 안료착색법에 대해서만 설명을 하겠다.

3.2 안료착색

그림 4.2 텀블러

① 소량 착색의 경우 빈 원료 포대(내부가 깨끗해야 함)나 큰 고무 대야 등을 활용하여 손으로 흔들거나 부삽 같은 것으로 안료와 함께 섞어도 충분히 착색이 가능하다. 연속으로 다량 착색을 해야 할 경우에는 텀블러(Tumbler)를 사용한다.

② 착색 데이터(Color data) 뽑는 요령

㉮ 먼저, 착색하고자 하는 샘플(Sample) 안료부터 구입한다.

➡ 견본제품(성형품)을 보고 적용할 안료를 판단하여야 한다.

㉯ 데이터(Data)를 뽑기 위해 해당 원료(착색하고자 하는 원료)를 소량(500g 정도)

준비한 후, 안료(0.5g 정도)와 함께 내부가 훤히 보이는 비교적 두꺼운 비닐포대에 넣고 손으로 입구를 단단히 움켜잡은 채로 흔들어 줘야 한다(착색). 어느 정도 골고루 섞였다고 판단되면 가열실린더에 착색된 원료를 넣고 성형시켜 본 후, 견본(Sample)제품과 비교하여 색상 차이가 나면 다시 안료의 양을 적절히 컨트롤하여 원하는 색상으로 맞춰 나가면 된다.

➡ 안료의 양을 수정할 경우, 가급적 종이에 데이터를 기록해 놓도록 한다(원료의 양도 같이 기록). 불필요하게 원료 및 안료 낭비를 막으려면 최소한의 양으로 데이터를 잡아나갈 수 있도록 해야 한다.

4. 원료 교환법(Purge)

4.1 같은 종류의 수지이나 색상(Color)이 다를 경우

※ 예 : ABS 수지

〈원색(Natural)→검은색(Black)으로 교환시〉

즉시 교체가 가능하다.

반대로 〈검은색(Black)→원색(Natural)으로 교환시〉 쉽게 닦여 나오지 않는다.

단, 어느 정도 닦였다 싶으면 노즐을 풀어서 깨끗이 태워 노즐 내부에 미처 닦여 나가지 않은 잔여 수지를 제거한다.

➡ 밝은 계열에서 어두운 쪽으로의 색상 교환은 즉시 가능하나, 어두운 쪽에서 밝은 쪽으로의 교환은 시간을 요한다. 그리고 안료를 배합시킨 착색원료의 경우, 호퍼를 비롯한 수지의 공급통로를 깨끗한 헝겊 같은 것을 사용하여 깨끗이 닦아내야 한다. 만약 덜 닦이면 다음 작업을 할 수지가 밝은 계열의 색상일 경우에는 계속 제품에 먼저 사용한 색상이 묻어 나와 불량이 발생할 수도 있다. 어두운 계열의 색상일 경우는 다소 덜한 편이다.

※ 마스터 배치(Master batch)는 위의 경우와 무관하다.

4.2 다른 종류의 수지끼리 교환시

※ 예 : P.V.C와 P.O.M

P.V.C 작업 후 P.O.M으로 원료를 교환할 때에는 P.V.C 작업이 끝남과 동시에 P.E나 P.P 분쇄재를 사용(가급적 깨끗한 원색재료 사용)하여 스크루 실린더 청소를 우선적으로 실시해야만 한다.

P.V.C는 그 특성상 가열실린더 내에서 체류시간이 길어지면 열분해를 일으켜 타버리기 때문에 즉시 퍼지(Purge)부터 먼저 해야 하며, 퍼지 후에는 실린더 열을 P.O.M 성형온도로 맞춘다.

※ P.V.C 성형온도 : 165℃~185℃
  P.O.M 성형온도 : 180℃~200℃

다시 정상적으로 열이 오르고 나면 한 번 더 P.E나 P.P로 퍼지한다. 이때 실린더내 잔여 P.V.C가 한 번 더 닦여 나오게 된다. 그런 다음에 노즐과 실린더 헤드를 분해하여 깨끗이 태우고 다시 조립한 후 P.O.M 수지를 넣고, 이번에는 퍼지용 재료인 P.E나 P.P를 청소해 낸다. 몇 번만 배출시키면 곧 정상작업이 가능하게 된다.

※ 주 : P.O.M에서 P.V.C로 교체시에도 퍼지 요령은 거의 동일하다.

4.3 원료가 제대로 닦여 나오지 않을 때 조치사항

특히, 성형품에 흑점 발생, 색상 교체가 미흡할 경우 등에는 일단 그 상태에서 가열실린더 열을 바짝 올려 P.E나 P.P로 다시 한 번 더 닦아낸다(퍼지용 재료인 P.P나 P.E의 경우, 실린더 열을 250℃ 정도로 올려 줄 것).

그래도 안 될 때에는 스크루 세척제를 사용하여 깨끗이 닦아내면 때가 빠진다.

그 외 A.S(SAN), P.M.M.A 등의 수지(분쇄재)를 사용하여 퍼지를 해도 상당히 효과가 있다.

퍼지작업을 할 때에는 스크루 배압을 높게 가해 주는 것이 좋다.

> ※ 가열실린더 내부의 수지 밀도를 높여서 빽빽한 상태로 해주게 되므로, 헐거울 때 (배압이 낮을 때)보다는 때가 잘 빠져 나온다.

4.4 성형온도 범위가 특히 차이가 많이 나는 수지간 원료의 교환시

※ 예 :
$$
\left.\begin{array}{l}
\boxed{P.A \rightarrow P.V.C} \\
P.A \rightarrow P.O.M \\
P.C \rightarrow P.O.M
\end{array}\right\} ⓐ
$$

$$
\left.\begin{array}{l}
\boxed{P.V.C \rightarrow P.A} \\
P.O.M \rightarrow P.A \\
P.O.M \rightarrow P.C
\end{array}\right\} ⓑ
$$

> ※ 위의 수지별 성형온도는 이 책의 제3장 「성형조건 컨트롤법」의 주조건 중 성형온도편을 참조할 것.

1) 해설

ⓐ의 경우는 높은 열에서 낮은 열로 바뀌게 되므로, 스크루 실린더 청소(퍼지)를 게을리 하면 P.V.C 작업시에 노즐이 자주 막히게 된다.

- P.A 잔여수지(덜 닦여 나온 수지)가 가끔씩 노즐을 막아 사출을 방해한다.
- 나일론(P.A)은 퍼지가 제대로 되지 않았을 경우에는 P.V.C 성형온도에서 녹지 않음에 유의한다.

충분히 퍼지를 하고 난 후 열을 낮춰서(즉, P.V.C 성형온도) 작업할 수 있도록 한다.

> ※ P.A는 성형온도가 평균적으로 250℃선이므로, 그보다 높은 270℃ 정도에 맞춰 놓고 P.E나 P.P로 닦아내면 깨끗이 닦여 나온다(노즐도 풀어서 태워 줄 것).

ⓑ의 경우는 ⓐ와 반대

낮은 열에서 높은 열로 바뀌므로 낮은 열의 수지가 제대로 닦이지 않으면 높은 열로 바뀔 때 과열 분해될 우려가 있다. 충분히 퍼지를 한 후 열을 높일 수 있도록 해야 하며, 다른 원료의 퍼지요령도 거의 동일하다.

4.5 성형작업시 특히 주의를 요하는 수지

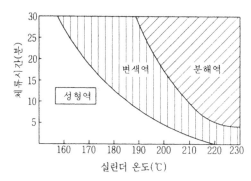

그림 4.3 염화비닐수지의 성형온도
(실린더 온도와 체류시간 관계)

1) P.V.C

① 체류시간 줄일 것

P.V.C는 가열실린더 내에 장시간 체류를 하면 타버린다(타버린 수지를 배출시켜 보면 가루가 되어 나온다).

▶ P.V.C 작업 중(혹은, 후) 기계가동을 멈출 경우에는 필히 열을 꺼줄 것!

정상작업 중에는 사이클이 조금 길어도 큰 문제가 없으나, 그렇다고 너무 지나칠 정도로 길게 하면 과열되어 타지는 않더 라도 기포가 생겨난다(과열의 징후). 금형에 따라서는 성형 사이클이 길 것 같으면 가열실린더 열을 조금 낮추는 대신 사출압력을 높이는 방향으로 성형조건을 맞춰 나가면 무리가 없다. 가급적 길지 않은 사이클로 체류시간 단축방안을 강구하여야 한다.

② 원료 구분

P.V.C 원료를 통상 %(Percentage)로 구분하는데, 이는 %가 높을수록 연한 재질(연질), 낮을수록 강질로 분류된다.

2) P.V.C와 P.O.M

① 상극(相剋)관계의 수지

〈상극(相剋)이란?〉

서로 융화가 원만하지 못하여 상호간에 수지가 조금이라도 섞이면 즉시 이상반응을 일으키는 과민성 수지를 말한다.

➡ PVC와 POM 수지가 그 대표적인 예

(1) 보충 설명

P.V.C 작업 후 실린더 청소를 실시하고 P.O.M으로 교체하였을 때 사출시켜 보면, '따닥따닥' 하는 소리와 함께 수지가 과열·분해되어 고약한 냄새를 내며 배출된다.

이때 과열되는 수지는 P.V.C이며, P.V.C와 P.O.M이 섞여서 분해를 일으키는 현상이다.

➡ P.V.C는 성형온도 범위가 P.O.M에 비하면 낮기 때문에 P.O.M으로 원료를 교환한 후 열을 올려 주면(P.O.M 성형온도로), 가열실린더 내부에 P.V.C 잔여수지가 조금이라도 남아 있을 경우에는 곧 과열되어 분해를 일으킨다.

※ P.V.C 작업 후 P.O.M으로 원료를 교체하거나 P.O.M 작업 후 P.V.C로 교체할 경우에는, 특히 스크루, 실린더 청소(퍼지)를 철저히 해야 한다. 노즐과 실린더 헤드도 분해해서 깨끗이 태워 내부의 잔여수지를 완전히 제거한 후 다시 조립하여 작업을 하도록 한다

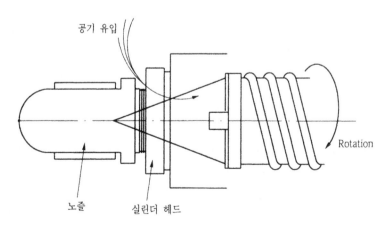

공기 유입

Rotation

노즐   실린더 헤드

그림 4.4 P.O.M 성형시 노즐과 실린더 헤드와의 결합부위에 공기가 유입되는 과정

3) P.O.M(아세탈) 작업시 유의사항

(1) 성형기 노즐 '꽉' 잠글 것(조일 것)

노즐을 덜 조이면 계량공정시에 스크루가 회전하면서 노즐 선단에 모인 수지의 압력에 의해 스크루가 뒤로 밀려나면서 후퇴를 하게 되는데, 이때 덜 조인 노즐과 실린더 헤드의 틈새로 공기(Air)를 빨아들이면서 계량이 진행된다. 이렇게 가열실린더 내로 유입된 공기는 아세탈(P.O.M) 수지와 같이 뒤섞이면서 계량을 종료하게 되어 결국 계량공정 중에 유입된 공기로 인해 P.O.M 수지의 분해만 촉진하게 되므로, 사출을 시켜 보면 수지가 누렇게 변색(變色)되어 배출되어 나오는 것을 볼 수 있다. → 황화현상(黃化現象, Yellow)

(2) P.O.M(아세탈) 수지의 특징

① 수지 자체에 '최루가스' 성분을 함유하고 있다.

정상적으로 작업이 진행되면 냄새가 거의 없으나, 수지가 분해될 경우 유독 가스(최루가스)가 발생하며 황화현상과 함께 고약한 냄새가 난다.

② 분해가 일어나는 원인

㉮ 공기(Air) 유입

노즐을 꽉 잠그지 않으면 유입된다.

㉯ 가스(Gas) 배출 불가

사출공정시 노즐과 실린더 헤드의 결합부분 틈새로 가스가 배출되어야 하나, 이곳이 막히면 배출이 되지 않는다.

㉰ 다른 수지에 비해 성형온도 범위가 좁아서 열관리에 신경을 써야 한다.

4) POM 수지의 사출공정중 가스(Gas) 배출 원리

① 아세탈 수지(P.O.M)는 그 자체에 최루가스 성분이 포함되어 있다고 하였다. 이것은 외부에서 별도의 공기 유입이 없어도 계량공정시 수지의 가소화 공정이 진행되는 과정에서 수지가 열을 받아 용융이 되면서 P.O.M 수지 내부에 함유되어 있던 최루가스 성분이 자연스럽게 노출되어, 사출개시와 동시에 수지와 함께 외부(대기, 大氣)로 배출되는 것으로 생각할 수 있다.

⇨ 실제로는 노출된 최루가스 성분과 수지와 함께 호퍼로부터 유입된 공기가 뒤섞여 있는 상태로 보면 되겠고, 이것이 계량공정이 진행되는 중에 일부는 뒤로(호퍼쪽) 빠지고 남은 잔류가스는 사출시에 노즐과 실린더 헤드의 결합부분인 암·수나사로 된 피치 틈새(공차 부분)로 배출된다. 여기서 사출공정시 금형 내부로 수지와 가스가 동시에 들어가면 어떤 현상이 벌어질까? 작업을 하다 보면 이런 현상을 자주 목격하게 된다. 성형품이 가스와 함께 성형됨으로써 시커멓게 타거나, 성형이 연속적으로 진행될 때에는 황화현상과 뒤범벅이 되어 작업에 상당한 애로를 겪게 된다(작업 불능).

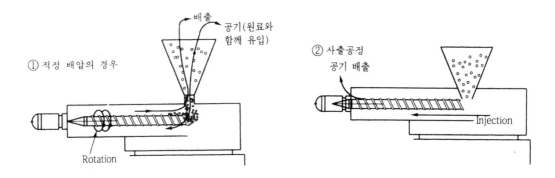

그림 4.5 가스 배출 원리(P.O.M 수지의 예)

② P.O.M을 비롯한 여타의 다른 수지도 가열실린더 내의 가스가 적당한 경로를 통해 충분히 배출되지 못하고 금형 내로 동시에 유입되면 성형품의 불량 원인이 될 수도 있음을 간과하지 말아야 할 것이다.
예 : P.C, P.M.M.A 등 투명제품의 경우 실버 스트리크(은줄) 발생

(1) 해결책
노즐과 실린더 헤드를 같이 분해하여 내부에 잔존해 있는 수지를 깨끗이 태운다.

(2) 해설
통상적으로 볼 때, 단독으로 사용되지 않고 조립(결합)되어 사용되는 어떠한 기계부품일지라도 공차(空差)는 있게 마련이다. 여기서는 공차가 되는 부분을 노즐과 실린더 헤드의 결합 부분인 암·수 나사로 된 나사 피치 틈새로 보았다. 사출 진행 과정을 지켜봐도 가스가 빠질 틈새라고는 이곳 외에는 없다.
이 중요한 부분이 수지 찌꺼기(분해된 수지)로 막혀 있다고 생각했을 때 정상적인 가스 배출이 어렵다는 것은 자명한 사실이다. - 가스가 정상적으로 배출되지

못하고 일부는 사출공정 중에 수지와 함께 금형 안으로, 일부는 가열실린더 내에서 체류를 하면서 수지의 분해를 더욱더 촉진 - 한편, 노즐도 꽉 잠궈 주고, 노즐과 실린더 헤드 분해 청소도 확실히 했는데 가스가 배출되지 않을 경우도 있다.

이러한 경우는 노즐과 실린더 헤드를 결합할 때 최종적으로 맞닿는 맨 밑바닥의 결합면이 정확하지 못함이 원인이며, 결국 그 틈새로 수지가 새어나와 가스 배출 통로를 메꾸게 되어 정상적인 가스 배출을 막음으로써 발생된다고 할 수 있다. 이럴 때는 노즐과 실린더 헤드를 풀어서 문제가 되는 부분을 교정시켜 주면 된다.

➪ 위와 같은 조치로도 가스가 제대로 배출되지 않을 때는 성형기를 바꿔 보는 것도 한 가지 방법이 될 수 있다. 단, 앞의 것보다 노즐의 지름(φ)이 큰 것으로 바꾸면 좋다.
※ 노즐의 외경(φ)이 굵으면 그에 따른 가스 배출 통로가 넓어지므로 배출효과가 우수하다.

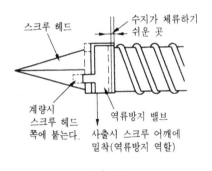

스크루 헤드

수지가 체류하기 쉬운 곳

계량시 스크루 헤드 쪽에 붙는다.

역류방지 밸브

사출시 스크루 어깨에 밀착(역류방지 역할)

그림 4.6

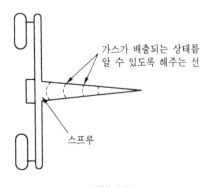

가스가 배출되는 상태를 알 수 있도록 해주는 선

스프루

그림 4.7

① 스크루(Screw)에 부착된 역류방지 밸브(Check valve)는 사출 진행 중에는 사출압력에 의해 스크루의 어깨부분에 밀착되어 수지의 역류(Back flow)를 막아 줌으로써 역류방지 역할을 수행하는데, 이 역류방지 밸브와 스크루 어깨부분 사이에는 수지가 체류하기 쉬우며, 체류된 수지가 과열·분해를 일으켜 정상적인 작업을 방해할 우려도 있음에 유의한다.

② 참고 : 가스(Gas) 배출 여부 확인방법(P.O.M. 수지의 경우)

성형품의 스프루(Sprue) 부분을 자세히 들여다 보면 가스(Gas)가 빠져나간 자국을 발견할 수 있다. 꼭 웰드라인 같은 희미한 선이 스프루 둘레를 휘감아 돌아가고 있는 형상인데, 선이 희미하고 보기에도 산뜻한 느낌이 들면 가스 배출상태는 지극히 양호하나, 굵게 패이고 선이 선명하게 나타나면 가스가 배출되어도 불안정한 상태이며 얼마 지나지 않아서 또다시 황화현상과 함께 정상작업을 불가능하게 만든다.

5. 원료 식별법

플라스틱 성형기술을 제대로 알기 위해서는 성형품의 샘플(Sample)을 보고도 무슨 원료를 사용하였는지, 또는 무슨 원료를 써야 되는지 등 원료 일반에 대 한 기초지식과 기본적인 원료 식별 정도는 할 줄 알아야 한다.

5.1 식별 요령

(1) 불에 태워 본다.

가장 기초적인 방법이다.

현존하는 플라스틱 원료 중 불소 수지(Fluorocarbon resin)만 불에 타지 않고 나머지 대부분은 불에 탄다. 자기 소화성(自己 消火性) 플라스틱은 외부에서 불을 붙였을 동안만 연소하고 불을 뗐을 때는 스스로 붙은 불을 끄는(꺼지는) 성질을 가지고 있는데 이것은 원래의 플라스틱 수지에 난연제를 첨가하였기 때문이다. 자기 소화성 플라스틱은 현재 여러 종류가 생산, 시판되고 있다.

> ⇨ **자기 소화성 플라스틱의 종류 및 차이점**
> - 종류
>   P.E, A.B.S, P.S, P.P, SAN, P.C, 변성 PPE, PA, PBT, PMMA, Phenol, Melamine, Epoxy 등
> - 차이점
>   난연제를 첨가하여 특성(자기 소화성)을 살렸으므로 물성면에서 봤을 때 강도 및 내충격성이 난연제를 첨가하지 않은 상태(즉, 본래의 플라스틱)보다 낮아지고 어떤 경우는 내열성도 하락한다.

① 불꽃 모양 관찰(타들어가는 모양, 상태)

② 입으로 불어서 불을 끈 다음 냄새를 맡아 본다.

> ⇨ 수지 종류마다 각기 다른 특유한 냄새가 난다.

③ 비교분석법

※ 예) P.C와 P.M.M.A의 구분

이 두 종류의 수지는 식별하기가 애매할 경우가 많다. 이럴 때는 같이 태워 보거나 긁어 보고, 강도도 체크해 보면 상호간에 비교될 수 있으므로 식별이 가능해진다.

5.2 수지별 사례

① A.B.S

불에 잘 타며 그을음이 다량 발생한다. 냄새에 따라 일반·내열성으로 구
분할 수 있다.

② P.P

불에 잘 타며 그을음이 다량 발생된다. 냄새로써 일반(Homo polymer)·
복합(Copolymer)으로 구분할 수 있다.

③ P.O.M

최루가스 성분으로 인한 냄새로 금방 식별이 가능하다(태우지 않아도 냄새
가 나므로 식별이 용이하다).

④ P.A

쉽게 불이 붙지 않으며, 불에 탈 때도 파랗고 약한 불꽃이 생기고 그을음
이 거의 없다(부글부글 끓으며 탄다).

⑤ E.V.A

초산(식초) 냄새가 난다.

⑥ P.V.C

고무냄새가 난다.

⑦ 기타

6. 생산 및 품질 관리

6.1 제품 보는 법

작업자와 품질 관리자 모두 아래 사항을 점검하여야 하며, 반자동(Semi auto)
금형의 작업시 작업자는 매쇼트(Shot)마다 습관적으로 제품을 관찰하여야 한
다. 특히, 전자동(Full auto) 금형의 경우는 수시로 제품을 관찰, 확인함으로
써 문제점 발생시 조기에 조치가 가능하여 대량 불량 사태를 사전에 예방할 수
가 있다.

6.2 확인 및 점검사항(Check list)

① 미성형(Short shot)

➡ **미성형(Short shot) 확인 요령**
주로 게이트에서 먼쪽(게이트 반대쪽)을 주시(일점 게이트의 경우, 이점 이상 다점 게이트는 게이트 바로 옆에 위치할 수도 있다)해야 하며, 특히 웰드라인(Weld line) 발생 위치에 포인트를 맞춰야 한다.
※ 웰드라인은 수지의 접합이 성형 마지막에 이뤄지므로 웰드라인 접합상태가 양호하면 미성형은 거의 발생하지 않는다.

② 수축(Sink mark)

③ 기포(Void)
특히, 투명제품(P.C, P.M.M.A, G.P.P.S 등)

④ 백화(白化)

⑤ 은줄(Silver streak)

⑥ 검은 줄(Black streak)

⑦ 버(Burr or Flash)

⑧ 크랙(Crack), 크레이징(Crazing)

⑨ 웰드라인(Weld line)
접합상태 및 강도, 가스(Gas) 발생 여부 · 탐(Burn)

⑩ 치수
조립물(Ass′y)의 경우 상대물과 조립상태 수시로 체크

⑪ 각종 변형
휨(Warp), 구부러짐(Bending), 뒤틀림(Twisting)
• 지그(Zig) 활용, 변형 방지

⑫ 기타

6.3 과학적인 생산 관리

모든 생산과정은 과학적이고 합리적이며 체계화된 생산계획하에 이루어지도록 하여야 한다. 일일(주·야), 주간, 월별, 분기, 반기, 연간 생산 계획을 수립, 시행한다.

6.4 생산 계획(生産計劃)

공장을 효과적으로 가동하고 생산흐름을 흐트러뜨리지 않기 위해서는 사전에 치밀한 계획이 뒷받침되어야 한다. 뚜렷한 계획 없이 주먹구구식으로 일을 추진하다 보면 마지막에는 낭패를 당하는 수가 있다. 계획을 세워서 일관되게 추진하면 한 번으로 족한 일을 계획성 없이 바로 행동으로 옮기면 똑같은 일이라도 두 번 이상 되풀이해야 하는 과오를 범하는 수가 종종 있다. 그러므로 계획(計劃)은 반드시 필요한 것이다. 생산 계획(生産計劃)을 수립함에 있어서 흔히 '캐파'라는 용어를 많이 사용한다. 이 뜻을 사전(辭典)에서 찾아 보면, '커패시티'로 적혀 있으며, 원어(原語)로는 'capacity'이고 의미는 '수용능력(受容能力)'을 나타낸다. 정확한 어휘는 이러하지만 혼돈을 피하고 쉽게 이해하도록 하기 위해 현재 통용되는 일반화된 용어(用語)인 '캐파'로 통일해서 설명해 나가겠다. 사출성형기에 '캐파'를 적용시키면 해당 사출기의 가용 판단이 가능해진다. 즉, 어떤 성형기를 한달 동안 가동시켰다고 했을 때 남는 여유시간 없이 풀가동시켰다면 그 기계는 '캐파'가 여유롭지 못하고 빡빡한 것이고, 생산 목표량을 이미 끝내 버리고 단 몇 일(혹은, 몇 시간)이라도 사출기를 세워 두었다면 '캐파'는 여유가 있는 것이 되며, 결국 비어 있는 시간(時間)만큼 차기(次期) 물량을 소화해 낼수 있는 여력(수용능력)이 생기게 된다. 생산계획(生産計劃) 수립시에는 사출성형기마다 '캐파'를 잘 판단하여 항상 '풀 캐파(full capacity)'로 운용될 수 있도록 해야 한다. '캐파'가 조금이라도 여유가 있으면 영업 활동(營業活動)을 잘해서 발주업체(發注業體)로부터 한 벌의 금형이라도 더 받아 올 수 있도록 노력해야 하며 '캐파'가 사출물량의 과잉공급으로 인해 더 이상 수용할 능력이 없으면 생산 스케줄(schedule, 일정)에 쫓겨 자칫하면 납기(納期)를 맞추지 못하는 우(遇)를 범할 수도 있다. 그러므로 보다 계획성있고 능률을 배가(倍加)시킬 수 있도록 하기 위해서는 과학적이고도 합리적인 생산계획 수립에 만전을 기해야 한다. 생산계획 수립시에 다음의 사항을 충분히 반영하여 시행착오가 없도록 하기 바란다.

1) 발주서(發注書)에 따른 'capacity' 판단

사출성형기의 '캐파'를 판단하기 위해서는 해당되는 기계에 올라가는(부착되어 양산(量産)에 들어가는) 각 금형의 성형 사이클(1 shot cycle)이 정확하게 파악되어야 한다. 그래야만 발주수량(發注數量)을 소화해 내는 데 걸릴 예상 소요 시간을 계산할 수 있다. 일단 예상 소요시간이 나오면 거기에 따른 사출기의 '캐 파'를 알 수 있다. 즉, 발주수량을 마감하고도 여유가 있을지, 없을지를 판단할 수 있다. 그리고 위의 '예상 소요시간'이란 성형기의 가동시간(可動時間)을 뜻하 며, 위에서 산출되어 나온 시간은 어디까지나 가정치에 불과하다. 실질적인 가 동시간은 사출기를 직접 가동시켜 봐야 알 수 있으며 여기에는 변수(變數)가 있 다. 한편, 발주수량을 무시하고 일반적으로 사출성형기의 한달 동안의 순수한 가동시간을 계산할 때에는 총 가용시간(한달을 시간(時間)으로 환산한 수치)에 서 작업이 불가능한 시간(국·공휴일 등)을 빼고나면 가동시간(可動時間)이 나 온다. 여기서 산출된 시간도 계산상의 수치이며 실질적으로는 작업 중 발생하는 손실시간(Loss time)을 뺀 나머지 시간을 가동시간으로 잡아야 진정한 의미의 가동시간이 된다. 그러나 생산계획서 작성시에는 계산상으로 나타나는 수치 외 에도 항상 돌발 변수가 존재하고 있음을 알아야 한다. 즉, 작업 도중에 원료가 떨어져서 제때 공급되지 못하여 기계를 세워둘 수 밖에 없는 경우나 갑자기 시 험 사출(試驗 射出)이 예정되는 경우도 있으므로, 이 시간도 충분히 감안하여 계산에 포함시켜야 한다.

2) 성형기의 능력에 따른 무리없는 금형배분(配分)

성형기의 전체적인 능률(능력, 형체력 혹은 사출용량을 비롯한 전반적인 기계상 태)을 고려하지 않은 금형배분은 작업을 지연시키고 생산성을 하락시키며, 성형 작업의 연속성과 흐름을 깨고 불필요한 손실만 양산시킨다. 어디까지나 안정적 인 밸런스(Balance)에 입각한 배분이 이뤄지도록 한다.

3) 사용 플라스틱 수지의 특성에 따라 사출기별로 가급적이면 동종(同種)의 수지로 원료교환이 이뤄지도록 한다.

같은 종류의 수지로 묶어 두면 금형교환시에 금형만 바꾸면 되는 이점이 있다. 이렇게 되면 관리하기도 수월하고 원료 손실 및 시간손실도 줄일 수 있어 기계 의 가동률을 높일 수 있으나, 이것이 불가능하더라도 성형온도 범위가 비교적 비슷한 수지끼리 또는 서로 친화력이 있는 수지끼리 원료교환이 이뤄지도록 하 면 역시 능률 면에서 크게 뒤지지 않는다. 금형교환 시간도 목표시간을 정하여 최대한 빠른 시간 내에 끝날 수 있도록 독려(금형교환시 로케이트 링(Locate ring)을 활용하면 취부시간이 단축된다)하는 것도 중요하다. 그리고 금형교환 전(前) 건조가 필요한 재료는, 사전에 호퍼 내에서 건조가 충분히 따라 붙을 수 있도록 우선 필요한 양만큼 열풍순환식 건조기를 활용하여 건조시켜야 한다. 또한, 금형교환을 전·후로 해서 사출기에 금형별로 성형조건을 저장(Memory)해 두었다가 필요할 때마다(금형교환시마다)호출하여 사용하면 작업성이 훨씬 뛰어나므로 습관화하도록 하고, 원료 퍼지(Purge)시에도 불필요하게 원료를 낭비하는 일이 없도록 각별한 관심과 주의를 기울인다.

이러한 내용을 충분히 검토하여 생산계획에 반영하고 행동으로 옮기면 정해진 납기 일정에 맞춰 차질 없이 양질(良質)의 제품을 제때 공급(납품)할 수 있으며, 원가절감도 기대해 볼 수 있다.

※ 생산계획을 잘 짜면 생산현장의 전체적인 흐름을 정확히 꿰뚫어 볼 수 있다.

7. 올바른 생산관리자로서의 구비조건

7.1 품위 유지

인격 형성 차원에서 기술보다는 인간적인 면을 우선순위로 하여야 한다.
기술은 당연히 생산 관리자로서 본연의 업무수행에 차질이 없어야 한다.
사내(社內) 다른 직원들의 모범이 됨으로써 믿고 따르게 되어 결국 생산성 향상으로 이어지게 된다.

7.2 각종 행정서류 구비 및 관리

항상 생산 현황 및 제품 재고 관리를 철저히 하여야 하며, 누가 봐도 생산흐름을 정확히 알 수 있도록 현황을 일목요연하게 정리하는 습관을 길러야 한다.

(1) 재고 파악 철저
차기 생산 계획 수립시 충분히 반영

(2) 정확한 납기 일정 준수

업무 차질 요인 사전 제거

(3) 각종 생산 관리 구비 서류

① 생산 계획서

② 생산 일보

③ 제품 관리 대장

④ 원료 관리 대장

⑤ 기계 관리 대장

⑥ 금형 목록 및 입·출 관리 대장

⑦ 기타

    ㉮ 각종 영수증철

    ㉯ 소모품 관리 대장

    ㉰ 사출 견적서, 원료 및 제품 단가 등

7.3 오너(Owner)와의 대화 창구 상시 개설

① 지시 및 건의 체계 확립

② 항시 유기적인 협조 체제하에서 회사의 발전을 위해 노력한다(공동 운명체 의식, 노사 협력 분위기 조성).

맺음말

지금까지 플라스틱 사출성형기술 전반에 대해서 살펴보았다. 설명을 해나가는 과정에서 다소 미흡하거나 부족한 점도 없지 않았으리라 생각된다. 그러나 꼭 필요하다고 생각되는 내용은 설명이 다소 중복되는 한이 있더라도 내용을 확실히 이해시킬 목적으로 되풀이하는 반복과정을 거쳤다. 한 번 읽고 단번에 이해한 독자들에게는 다소 좀 지루한 감도 있겠지만, 혹시라도 고개를 갸우뚱 하신 분들께는 일부 참고가 되었으리라 본다.

여기에 소개한 여러 가지 사항들을 종합적으로 검토하여 필자가 특별히 강조한 내용들은 필히 독자 여러분들의 몫으로 만들 수 있기를 바란다. 물론 플라스틱 사출성형기술은 결코 하루, 이틀만에 습득할 수 있는 것은 아니다. 그러나 모름지기 '뜻이 있는 곳에 길이 있다'고 했다. 본인이 배우겠다는 확고한 의지만 있다면 길(방법)은 있게 마련이다. 필자가 여기서 밝히고자 하는 것은 플라스틱에 관심 있는 독자들을 위해서 보다 빠른 길로, 보다 수월하게 본 궤도에 정확히 진입할 수 있도록 길을 안내해 주는 역할을 하겠다는 것이다.

그리고 본론의 설명 과정이 다소 길어진 이유는, 독자 여러분에게 실전에서 성형조건을 부여(설정)할 때 성형조건의 구상 방향을 잡아 주기 위한 취지에서다. '사랑하는 자식을 위해서라면 물고기를 잡아다 주지 말고 그 잡는 법을 가르쳐 주라'는 러시아 속담이 있다. 이것이 바로 필자가 하고자 하는 말의 핵심(核心)이다. 독자 여러분도 필자가 제시한 여러 불량 사례별 풀이법은 하나의 참고자료로 삼고, 풀이하는 과정을 통해 어떤 원칙(원리)을 스스로 발견하고 터득하여, 실전에 임할시 여러 가지 다른 형태로 응용할 수 있는 능력을 기를 수 있기를 바란다. 제아무리 고가(高價)의 사출기를 갖다 놓아도 작업자가 무능하면 그 기계는 아무 쓸모가 없는 한낱 고철덩어리에 불과하나, 반대로 사출기가 아주 볼품이 없어도 그 자체의 기능을 100% 발휘할 수 있도록 작업자가 섬세하게 운용하고 잘 관리해 주면 그 이상 가는 훌륭한 사출성형기는 없을 것이다. 모쪼록 중단 없는 꾸준한 자기계발로 소기의 목적을 달성할 수 있기를 진심으로 바라는 마음 간절하다.

부록

부 록

1. 초보자를 위한 코너

1.1 금형 교환법

1.1.1 금형 분리

① 작업이 끝난 금형은 형개완료된 상태에서 기계의 시동을 끈다(OFF).

② 냉각 호스를 금형 니플(Nipple)로부터 분리시키고, 호스 분리시 금형 캐비티나 기타 부분(기계 등)에 물기가 배었으면 에어 컴프레서(Air compressor)로 깨끗이 불어낸다. 물기가 없다 하더라도 한두 번쯤 깨끗이 불어낸 후(금형의 캐비티 내에 성형품의 찌꺼기가 붙어 있을 수 있다), 방청제를 뿌린다. 이때 주의할 점은, 금형에 따라서 많이 뿌리면 다음 작업시 방청제가 계속 묻어 나와 정상작업이 불가능할 경우도 있으므로(특히, 밀핀 부위), 이 점에 특히 유의하기 바란다. 만일 이러한 금형에 방청제를 뿌릴 경우는 깨끗한 탈지면이나 부드러운 헝겊 같은 것에 방청제를 뿌린 후, 금형 캐비티만 방청제가 묻을 수 있도록 살짝 찍어 주는 방법도 있다. 그러나 깊은 리브(rib) 등이 있을 경우는 사실상 이 방법도 어려워지며, 알아서 뿌려 주는 수밖에 없다. 단, 금형 교환 후 성형작업에 들어가면 금형을 냉각시켜 주게 되므로 금형이 차갑게 되면 특히 밀핀에 묻어 나오는 방청제는 곧 해소된다.

③ 다시 기계시동을 걸고(ON) 조작 패널의 절환 스위치를 금형 교환 쪽에 위치시킨 후에 금형을 닫되(Mold close), 완전히 형폐완료까지 시키지는 말고, 금형의 파팅라인만 붙었다 싶으면 즉시 멈추고 시동을 다시 끈다

(OFF). 규정된 아이(I) 볼트를 착용시키고, 호이스트(Hoist)나 짐부르크를 사용하여 아이(I) 볼트에 걸어 놓고 금형 고정용 클램프(Clamp)를 분리시킨 후 다시 시동을 건다(ON). 역시 조작 패널의 절환 스위치가 금형 교환 쪽에 위치하고 있는지 다시 한 번 더 확인을 한 후 형개를 시킨다. 형개완료까지 완전히 도달하면 다시 시동을 끄고(OFF) 안전하게 금형을 기계로부터 분리시킨 후, 금형 보관대에 보관하기 전에 금형의 냉각회로 내에 고여 있는 냉각수를 공기(Air)로 깨끗이 불어낸다. 그 후 금형의 스프루 부시(Sprue bush)에 스카치 테이프 등을 조금만 찢어서 붙여 주면 습기나 이물질 등의 유입을 차단할 수 있게 되어 금형을 보호할 수 있다. 이렇게 한 후 안전하게 정해진 금형 보관대에 청결히 보관한다.

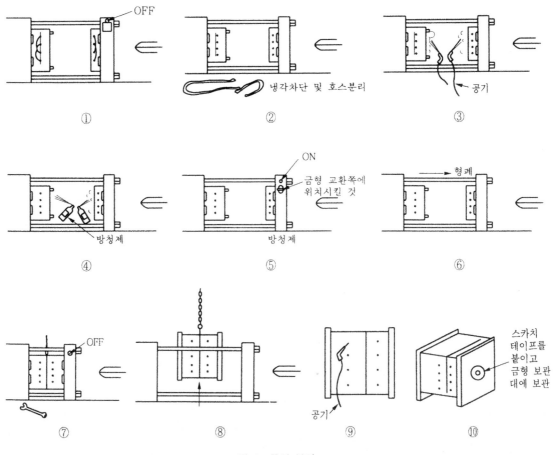

그림 1 금형 분리

1.1.2 금형 부착

① 호이스트나 짐부르크를 사용해서 금형을 들어 올려, 일단 기계의 조방(Die plate) 사이에 넣는다.

※ 주 : 금형을 조방 사이에 넣기 전에 이젝터 바(Bar)도 확인한다(교환하고자 하는 금형과 위치와 숫자가 맞는지 확인).

② 금형에 로케이트 링(Locate ring)이 부착되어 있으면 금형과 사출기 노즐의 센터 맞춤은 신경을 쓰지 않아도 되나, 부착되어 있지 않으면 정확히 센터를 맞춰야만 한다. 여기서는 로케이트 링이 부착되지 않았을 경우를 대비해 설명할까 한다.

③ 조방(Die plate) 내에 위치한 금형의 현재 센터 위치를 기계의 고정측 조방(고정 다이 플레이트)에 바짝 붙여 정중앙(고정 다이 플레이트에 구멍(센터 맞춤용)이 뚫려져 있는데 그 구멍의 정중앙을 말함)에 오도록 한다(대충 눈대중으로).

④ 기계 시동을 건다(ON).

위치절환 스위치가 금형 교환 쪽에 위치해 있는가를 확인하고, 형폐(Mold close)를 시킨다. 금형 두께(Mold thickness)가 앞의 작업 때의 금형보다 얇으면 금형 두께 조정을 '전진' 방향으로, 그 반대이면 '후진' 방향으로 형두께를 조절한다. 이렇게 하여 두께 조절이 끝나고 나면, 위치절환 스위치를 수동에 위치시키고 형폐완료를 시켜 본다.

※ 이때 주의할 점은, 기계의 금형부(Mold unit) 제어 패널의 형개·폐 속도는 저속(Slow)으로 유지해야 한다는 것이다.

형폐완료시 압력 게이지(Pressure gauge)의 압력을 체크했을 때, 눈금 바늘이 순간적으로 수치 $50kg/cm^2 \sim 60kg/cm^2$ 정도를 가리키면 두께 조절이 완료된 것으로 생각하면 된다. 만일 수치가 미달(혹은 과다)되면 다시 전진(혹은 후진)시켜 주고, 두께 조절이 완료될 때까지 반복한다.

※ 주 : 이 두께 조절은 토글식 사출성형기일 경우에만 적용되며, 직압식 사출성형기의 경우에는 필요없다(자동적으로 두께 조절이 이루어짐- 금형을 조방 사이에 넣고 형폐완료만 시켜 주면 자동으로 두께가 맞춰지게 되어 있다).

⑤ 이렇게 해서 두께조절이 끝나면, 금형과 노즐의 센터 맞춤에 들어간다. 이 때 형폐완료가 되어 있는 상태라면 약간만 형개(Mold open)시켜 해제시켜 놓고(기계의 형폐완료 상태를 오래 유지하면 금형이 열리지 않을 수도 있다. 그러므로 성형작업이 끝나고 나면 금형을 살짝만 닫아 놓을 것), 다음 동작으로 사출대를 최대한 금형의 센터 쪽으로(스프루와 가까이) 전진시켜 금형 스프루와 사출기의 노즐 사이가 거의 붙을까 말까 할 정도의 위치에서 스톱(Stop)시켜 놓는다. 그리고 그 상태에서 대충 눈대중으로 금형의 센터가 사출기의 노즐 센터와 비교했을 때 거의 중심에 일치하는지, 아니면 높은지, 낮은지, 좌·우 어느 쪽으로 쏠렸는지 등을 살펴봐야 한다. 거의 맞다 싶을 때(수정이 필요할 경우, 약간 형개 동작을 시켜 손 혹은 호이스트나 짐부르크 등으로 거의 정확하게 수정한다), 다시 형폐완료 후 사출대 노즐이 금형의 스프루와 터치될 수 있도록 사출대를 완전히 전진시킨다. 터치시켰을 때 육안으로 사출대의 노즐이 상·하·좌·우 어느 쪽으로든 쏠리는 느낌이 있으면 다시 수정한다. 어느 쪽으로도 쏠리지 않고 정통으로 센터가 맞으면 더할 나위가 없다. 그리고 육안으로 확인이 불가능할 경우에는 얇은 종이를 사이에 대고 터치시켜 보면 종이에 찍혀 나오는 모양을 보고 센터맞춤이 정확한지 아닌지를 보다 확실히 알 수 있다.

⑥ 조정이 끝나면 시동을 끄고(OFF), 클램프로써 금형 조임에 들어가면 된다.

⑦ 금형을 다 조이고 나면 호이스트나 짐부르크를 철수시키고 시동을 건다(ON). 그리고 형개를 시켜 형개완료된 상태에서 이젝터(Ejector) 거리 및 전·후진 속도 컨트롤, 기타 형개·폐 속도 컨트롤 등 필요한 사항을 조치한다. 이렇게 한 후 다시 시동을 끄고(OFF) 금형의 냉각호스를 연결하면 금형 교환 작업은 종료된다.

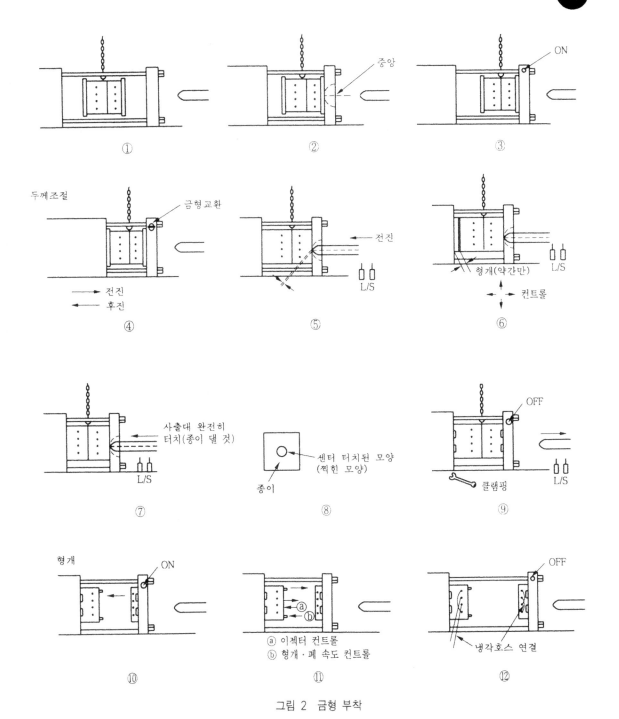

그림 2 금형 부착

1.2 시험 사출

금형이 새롭게 완성되면 처음 설계한 대로 정확하게 만들어졌는지 확인을 해봐야만 되는데, 이렇게 하려면 금형을 사출기에 부착하여 성형을 해봐야 알 수 있다. 이와 같이 신작 금형(新作 金型)을 테스트할 목적으로 성형하는 것을 시험 사출(혹은 간단히 시사출)이라고 하며, 성형 후 초도제품(Sample)을 참고로 하여 금형 수정이 필요하면 수정을 시킨다든가 하는 등의 조치를 취하게 된다.

※ 보수 및 수리를 위한 금형도 수리 상태를 확인하기 위해 필요할 경우 시사출을 해 볼 수 있다.

1.2.1 시험 사출(시사출) 요령

① 신작 금형의 경우 형개·폐 속도는 가급적 저속으로 컨트롤한다(금형이 아직 정상적으로 길들여지지 않았기 때문에 상하지 않도록 조심해야 한다).

② 유압 코어(Hydraulic core) 금형의 경우에는 특히 코어 작동과 코어 선택에 유의한다.

   ㉮ 코어 선택

     A.B.C 코어 중 택일

   ㉯ 코어 작동

     수동(Manual) 상태에서 충분히 작동 조건(즉, 코어 전·후진 압력, 속도, 시간) 및 작동 상태를 확인한다.

③ 금형 컨트롤이 끝나면 성형에 들어가게 되는데, 이후의 과정은 앞장의 「성형조건 접근법」을 참조로 하여 시행하되, 항상 주의를 기울이며 실시한다.

※ 시험 사출시에는 가급적 금형 담당자의 입회하에 실시하는 것이 바람직하다.

2. 스크루 · 실린더 교체 요령

2.1 교체 시기

정확히 몇 개월 혹은 몇 년마다 교체를 해야 한다는 규정은 없다. 단지, 그 수명을 다 했다고 판단될 때 교체하도록 한다.

2.2 교체 여부 판단 근거

① 성형조건의 불안정

사출압력을 웬만큼 올려도 내렸을 때보다 더 큰 미성형이 발생되는 등, 성형조건이 전반적으로 불안정할 경우(정상적인 상태에서 봤을 때 전혀 이해할 수 없는 상황으로 조건이 이행될 때, 특히 사출 및 계량공정시에 이상현상 발생)

⇨ 위의 경우 역류방지 밸브(Check valve)의 마모로 인해 백 플로(Back flow, 역류)가 발생해서 생긴 현상이므로 수리 및 필요시 교체를 해줘야 한다.
그리고 수지의 역류가 심하면 정상적인 성형작업도 불가능할 뿐 아니라 호퍼 하단부에 역류된 수지가 '덩어리'가 되어 수지공급을 차단하기도 한다.

② 스크루 헤드(Screw head)가 부러졌을 경우

③ 성형작업 중 특히 P.O.M 작업의 경우, 성형품에 황화현상 발생 등의 이유로 온갖 조치를 다 해봐도 해결이 안 될 때는, 스크루 및 실린더 내벽의 긁힘이나 마모 등으로 인해 그 마모된 부분에 수지(P.O.M)가 체류함으로써 과열·분해되어 이런 현상이 생기지 않았나를 한 번쯤 의심해 본다.

⇨ 「긁힘」 등의 원인
분쇄재료의 과다 사용으로 이물질(쇳조각 등)이 유입되어 발생한다.

2.3 교체방법

① 먼저, 가열실린더 내의 수지를 완전히 배출시킨다(호퍼 하단부의 원료투입구를 차단시켜 놓은 상태에서 실시). 그리고 노즐과 실린더 헤드부분의 열만 끄고(OFF) 밴드히터도 함께 제거한 후, 노즐과 실린더 헤드를 풀어낸다.

② 사출대 고정용 볼트를 '한 개'만 남기고 다 풀어낸다. 남은 한 개는 완전히 풀지 말고 조금만 풀어 놓는다(사출대를 작업이 용이하도록 하기 위해 돌려 놓기 위함).

③ 사출대를 작업자 방향으로 돌려 놓되, 필히 기계 시동은 끄고(OFF), 실린더 몸체에 남은 밴드히터도 완전히 제거시킨 후 실행한다. 단, 스크루를 빼내는 과정에서 실린더 내부가 식으면 실린더 내벽과 스크루에 묻어있는 수지가 굳어서 스크루가 잘 빠지지 않게 되므로, 이 점에 유의하여 안전과 작업상에 무리가 뒤따르지 않는 범위 내에서 잘 판단하여 시행하기 바란다.

④ 스크루를 잡고 있는 볼트를 제거한다.

⑤ 기계 시동을 걸고(ON), 사출과 흐름방지(Suck back)를 반복하면서 일단 스크루만 제거한다.

⑥ 마지막으로 실린더를 지지해 주는 볼트를 풀어낸 후, 짐부르크나 호이스트를 사용하여 가열실린더 몸체를 기계와 완전히 분리해 낸다.

⑦ 조립은 분해시와 역순으로 실시하되, 실린더와 호퍼 하단부 원료 투입구의 맞춤용 키(key)의 위치를 잘 확인하고 조립한다.

※ 주의 사항

작업 중 스크루의 정면에 작업자가 위치하지 않도록 할 것(안전사고 우려).

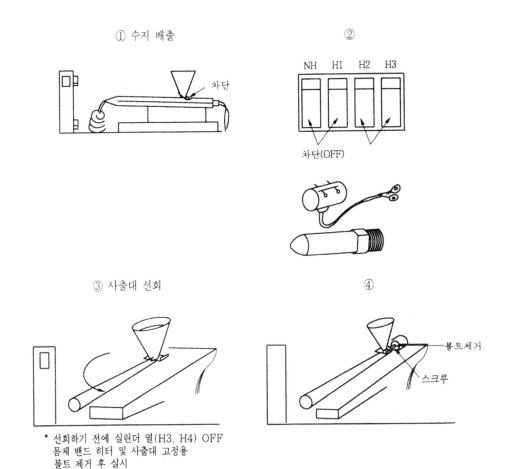

① 수지 배출

②

차단

NH H1 H2 H3

차단(OFF)

③ 사출대 선회

④

볼트제거

스크루

* 선회하기 전에 실린더 열(H3, H4) OFF
몸체 밴드 히터 및 사출대 고정용
볼트 제거 후 실시

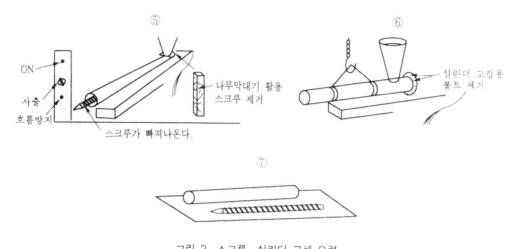

그림 3 스크루 · 실린더 교체 요령

3. 사출기 점검 및 관리 요령

3.1 성형조건이 사출기에 미치는 영향

① 과도한 성형조건은 기계의 마모를 촉진하고, 특히 유압계통에 상당한 무리
가 따르게 된다.

➡ 금형에 맞춰서 성형조건을 설정할 때에는 금형제작 상태가 양호하여 무리없는 조
건(예 : 적당한 사출압력, 적당한 열 등) 설정이 가능할 경우라면 지장이 없으나,
때로는 그렇지 못할 때도 있다. 이럴 경우 무작정 제품 성형에만 치중하여 무리한
조건을 부여하지 말고, 정작 원인이 되는 금형을 수정할 수 있는 방안을 강구함이
현명할 것이다.

② 형개 · 폐 속도 컨트롤시 정확하지 못한 컨트롤은 기계와 금형을 동시에 상
하게 할 우려가 있다.

➡ 형개·폐 속도 컨트롤은 금형의 구조와 내용에 맞게 컨트롤해야 한다. 예를 들어
복잡한 구조로 되어 있는 슬라이드 금형을 빠르게 개·폐시키면 핀이 부러질 염려
가 있다.

③ 형두께 조절시도 무리한 조임 금지

결국 높은 형폐압력으로 연속 성형이 됨으로써 성형품의 버(Burr) 발생은
나아질지 모르나, 토글 쪽에 상당한 기계적 무리가 가게 된다.

3.2 사출기 능력과 금형과의 관계

〈사출명언〉"한 단계 올려라"

금형이 6o.z용으로 제작된 것일지라도 기계에 올릴 경우는 그보다 한 단계 올려서(예를 들면, 8o.z 정도) 성형을 하면 순조롭다는 뜻이다. 물론, 임가공비 등 단가 적용상 현실적으로 무리가 따르겠지만 참고로 할 것. 단,ㆍ너무 등급을 올리면 도리어 역효과!

3.3 점검 및 관리요령

슬로건 : "닦고, 조이고, 기름치자."

3.3.1 점검 항목

(1) 유압 계통

① 기름 누출 여부

② 작동유 상태(교환 및 보충 여부 점검)

　㉮ 연 1회 교환

　　1일 가동시간을 16시간으로 잡았을 때 2000시간~6000시간 내에 교환하는 것이 적당하다.

　㉯ 부족시 보충

　　보충용 비치(재생유 사용 가능)

　㉰ 유온의 적정 여부

　　• 35℃~45℃가 이상적인 온도

　　• 20℃~60℃까지가 사용 한계 온도

※ 주 : 기계를 정지시켰다가 익일 가동시, 작동유 온도가 떨어진 상태이므로 사출기에 부착된 쿨러(Cooler)를 즉각 가동시키지 말고, 어느 정도 작동유가 열을 받아 유온이 적정 수준까지 도달했을 때 가동시킨다. 특히, 여름철에는 덜하나 겨울철에는 유온 하락이 심하므로 동절기에는 필히 5분 정도(혹은 그 이상)의 워밍업(Warming up)을 실시하는 것이 좋다(토글식 사출성형기에만 해당).

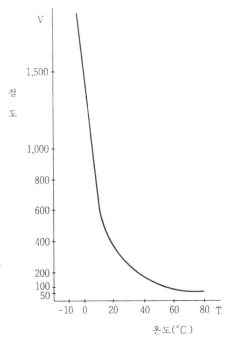

그림 4 작동유 온도와 점도의 관계

그림 5 각종 릴레이

(2) 전기 계통

컨트롤 박스(Control box) 내부를 열고 에어 컴프레서로 살짝 불어낸다. 사출기는 전기 계통의 대부분을 릴레이(Relay)가 차지하므로 이 릴레이의 접점이 공기 중의 먼지나 이물질로 인해 소모 내지 소손(접촉 불량으로 소손됨)되고, 마그넷 코일도 역시 같은 원인으로 소손된다. 항상 내부가 깨끗하도록 청결을 유지한다.

(3) 기타사항

① 윤활유 공급은 원활한가?
② 기계가 작동 중 이상소음은 없는가?
③ 각 조립부위마다 풀어지거나 느슨해지지는 않았는가? 등

3.3.2 유압 계통의 보수 및 관리 항목

사출기 유압계통의 생명은 고정밀도(高精密度)의 끼워맞춤에 있다. 먼지(입자가 큰), 쇳가루, 배관 스케일(찌꺼기) 및 각종 이물질 등이 유압계통에 유입되면

치명적이며, 이러한 것들이 유압기기 고장원인의 대부분을 차지한다. 특히 생산 현장에서, 작동유 저장탱크 덮개(뚜껑)를 잘 덮어 고정시켜 놓지 않고 열어 놓은 채로 무심코 성형작업에만 몰두하는 경우도 간혹 볼 수 있다. 이것은 이물질이 유입될 수 있도록 통로를 개방시켜 놓은 것과 다를 바 없으므로 평소 기계관리에 각별히 신경을 써야 한다.

① 작동유 탱크 : 작동유 교환시마다 청소한다.

② 공기 청정기(Air breather)

탱크 내의 대기압 상태를 유지시켜 주고 탱크를 밀폐시키는 작용과 함께 먼지 및 수분 등의 유입을 막고 탱크 내의 작동유 유면의 변동(증·감)에 따라서 공기가 출입할 수 있도록 하는 역할을 한다. 보통 3개월에 한 번씩 필터(Filter)를 용매로 세정하여야 한다.

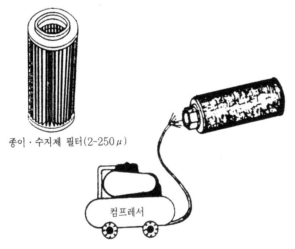

종이·수지제 필터(2-250μ)

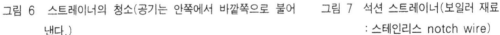

컴프레서

그림 6 스트레이너의 청소(공기는 안쪽에서 바깥쪽으로 불어 낸다.)

그림 7 석션 스트레이너(보일러 재료 : 스테인리스 notch wire)

③ 석션 스트레이너(Suction strainer)

작동유 탱크의 하단에 위치해 있다. 작동유를 교환할 때 분리해 내어 이물질을 제거한다(공기(Air)로 안쪽에서 바깥쪽으로 불어낼 것).

※ 펌프(Pump)의 석션 스트레이너는 펌프의 소음, 수명 등에 크게 영향을 끼친다.

④ 쿨러(Cooler)

1년에 한 번 정도는 청소를 하고, 적정 유온 유지를 위해서는 쿨러 전용 냉각기를 고려해 봐야 한다.

그림 8 쿨러

⑤ 유온계

오일레벨(Oil level)은 매일 아침 점검을 생활화해야 한다. 상한(High)선 이상이 되면 기름(작동유)이 넘치고, 하한(Low)선 이하가 되면 흡입 스트 레이너에서 공기를 흡입하게 된다.

⑥ 유압호스 점검

인신사고와 직결될 수 있으므로 이상시에는 즉시 교체하여야 한다.

3.3.3 동절기 쿨링 타워(Cooling tower) 관리 요령

그림 9 쿨링 타워

① 외부 냉각배관(입·출) 보온 유지

가능하다면 쿨링 타워 전체적으로 보온대책을 강구하도록 한다.

② 사출기 가동 정지시 조치사항

㉮ 단기 정지시(익일 작업시까지만 정지할 경 우)쿨링 타워만 가동시키되(24시간), 냉 각 팬 모터(Cooling fan motor)만 OFF 한다.

㉴ 장기 정지시(휴무시 동파 방지 대책)

사출기 쿨러 내부의 냉각수를 배출시키고, 쿨링 타워(Cooling tower)
에 남아 있는 잔여 냉각수 전량을 저장 탱크로 내보낸다. 그리고 금형
의 냉각호스도 함께 **빼내고** 금형 냉각회로 내부의 잔여 수분도 공기
(Air)로 완전히 불어낸다.

㉵ 양수기(揚水機) 배수작업을 실시하여 내부의 물을 완전히 **빼낸다.** 배수
미실시로 내부의 물이 언 것을 모르고 모터를 가동시키면 모터가 부하
를 받아 타버린다.

4. 이형제 종류 및 사용법

4.1 사용목적

성형품의 이형(離型)이 곤란할 경우에 사용한다.

4.2 이형제의 종류

1차 · 2차 이형제로 구분한다.

① 1차 이형제(실리콘(Silicon) 이형제)

이형효과는 탁월하나 성형품에 이형제 자국이 남는 것이 결점이다. 투명한
성형품이나 2차 가공(후가공)을 요할 경우에는 부적절하다. 특별한 경우
외에는 가급적 사용을 자제하는 것이 좋다.

② 2차 이형제

이형효과는 실리콘 이형제(1차 이형제)보다 미흡하나 이형제 자국이 별로
남지 않으므로, 2차 가공(후가공)이 필요한 성형품 성형시에 주로 사용한
다.

4.3 이형제 사용 요령

스프레이식(Spray Type)으로 되어 있으며, 특히 1차 이형제를 사용할 경우에는 가급적이면 이형제 자국은 최소화하고 이형효과는 극대화하기 위해 적당한 거리에서 '살짝' 뿌려 주는 방식을 취하도록 한다.

4.4 기타

① 방청제

금형 교환시에 주로 사용하며, 녹이 슬지 않도록 하기 위해 금형의 캐비티나 기타 필요한 부위에 뿌린다. 스프레이식(Spray Type)

② 스크루 세척제

원료 교환시 스크루 및 실린더 청소(퍼지)용으로 적합하다. 스프레이식(Spray Type)

※ 사용법

퍼지용 재료(P.P나 P.E 등) 한 바가지에 세정액(스크루 세척제)을 퍼지용 재료(한 바가지)의 3~5%에 해당되는 양으로 혼합(고무장갑을 끼고 실시)하여 가열실린더 내에 투입한다. 3~5분 정도 경과 후(빨래 삶는 효과 기대), 배압을 높게 가하고 퍼지를 하면 때가 쏙 빠진다.

5. 회로 테스터기 사용법

5.1 사용목적 및 취지

의사의 청진기와도 같이 사출성형기의 고장을 진단할 수 있으며, 사출기에 있어서는 저항(Ω)과 전압(V) 측정이 주된 용도라고 할 수 있다. 테스터기를 사출성형기에 사용할 경우에는 그다지 정밀한 측정치까지는 요구되지 않으나, 테스터기를 고장 없이 오래 사용하기 위해서는 기본사용법 정도는 알고 있어야 한다.

5.2 테스터기 종류 및 각부 명칭

1. 지시계 지침
2. 직렬콘덴서 단자
3. DC 10A단자
4. 렌지선정 스위치
5. 측정단자-COM
6. 지시계 눈금판
7. 지시계 0점 조정 나사
8. 0옴 조정 손잡이
9. 트랜지스터 단자
10. 측정단자

그림 10 아날로그 방식

그림 11 디지털 방식

1) 아날로그 방식

① 측정단자(플러그) : ⊕와 ⊖단자로서 테스트 리드(Test lead)의 적색을 ⊕
단자에, 흑색을 ⊖단자에 각각 접속한다. 사용하지 않을 때는 빼둔다.

② 미터부 : 바늘의 움직임을 보고 전압(직류(D.C), 교류(A.C)) 전류, 저항을
판독할 수 있다. 여러 눈금이 한곳에 표시되어 있으므로 잘 확인하고 읽어
야 한다(로터리·평선 스위치의 변환 위치를 확인한 후 해당 눈금 판독).

③ 로터리 스위치 : 중앙에 위치한 변환 스위치를 말한다. 시계 방향과 반시계
방향으로 돌려서 범위(Range)를 바꿔 주며, 미터를 읽을 때 범위를 필히
확인하여야 한다(범위를 확인하지 않으면 판독장소를 알 수 없게 됨).

➨ 범위(Range)란?
직류전압(D.C.V), 교류전압(A.C.V), 직류전류(D.C.A), 저항(O.H.M) 등을 말하며,
각 범위 안에는 또다시 세분화되어 각 위치별로 세밀하게 변환이 가능하도록 구
성되어 있다.

④ 0Ω 조정기((O.ADJ)조정 손잡이)

저항 측정시에 꼭 필요한 것이다. 저항을 정확히 측정하기 위해서는 측정 범위(Range)를 "X, X10, XIK." 등의 위치로 절환했을 때 테스트리드 (⊕, ⊖ 단자)를 접촉시켜 0Ω을 가리키도록 조정해 준 후 실시해야 한다.

⑤ 0위치 조정기

측정하기 전에 미터가 가리키는 수치가 0에 위치하지 않았을 경우에 0에 오도록 조정하는 손잡이이다.

(1) 측정시 주의할 점

① 테스터기를 수평에 위치시키고 반드시 0위치를 확인한다(오차 발생을 줄임).

② 측정범위(Range)에 맞게 사용해야 한다. 잘못 선정하면 테스터기가 파손 되거나 측정물이 고장나게 된다. 만일 측정범위를 세분화해서 측정물이 어 느 범위에 해당되는지를 정확히 모를 경우에는, 그 범위의 최대치로부터 측정하여 바늘의 움직임을 보면서 조금씩 범위를 낮춰 가며 측정해야 한 다. 측정이 끝나면 OFF에 위치시킨다.

③ 테스트 리드와 삽입플러그(구멍, 잭(Jack))의 결합을 바르고 확실하게 한 다. 'COM' 기호(⊖ 단자)는 공통단자란 뜻이다.

④ 측정범위를 변환하고자 할 때는 스위치를 끄거나 테스트 리드를 뽑은 다음 에 돌린다.

➡ 로터리 스위치의 스파크(Spark) 등으로 인한 손상을 방지하기 위한 목적이다. 단, 전류 측정시에만 회로 전원을 차단(OFF)한다.

⑤ 충격과 진동에 약하므로 조심스럽게 다룬다.

⑥ 직사광선, 높은 온도, 습기가 많은 곳은 피한다.

⑦ 강력한 자석이 테스터기 주변에 위치하지 않도록 주의해야 한다.

2) 디지털 방식

① 미터부

미터 표시 부분에 숫자가 표시된다(아날로그와의 차이점).

② 펑션 스위치(Function switch)

아날로그 방식의 로터리 스위치에 해당한다.

③ 전원 스위치

아날로그 방식에는 없는 구조이며, 미터 표시 등에 필요한 전원을 공급한다.

④ 측정용 단자

아날로그 방식의 ⊕, ⊖ 2개의 단자에다 전류 측정용·온도 측정용 등의 단자가 추가되어 있다. 사용 목적에 맞춰 사용하도록 한다.

(1) 측정시 유의점

아날로그와 달리 특별히 주의할 점은 없다. 단지 차이점이 있다면 측정을 하기 전에 먼저 전원을 ON시키고 테스터기 사용 후에는 반드시 OFF(자동전원 차단 장치가 내장되어 있으면 약 10~15분 경과 후 자동으로 꺼짐)시켜야 한다는 것이다. 야간에 사용할 때 잘 볼 수 있도록 램프가 부착된 것도 있다. 아날로그 방식과 비교했을 때 편리하고 여러 면에서 우수한 편이다.

(2) 기타 사항

① 테스트 리드의 끝부분은 항상 측정물과 접촉되므로 사용하다 보면 닳아서 뭉툭하게 될 수 있다. 끝이 마모되면 측정물에 따라서 접촉이 잘 되지 않아 측정이 곤란할 수도 있으므로 원래의 모양을 유지하도록 수정한다.

② 사용할 때 교류와 직류가 틀리지 않도록 주의한다.

③ 생산현장에 꼭 필요하므로 최소한 한 개 정도는 필히 준비해 두는 것이 좋다.

6. 사출견적서 작성 요령

6.1 원가 계산(原價計算)

원가란, 생산현장에서 생산되는 제품의 최초 제조 경비를 말하며 주로 제품 한 개의 값인 단가(單價)로 표시한다.

플라스틱 성형공장은 특별한 경우를 제외하고는 그 대부분이 발주업체인 모(母) 회사로부터 금형을 넘겨받아 협력업체(외주업체)에서 제품생산 및 가공을 하여 다시 모(母)회사인 발주업체로 납품하는 방식을 취하고 있다. 그래서 이 단원에서는 발주업체로부터 금형(오더, Order)을 수령할 때 과연 현실적으로 제품을 생산(성형가공)해서 얼마 정도의 이익을 남겨야 바람직한지 제조원가 산출 및 거기에 따른 사출견적서 작성시 유의해야 할 사항들을 알아보도록 하자.

견 적 서

결 재			

견 적 가	
MODEL명	
PART-NO	
재 질	

1EA NET	
S/R NET	
Cavity 수	

〈견 적 내 역〉

NO	항 목	내 역	금 액
1	가 공 비	① 사출 가공비 -임률(H/R) : /공정회수수량(H/R) : ② 인쇄비 : ③ SPRAY비 : ④ 기타 후가공 ST비 :	
2	재 료 비	① 주원재료비 : ② 부원재료비 : ③ 재료 LOSS비 : ④ S/R 인정비 :	
3	일반관리비	(① + ②) × 10% =	
4	포 장 비	(BOX비 : +(PAD비 : × 장))÷ EA=	
5	운 반 비	(차량임률(1339)+기사임률(6.944))×운반시간 : H/R÷ EA=	
6	이 윤	(① + ③) × 10% =	
7	총 단 가	(①+②+③+④+⑤+⑥) =	

사출견적서 양식 - (1)

見 積 書			공 급 자		
			등록번호		
			회 사 명		
수신 :	귀하		소 재 지		
			업 태		종목

형태	MODEL :		Cavity :		EA
			N E T :		g
	PART No :		R / S :		g
	부 품 명 :		사용기계 :		

	재 료 명	규 격	TON당 금액	소재중량	금 액
1 재료비					

	구 분	공수/ht	생산율 / ht	금 액	
2 제조경비					

		금 형 비	상 각 수 량	금 액	
3. 금 형 상 각 비					
4. 일 반 관 리 비	1 + 2 + 3 × 10%				

구 분	내 역	금 액
제 조 원 가	1 + 2 + 3 + 4	
L O S S	제조원가 × 5%	
이 윤	제조원가 + LOSS × 10%	
견 적 가	제조원가 + LOSS × 이윤	
결 정 가		

기 타

V.A.T 별도

다음에 해설한 '사출견적서 구성요소'에 대한 내용은 '양식-(1)'에 대한 설명이며, '양식-(2)'는 사출 및 금형견적서로서 공용(共用)으로 사용할 수 있도록 해놓았다. 견적서 양식은 회사마다 조금씩 차이가 있으나 근본 내용은 같다.

6.2 원가(단가)구성 요인(사출견적서 구성 요소)

1) 가공비(加工費)

임가공비라고도 하며 여기에는 1차 가공비와 2차 가공비가 있다. 1차 가공비란 사출성형 가공비를 말하며, 금형을 성형기에 부착시켜 제품을 생산하는 데 따른 소요비용을 의미한다.

소요비용 내역으로는 사출기 가동시 필요한 전력(전기세), 인건비, 금형 및 기계냉각에 따른 물세(수도세) 등이 있다.

2차 가공비는 후가공비라고도 하며, 1차 가공(사출성형)에서 생산된 제품을 다시 인쇄한다거나 스프레이(Spray)하는 등 발주업체에서 요구하는 조건으로 이행하는 과정에서 발생한 소요경비(2차 가공비, 후가공비)를 말한다.

2) 재료비(材料費)

제품 생산(성형 가공)을 하는 데 소요되는 원료의 값을 말한다. 주원재료비인 플라스틱 수지의 값과 부원재료비인 사출성형에 따른 부대비용(마스터 배치, 안료의 값 등)이 있다.

3) 일반 관리비(一般 管理費)

플라스틱 재료를 사용하여 사출성형기에서 생산된 제품의 후가공(2차가공) 종료까지 업무를 효율적으로 관장하는 데 따른 일반적 관리비용을 말한다. 일반관리비 산출은

$$\{(1)가공비 + (2)재료비\} \times 10\%$$

로 책정한다.

4) 포장비(包裝費)

제품포장에 따라 소요되는 비용을 말한다.

박스(Box)를 사용하여 포장할 경우 재활용이 불가능한 박스는 포장비를 청구해야 되고, 제품포장시 제품끼리 부딪침을 방지하기 위해 패드(Pad)를 깔면 패드비가 추가로 소요된다.

5) 운반비(運搬費)

물류비용, 즉 제품납품에 따른 수송비용(운송비용)을 말한다. 차량 임률과 기사임률 그리고 운반시간 등이 있다.

6) 이윤(利潤)

$$\{(1)가공비+(3)일반관리비\} \times 10\%$$

를 적용시킨다.

7) 견적가(見積價)-총단가

1)~6)까지를 더한 값이다. 유의할 점은, 위의 1)~6)까지는 제품 한 개의 값(각각의 단가)에 대한 설명이고, 7)의 '총단가'는 각자 산출된 개별 단가를 모두 합하여 나온 실질적인 단가(견적가)이다.

8) 결정가(決定價)-네고, NEGO

발주업체에서 최종적으로 결정한(승인한) 금액을 말한다.

보통 '네고가'(NEGO價)라고 하는데 협력업체에서 제출한 사출견적서의 '견적가'를 검토하여 적절치 못하다고 판단되면 상호협의(발주·협력업체 간)하여 조정할 수 있고, 수개의 협력회사로부터 경쟁적으로 견적서를 일괄 제출받아 그 중에서 좋은 조건(낮은 단가)의 회사를 물색하려 한다면 발주업체의 임의적 판단에 의해 결정할 수도 있다.

6.3 단가 산출(單價 算出)

1) 가공비(사출성형 가공비)

성형가공비(1차 가공비)를 계산해 내려면 먼저 사출성형기의 능력(사출용량(o.z) 또는 형체력(ton))에 따른 아웃트라인(Out line)이 되는 금액, 즉 임률(賃率)을 알아야 한다.

평균적인 임률은 성형기의 사출용량 면에서 봤을 때 온스(o.z)당 ₩10,000 개념이나 제품 또는 그때의 여건에 따라서 발주업체와 협력업체가 상호협의하여 조정이 가능하므로 가변적(可變的)이다. 어쨌든 제품 한 개의 값(단가라 한다)을 책정하기 위해서는 전체적인 룰(Rule, Out line)이 정해 져야 하므로 대부분의 회사에서 공통적으로 인정하고 있는 계산방식이라고 할 수 있다. 요즈음은 사출성형기의 형체력 단위(單位)인 톤(ton) 수(數)로 임률을 적용하기도 하지만 사출용량 개념인 온스(o.z)와 병행해서 사용하고 있고, 완전히 보편화된 것은 아니므로 여기에서는 기존방식인 온스(o.z)로 설명할까 한다. 임률계산시에는 주로 시간당(Hour, H／R로 표시) 얼마(값, Price)로 계산을 하며, 이미 정해진 아웃트라인이 되는 금액(시간당 임률)을 기준으로 시간당 생산수량을 나누어서 예상 단가(像想 單價)를 산출한다.

예) 10o.z 사출성형기를 10시간(10H/R) 가동시켰다고 가정했을 때, 제품 총 생산량이 2,000개였다면 이때의 제품 한 개의 값(단가)은 얼마일까?

우선, o.z당 ₩10,000이므로 10o.z의 경우 임률(Out line)은 ₩100,000'선이다'.

여기서 임률을 ₩100,000'선이다'로 표현한 것은 약간의 금액변동(유동성)을 고려한 것이다. 상호간(발주·협력업체 간) 합의에 따라서 유동적일 수 있기 때문이다. 단가 산출방법은 ₩100,000을 제품 총 생산량인 2,000개로 나누면 되고, 그때 나오는 값이 단가이다. 즉, ₩100,000÷2,000EA＝₩50이다.

※ 위 계산에서 시간당 임률을 시간당 생산수량으로 나누어도 단가는 똑같다.
　　즉, ₩100,000÷10H/R＝₩10,000(시간당 임률)
　　2,000EA÷10H/R＝200EA(시간당 생산수량)
　　∴₩10,000÷200EA＝₩50이 된다.

가동시간을 10H/R로 잡은 것은 대부분 주간(낮)만 계산하였을 경우이다. 주간 근무시간에는 점심시간이 포함되어 있다. 예를 들어 어느 회사의 근무시간이 08:00~18:00까지라고 한다면 점심시간을 뺀 나머지 시간은 10H/R이 채 안된다.

10H/R이 안 되는 시간을 10H/R로 잡아서 단가를 책정하였다면 이것은 잘못된 것이며, 단가가 낮게 책정된 것으로 볼 수 있다.

이러한 모순점은 상호협의하에 조정할 수 있고, 반면 불이익을 감수하더라도 점심시간을 교대로 운영하면서 풀(Full)가동시켜 부족 부분을 충족시켜 줄 수도 있으나 여기에는 근로자의 희생이 따른다. 그리고 점심시간뿐 아니라, 작업 시작 전(前) 손실시간(Loss time)도 감안해야 한다. 즉, 정상작업 전에 실시해야할 과열수지 배출작업 등으로 인해 생산 차질을 빚는 시간이다. 특히 원료교체나 색상교체 및 성형조건의 난맥성(亂脈性) 등 성형작업상 난이도(難易度)가 심할 경우와 매월 발주되는 제품의 평균 발주(發注) 수량, 그리고 제품의 특성에 따른 비·성수기 구분(특히, 시장제품류) 물류비용(협력업체와 발주업체간의 지리적 위치에 따른 납품시 소요되는 비용, 즉 차량유지비 등) 및 발주 업체의 견실성(결제여력 등), 결제방법(어음 또는 현금결제) 등 이루 헤아릴 수 없을 정도로 많은 유·무형의 판단자료가 단가(單價)라는 한 가지 비용에 모두 포함된다. 덧붙인다면, 월 발주물량 소화를 위해 주간만 가동하다가 주·야 가동으로 바뀔 수도 있으므로, 여기에 따른 인력채용 및 채용된 인력의 임금 책정문제(고임금자를 쓰면 인건비를 빼고 나면 단가가 맞지 않고 저임금자는 기능이 떨어진다)로 인해 단가에 미치는 영향 등 감안해야 할 사항이 한두 가지가 아니다.

일반적으로 단가 적용시 발주업체가 제안하는 단가 개념(槪念)은 회사마다 다르다.

주간만 가동한다는 개념으로 단가를 책정할 수도 있고, 주·야 풀(Full) 가동을 조건으로 단가를 매길 수도 있다. 어느 경우나 다 장·단점은 있으나 참고로 할 것은 주간 가동시간을 10시간으로 잡아서 단가를 책정했다 하더라도 가동시간이 늘어나는 주·야 풀가동시 단가에 따른 회사의 수익이 '배'로 늘어나지는 않는다는 점이다.

➡ 발주업체에서 주간 가동만을 조건으로 단가를 네고(NEGO)했다고 해도 주·야 풀가동으로 들어가면 그만큼 발주 수량이 늘어났다는 의미이므로 단가 재조정이 있을 수도 있다.

한 가지 예로 30o.z 사출성형기의 경우, o.z당 ₩10,000 개념이면 주간만 가동했을 때를 기준으로 임률을 ₩300,000(₩10,000×30o.z)으로 인정해 준다면 시간당 임률은 ₩30,000(₩300,000÷10H/R)이며, 주·야 가동시에는 계산상 ₩30,000×22H/R= ₩660,000이 나오나 실제로는 그렇지 않다.

단가는 회사마다 조금씩 다르게 적용하고 있다. 심지어 주·야 가동으로 임률을 ₩300,000(위의 30o.z의 경우)으로 책정하는가 하면 주간 가동만으로도 ₩300,000을 책정해 주는 경우도 있다. 그래서 상당히 애매모호한 부분이 많은 것이다.

아무튼 단가 책정시 또는 사출견적서 작성시에는 이와 같이 여러 예측 가능한 상황을 종합적으로 감안하여 판단해야 한다. 잘못 판단하여 책정된 단가는 자칫하면 울며 겨자먹기식 단가가 될 수도 있음을 잘 알아야 한다.

〈참고〉

• 주·야간 사출기 가동시 인정시간(단가 적용시 참조)

• 주간 : 10H/R 기준

• 풀 가동(주간+야간) : 22H/R 기준

  ⇨ 위의 인정시간(단가 적용시간)은 앞에서 설명한 바와 같이 여건에 따라 가변적(可變的)이다. 근무시간(작업시간)을 기준으로 한 것이며, 가동시간을 낮춰 잡으면 단가가 상승하고 길게 잡으면 단가는 다운된다는 것을 알아야 한다.

• 순이익 계산

  근로자 임금+전기세+수도세+사출기 보수 및 관리에 따른 비용+사출기 감가 상각비+기타

  ⇨ 위 금액을 공제하고 남은 금액이 회사의 순이익이다. 이것도 단가 책정시 감안해야 할 부분이다.

• 손실(Loss) 인정비

  정상작업이 불가능한 시간을 손실시간(Loss time)으로 보고 그것을 인정해 주는 비율(%)을 말한다.

  보통 5%로 잡으나 2%선이 실질적인 인정비이다.

• 금형에 따른 차이

  반자동 금형(유인운전)인지 전자동 금형(무인 운전)인지에 따라 가동시간 및 근로자 임금적용 여부가 달라지므로 단가 책정에 반영된다.

※ 2차 가공비(후가공비)는 1차 가공비 산출금액에 플러스(+)하여 전체 가공비 단가를 산출한다.

2) 재료비

성형재료비(플라스틱 원료의 값)인 주원재료비와 부원재료비(마스터 배치 또는 안료 등의 값)가 있으며, 주원재료비의 경우는 재료 손실(Loss)비와 스프루·러너(S/R, 또는 R/S로 표시) 인정비 등이 있다.

① 주원재료비
- R/S무게 : 러너(Runner), 스프루(Sprue)의 머리글자이며, 1쇼트(Shot) 성형 후 캐비티(Cavity)를 제외한 나머지 부분을 저울에 달았을 때 나오는 무게를 말한다.
- 캐비티 무게 : 성형품의 중량을 말한다.
- 1쇼트 총중량 = (캐비티 단위중량(NET) × 캐비티 수) + R/S 중량
- R/S는 스크랩(Scrap)이라고도 하며 분쇄기로 부숴 다시 재생해 사용할 수도 있고, 플라스틱 원료 및 제품 특성에 따라서 재생불가(不可)한 것도 있다.

원료 정산 및 원재료 청구시에는 스크랩이 재생 가능한가 또는 불가능한가에 따라 예상 소요량(청구량)에 차이가 나므로 잘 감안하여야 한다.

예) 매월 5,000개 발주시 예상 소요량 계산

- 캐비티 무게 : 50g(NET) × 2캐비티 = 100g
- R/S 무게 :   + 20g
- 1쇼트 무게 :   120g

➡ **스크랩 사용 가능시** : (신재+분쇄재 혼합 사용)
R/S를 분쇄해서 신재와 섞어 소모가 가능하므로 캐비티가 2개(2EA)이면,
  5,000EA ÷ 2C/T = 2,500쇼트
  2500쇼트 × 20g(R/S 무게) = 50,000g ÷ 1,000g = 50kg(Scrap)
  5,000EA × 50g(캐비티 NET) = 250,000g ÷ 1,000g = 250kg(캐비티 총중량)

즉, 5,000개의 성형품을 생산하는데 재생 가능한 R/S 무게가 50kg이 나온다. 그래서 총 소요량인 250kg(캐비티 총중량)을 가지고도 5,000개를 생산하는 데 일단 계산상으론 무리가 없다. 그러나 성형작업과 관련하여 발생되는 원료 손실을 감안해야 하므로 총 소요량에서 +α(원료손실분에 해당되는 수지의 양)를 해줘야 한다.

- 250kg의 5% 이내에서 청구

  현실적으로 손실의 평균 적용률은 2~3% 정도다. 250kg의 손실을 2%로 잡았을 때→5kg

  250kg+5kg=255kg의 원료를 청구할 수 있다. 그러나 이 계산대로라면 너무 여유가 없고, 돌발변수 발생시 원료가 모자랄 수도 있으므로 조금은 여유 있게 청구하되, 될 수 있는 한 손실을 줄이고 재료를 아껴 쓰는 것이 좋다.

▷ **스크랩 사용 불가시**(신재+분쇄 혼합사용 불가)

250kg+손실 5kg+R/S 무게(50kg)

총 소요량 : 305kg 청구가 가능하다.

<참고>

스크랩 재생이 불가능한 경우의 예

①투명렌즈(Lens) 작업시

분쇄재를 섞어 쓰면 성형품에 뿌옇게 '흐림' 현상이 발생하여 사용이 불가능 할 때

② 성형품의 강도 저하가 발생될 때(크랙, 크레이징 발생)

제품 한 개를 생산하는 데 소요되는 재료의 값(재료비)을 계산하려면 성형품의 단위중량(NET)에 kg당 재료비(현재 시중에서 유통되고 있는 해당 원료의 값)를 곱하면 된다.

▷ ex) 5g(cavity NET)×₩1,000(P.P)=0.005kg(cavity NET)×₩1,000(P.P)=₩5

5g은 성형품 한 개를 저울에 달아서 나온 무게이다. 사용원료는 P.P이며, 가격은 ₩1,000으로 하였으나 실제 유통되는 가격과는 차이가 있을 것이다. 그리고 ₩1,000은 원료 1kg에 해당하는 재료비이므로 성형품의 단위중량이 5g이면 kg으로 환산(換算)을 해서 계산함이 옳다. 그래서 5g을 kg으로 바꾸면 0.005kg이 되며, 여기에 kg당 가격인 ₩1,000을 곱하면 ₩5이 나온다. 이 금액이 구하고자 하는 재료비(材料費)이다.

▷ **성형작업과 관련하여 발생되는 원료손실**

수지교체시 퍼지를 함으로써 이종(異種) 재료와 섞이면 재생 불가(완전히 못 쓰는 재료)로 인정하여 손실로 잡아 주며 신재와 혼합해서 사용할 수 없는 스크랩은 분쇄 후 별도관리 및 보관한다.

→발주업체에서 스크랩 반납 지시가 떨어지면 반납을 하든가 아니면, 차기 다른 작업시(위와 무관한 제품 성형시) 소모시키면 된다.

〈원료사급 - 유상사급(有償賜給)과 무상사급(無償賜給)〉

성형품 임가공 업체에서는 발주업체로부터 플라스틱 성형가공에 필요한 각종 원자재를 공급받거나, 직접 공급이 불가능할 경우 또는 양자 합의하에 별도로 규정하였을 경우 등에는 계약서상에 조건을 명시하여야 한다. 일반적으로 원료의 경우 '유상사급'과 '무상사급'으로 나눌 수 있는데, 유상사급의 경우는 발주업체로부터 제품단가에 재료비를 포함시켜 받아 오므로 원재료를 공급받아 가공해서 납품하면, 매월 결산시에는 재료비를 공제하고 그 나머지를 단가에 적용시켜 실제 매출실적으로 잡는다. 반면, 무상사급은 단가에는 아예 포함시키지 않고 발주업체에서 무상으로 공급하는 경우이다. 유상사급과 무상사급은 둘 다 원료떨이(원료정산)를 철저히 해야만 결산시에 불이익이 없다. 유·무상의 차이점은 유상의 경우 단가에 재료비가 포함되어 있으므로 외주업체(임가공 업체)가 자금 여유가 있다면 똑같은 재료라도 다량 구입할 경우에는 얼마라도 싸게 구입이 가능하므로, 직접 구입해 사용함으로써 이익을 남길 수 있는 장점이 있다. 무상은 단가에 재료비가 미포함된 상태이므로 임의 구입이 허용되지 않으며 순수가공비 개념만 적용된 단가이나 원료 정산은 확실히 해야 월말 정산 때 불이익을 당하지 않는다. 양자간에 서로 장·단점은 있다.

➪ 사출 단가에서 재료비가 차지하는 비중은 의외로 높다. 그래서 조금이라도 가격이 싼 재료를 구입하려고 애를 쓰나, 싼 재료를 사용하면 성형작업이 순조롭지 못하고 작업 손실도 크며, 생산된 제품은 물성면에서도 비교적 뒤떨어진다. 이익도 중요하지만 품질과 생산성이 고려되지 않은 이익은 진정한 의미의 이익이라 볼 수 없을 것이다.

② 부원재료비

마스터 배치(Master batch)나 안료를 사용하여 색상을 내야 할 경우, 제품 한 개당 묻어 나오는 컬러값이 얼마인가를 계산하여 단가에 포함시켜야 되는데 이것을 부원재료비라 한다.

계산방법은, 먼저 kg당 마스터 배치의 값(또는 안료의 값)을 알아야 하며 원료 1포(25kg)를 기준으로 했을 때 얼마 정도의 양이 소모되는지를 산출해 내고, 착색완료된 원료(25kg)로 몇 개(혹은, 몇 쇼트)의 제품 생산이 가능할 것인지를 충분히 파악한 후 계산하면 된다.

➪ 발주업체로부터 금형을 수령하면 필히 금형보관증을 교부해야 한다.

〈예상 단가(임가공비, 1차 가공비) 판단 요령(사출견적서 작성 요령)〉

• 제품 샘플만을 보고 견적서를 작성할 경우

먼저, 성형 사이클(1쇼트 사이클)을 잘 판단해야 한다.

1쇼트 생산하는 데 몇 초가 걸릴지 예상 소요시간을 판단한다.

총 가동시간 동안 몇 쇼트(혹은 몇 개의 제품) 생산이 가능할 것인지를 계산해 본 후, 작업할 사출기의 기종(機種)에 따른 임률(₩)을 적용시켜 예상 단가를 산출해 낸다.

⇨ ex) 10o.z 사출성형기의 주·야 가동시(22시간 기준)

　　-임률-
　　　↓
　　o.z당 ₩10,000 기준
　　₩10,000×10o.z=₩100,000(10H/R 기준)
　시간당 임률은 ₩10,000이며
　　1일(22H/R 기준) 주·야 가동시 임률:₩10,000× 22H/R=₩220,000
　이 된다.

　　　-생산 수량-
　　40초에 1쇼트 생산(예상)
　　1시간 생산량:3,600초(1H/R)÷40초(1쇼트 사이클)=90쇼트×2C/T=180EA
　이며
　　1일(22H/R 기준):180EA×22H/R=3,960EA
　가 생산된다.

　　※ 임률(₩)÷생산 수량(EA)=단가(₩)=₩220,000÷3,960EA≒₩56
　그러므로 예상 단가는 약 ₩56이 된다.
　또는 ₩10,000(시간당 임률)÷180EA(시간당 생산 수량)≒₩56(단가)

• 직접성형을 한 후 추후 견적서를 제출할 경우

실제 작업을 한 후에 작성하므로 보다 정확한 단가 계산이 된다.

기타 사항은 위의 가공비, 재료비 계산방식을 참조하여 각각의 개별 단가를 산출해 내고 전체를 합산하면 총 단가(견적가)가 나온다.

이렇게 해서 단가가 발주업체의 승인으로 최종 NEGO되면 효율적인 관리로 원가 절감을 유도한다.

- 작업손실·원료손실 발생 방지 등 효율적인 생산 계획 작성 및 시행

⇨ 사출 단가 계산은 특히 성형가공비 단가를 잘 책정해야 하며, 재료의 낭비를 막고 단위시간당 생산 수량을 증대시키면 무한경쟁에서 승자(勝者)가 될 수 있다.

6.4 Lexan(폴리카보네이트)

(1) 특성

유리와 같은 투명성과 금속의 강도를 동시에 갖추고 있다.

높은 열변성 온도 특성(130℃까지)과 치수 및 자외선 안정성, 크립(Creep) 저항에 견디며 작업성이 좋고 다양한 컬러를 낼 수 있는 엔지니어링 열가소성 수지이다.

(2) Lexan의 종류

구 분	그레이드	특 징
고유동성	HF1110	아주 얇은 제품 사출성형용(MFI 22g/10min)
일반 그레이드	121	저점도로서 얇은 제품 사출성형용
	141	중점도로서 일반적인 사출성형용
	101	고점도로서 두꺼운 제품사출용
	131	고점도로서 압출판재용
	151	고점도로서 압출 블로성형용
유리섬유 보강	3412	20% 유리섬유 보강
	3413	30% 유리섬유 보강
	3414	40% 유리섬유 보강
유리섬유 보강 난연	500	10% 유리섬유 보강
	LGN1500	15% 짧은 유리섬유 보강
	LGN2000	20% 짧은 유리섬유 보강
	LGN3000	30% 짧은 유리섬유 보강
고탄성이방성 개량	LGK3020	30% 유리섬유 및 미네랄 보강
	LGK4030	40% 유리섬유 및 미네랄 보강
	LGK5030	50% 유리섬유 및 미네랄 보강
난연 그레이드	920	저점도로서 1.47mm에서 V-0
	920A	저점도로서 3.05mm에서 V-0
	940	중점도로서 1.47mm에서 V-0
	940A	중점도로서 3.05mm에서 V-0
	950	고점도로서 1.47mm에서 V-0
	950A	고점도로서 3.05mm에서 V-0

구 분	그레이드	특 징
내후성	LS-1 LS-2 LS-3	저점도로서 자동차 외장조명용 중점도로서 자동차 외장조명용 고점도로서 자동차 외장조명용
광디스크용	OQ1020	컴팩디스크 및 비디오 디스크용
광반사용	ML4351 LX2801	UL94V-2 UL94V-0
내수증기성 개량	SR1000 SR1400	UL94V-2 중점도 UL94V-2 고점도
탄소섬유 보강	LC108 LC112 LC120 LCG2007	8% 탄소섬유 보강 12% 탄소섬유 보강 20% 탄소섬유 보강 20% 탄소섬유 보강 + 7% 유리섬유 보강
내마모성 개량	LF1000 LF1010 LF1510 LF1520 LF1030	10% PTFE 10% PTFE + 10% 유리섬유 보강 15% PTFE + 10% 유리섬유 보강 15% PTFE + 20% 유리섬유 보강 10% PTFE + 30% 유리섬유 보강
내화학성 개량	LCR200	HB에 해당
사무기기용	BE2130R	우수한 이형성 및 고유동성(MFI 18g/10min)
SP그레이드	SP1010 SP1110 SP1210 SP1310 SP7112 SP7114 SP7116	초고유동성(MFI 45g/10min) 고유동성 일반 그레이드(MFI 16g/10min) 고점도(MFI 10g/10min) 10% 유리섬유 보강 외관개량 20% 유리섬유 보강 외관개량 30% 유리섬유 보강 외관개량
발포 성형용	FL400 FL410 FL900 FL910 FL920 FL930	3.2mm에서 UL94V-0/5V인 제품두께 4mm용 4mm에서 UL94V-0/5V인 10% 유리섬유 보강 6.1mm에서 UL94V-0/5V인 5% 유리섬유 보강 6.1mm에서 UL94V-0/5V인 10% 유리섬유 보강 6.1mm에서 UL94V-0/5V인 20% 유리섬유 보강 6.1mm에서 UL94V-0/5V인 30% 유리섬유 보강
압출블로 성형용	PK2870 EBL2061 EBL9001	5GAL 생수통용 투명성과 내충격성의 사무기기용 투명성과 내충격성의 자동차용
고내열 PPC 그레이드	PPC4501 PPC4701	하중 $18.6kg/cm^2$에서의 열변형 온도가 152℃ 하중 $18.6kg/cm^2$에서의 열변형 온도가 163℃

6.5 Noryl(변성 폴리페닐렌 옥사이드)

(1) 특성

열변형 온도가 높으며(90~150℃) 치수 안전성이 우수하고, 낮은 흡수성 등을 갖춘 비중이 가벼운 엔지니어링 플라스틱이다. 높은 충격강도 및 전기적, 기계적 특성으로 인해 자동차 부품 및 전자부품에 이르기까지 광범위하게 이용되고 있다.

(2) Noryl의 종류

구 분	그레이드	특　　　　징
일반 그레이드	115	UL94HB인 일반 내열용
	731	UL94HB인 일반 내열용
	SE90	UL94V-1/5V인 고유동성 하우징용
	SE100	UL94V-1/5V인 내열 및 고유동성 하우징용
	SE1	UL94V-1인 내열성
	PPO534	UL94V-1인 내열성
난연 그레이드	N85	대형 성형품용
	N190	대형 성형품용
	N225	내열성
	N300	초내열성
유리섬유 보강	GFN1	10% 유리섬유가 보강된 강성
	GFN2	20% 유리섬유가 보강된 고강성
	GFN3	30% 유리섬유가 보강된 고강성
	SE1-GFN1	10% 유리섬유가 보강된 UL94V-1의 강성
	SE1-GFN2	20% 유리섬유가 보강된 UL94V-1의 고강성
	SE1-GFN3	30% 유리섬유가 보강된 UL94V-1의 고강성
	PX-2922	20% 유리섬유가 UL94V-0/5V의 고강성 및 고유동
	PX-2923	30% 유리섬유가 UL94V-0/5V의 고강성 및 고유동
고탄성	HM3020	UL94V-1/5V인 고탄성 및 치수정밀도
	HM4025	UL94V-1/5V인 고탄성 및 치수정밀도
	HM5030	UL94V-1/5V인 초고탄성 및 치수정밀도
	PX-2926	UL94V-1/5V인 고탄성, 치수정밀도 및 유동성 개선
	HFG100	UL94V-0/5V인 유동성, 우수한 외관 및 강성
	HFG200	UL94V-0/5V인 유동성, 우수한 외관 및 강성
	HFG300	UL94V-0/5V인 유동성 및 고강성
	BHM510	UL94V-0/5V인 우수한 외관 및 강성

구 분	그레이드	특 징
탄소섬유 보강	NC108	8% 탄소섬유가 함유된 대전방지 효과
	NC112	12% 탄소섬유가 함유된 고강성 및 도전성
	NC120	20% 탄소섬유가 함유된 고강성 및 도전성
	NC208	8% 탄소섬유가 함유된 내열성 및 대전방지 효과
	NC212	12% 탄소섬유가 함유된 내열성, 고강성 및 도전성
	NC220	20% 탄소섬유가 함유된 내열성, 고강성 및 도전성
	HMC3008	8% 탄소섬유가 함유된 고강성, 높은 치수정밀도 및 대전방지 효과
내마모성 개량	NF1020	10% PTFE+20% 유리섬유가 보강된 중속고하중용
	NF2020	20% PTFE+20% 유리섬유가 보강된 고속고하중용
	NF1030	10% PTFE+30% 유리섬유가 보강된 고속고하중용, 고강성 및 작은 선팽창 계수
내열 및 내화학성 개량	CRN500	UL94HB
	CRN520	20% 유리섬유가 보강된 UL94HB
	CRN530	30% 유리섬유가 보강된 UL94HB
	CRN720	20% 유리섬유가 보강된 UL94V-0
	CRN730	30% 유리섬유가 보강된 UL94V-0
도금용	PN-235	내열성 및 내충격성
자동차용	PX-0844	기본 그레이드
	PX-0888	내열성
	PX-1222	높은 충격강도
	PX-1265	초내열성
	PX-1390	극초내열성
	PX-1391	극초내열성
발포성형용	FN-150	4mm에서 UL94V-015V인 제품두께 4mm용
	FN-170	6.35mm에서 UL94V-1/5V인 일반 그레이드
	FN-215	6.1mm에서 UL94V-0/5V인 기본 그레이드
	FM-3020	20% 유리섬유+10% 미네랄이 보강된 고탄성
	FM4025	25% 유리섬유+15% 미네랄이 보강된 고탄성
	FMC3008	8% 탄소섬유가 함유된 고탄성 및 대전방지 효과
	SFG100	10% 유리섬유가 보강된 유동성 개량
	SFG200	20% 유리섬유가 보강된 유동성 개량
	SFG300	30% 유리섬유가 보강된 유동성 개량
압출용	EN185	UL94V-1인 기본 그레이드
	EN212	UL94V-1인 내열
	EN265	UL94V-1인 초내열
	ENG265	UL94HB인 초내열

구 분	그레이드	특 징
압출블로 성형용	EBN2001	UL94V-0/5V인 사무기기용
	EBN2002	UL94V-1인 사무기기용
	EBN2003	내후성이 보강된 사무기기용
	EBN3001	외관 및 성형성이 개선된 사무기기용
	EBN7501	충격강도 및 내화학약품성
	EBN9001	고내열 및 고충격의 자동차용
	EBN9002	고내열의 자동차용
	EBN9003	고충격 및 고내열의 자동차용
	EBN9004	외관이 개선된 자동차용
	BN11	내열, 작업성 및 외관이 개선된 기본 그레이드
	BN13	내열, 작업성 및 외관이 개선된 PX-1222와 유사
	BN15	초내열, 작업성 및 외관이 개선된 PX-1265와 유사
	BN25	UL94V-0/5V
압출블로 성형용	BN30	UL94V-2
	BN31	UL94V-0/5V
	BN41	UL94V-1/5V
	BN43	UL94V-1
	EBG9051	내열성 및 내화학성이 좋은 GTX 그레이드
GTX 그레이드	GTX-901	내열성 및 내화학성이 우수한 휠커버용
	GTX-910	내충격 및 초내열의 펜더 온라인 페인트용
	GTX-810	10% 유리섬유 보강
	GTX-820	20% 유리섬유 보강
	GTX-830	30% 유리섬유 보강
	GTX-600	초내열 및 높은 충격강도

6.6 Valox(열가소성 폴리에스터)

(1) 특성

열과 전기에 우수하며 주로 전기·전자계통의 성형에 사용된다. 내부식성·내약품성이 있고 마찰계수가 적어 기계적 용도에 적합하다. 높은 치수 안정성, 일정한 성형수축률, 낮은 수분흡수성 등이 있다.

(2) Valox의 종류

구 분	그레이드	특 징
300시리즈	310	기본 그레이드
	310SEO	UL94V-0
	325	성형성 개량
	210HP	UL94HB인 식품용(FDA)
400시리즈	DR51	15% 유리섬유가 보강된 UL94HB
	420	30% 유리섬유가 보강된 UL94HB
	414	40% 유리섬유가 보강된 HB에 상당
	457	7.5% 유리섬유가 보강된 UL94V-0
400시리즈	DR-48	15% 유리섬유가 보강된 UL94V-0
	420SEO	30% 유리섬유가 보강된 UL94V-0
500시리즈	507	30% 유리섬유가 보강된 변형이 적은 UL94HB
	508	30% 유리섬유가 보강된 변형이 적은 UL94HB
	553	30% 유리섬유가 보강된 변형이 적은 UL94V-0
700시리즈	735	변형이 적고 내열성의 UL94HB
	745	변형이 적은 UL94HB
	750	내아크성 및 내트래킹성이 개선된 UL94V-0
	780	내아크성이 개선된 UL94V-0
	721	전기특성이 좋은 HB 상당
800시리즈	815	15% 유리섬유가 보강된 외관개량
	830	30% 유리섬유가 보강된 외관개량
	855	15% 유리섬유가 보강된 외관개량 UL94V-0
	865	30% 유리섬유가 보강된 외관개량 UL94V-0
VC시리즈	VC108	8% 탄소섬유가 보강된 대전방지용의 UL94V-0
	VC112	12% 탄소섬유가 보강된 도전성 및 고강성의 UL94V-0
	VC120	20% 탄소섬유가 보강된 도전성 및 고강성의 UL94V-0
	VC130	30% 탄소섬유가 보강된 도전성 및 고강성의 UL94V-0
	PDR7904	변형이 적은 대전방지용
900시리즈	9230	PET가 30% 보강된 UL94HB
	9530	PET가 30% 보강된 UL94V-0
	9730	PCT가 30% 보강된 UL94V-0인 일반 그레이드
	VSM730	PCT가 30% 보강된 유동성이 개선된 UL94V-0
	VSM731	PCT가 30% 보강된 인성이 개선된 UL94V-0
	VSM741	PCT가 40% 보강된 인성이 개선된 UL94V-0

구 분	그레이드	특 징
인성이 개선	357	UL94V-0인 일반 그레이드
	PDR4912	15% 유리섬유가 보강된 UL94V-0
	PDR4908	30% 유리섬유가 보강된 UL94V-0
변형이 적음	VDS4350	유리섬유와 미네랄이 35% 보강된 UL94V-0
	VDS5350	유리섬유와 미네랄이 35% 보강된 UL94V-0
가수분해성 개량	VSR4150	15% 유리섬유가 보강된 UL94V-0
	VSR4350	30% 유리섬유가 보강된 UL94V-0
고유동성	PDR4910	15% 유리섬유가 보강된 UL94V-0
	PDR4911	30% 유리섬유가 보강된 UL94V-0
에폭시 접착성 개량	VIC4101	15% 유리섬유가 보강된 UL94HB
	VIC4311	30% 유리섬유가 보강된 고유동성의 UL94HB
발포성형	FV600	30% 유리섬유가 보강된 고강성의 UL94V-0/5V
	FV608	30% 유리섬유가 보강된 고강성의 UL94HB
	FV699	10% 유리섬유가 보강된 고강성의 UL94V-0/5V

6.7 Ultem(폴리에테르이미드)

(1) 특성

비결정성 열가소성 수지로서 전형적인 엔지니어링 플라스틱의 우수한 작업성과 또다른 차원의 특수 플라스틱에 속하는 높은 성능 등 좋은 성형성을 갖춘 수지이다. 특성으로는 높은 내열성, 높은 강도와 탄성률, 난연성, 높은 전기절연 강도, 우수한 열적·기계적·전기적 특성 및 투명성, 내화학 약품성, 기계가공성과 2차가공 특성이 있다.

(2) Ultem의 종류

구 분	그레이드	특 징
일반 그레이드	1000	UL94V-0인 기본 그레이드
	1010	UL94V-0인 유동성이 개선된 저점도
유리섬유 보강	2100	10% 유리섬유가 보강된 UL94V-0
	2110	10% 유리섬유가 보강된 UL94V-0의 저점도
	2200	20% 유리섬유가 보강된 UL94V-0
	2210	20% 유리섬유가 보강된 UL94V-0의 저점도
	2300	30% 유리섬유가 보강된 UL94V-0
	2310	30% 유리섬유가 보강된 UL94V-0의 저점도
	2400	40% 유리섬유가 보강된 UL94V-0
	2410	40% 유리섬유가 보강된 UL94V-0의 저점도
내마모성 개량	4000	내부윤활용 보강된 UL94V-0
	4001	내부윤활용 보강되지 않은 UL94V-0
내약품성 개량	CRS5001	UL94V-0
초고온용	6000	보강되지 않은 그레이드
	6100	10% 유리섬유 보강
	6200	20% 유리섬유 보강
	6202	20% 미네랄 보강
특수그레이드	JD7201	20% 탄소섬유가 보강된 도전성의 감지장치용
	JD7401	20% 탄소섬유에 20% 유리섬유가 보강된 고탄성의 CD부품용
	JD4901	10% 탄소섬유에 PTFE가 보강된 내마모성의 I.C. 소켓용
	JD7902	대전방지용의 I.C. 소켓용

선팽창 계수($℃^{-1} \times 10^{-6}$)

구조용 재료	선팽창 계수	구조용 재료	선팽창 계수
GE 플라스틱 수지		울템 2300/2310	20
사이콜락 AM	88	울템 2400/2410	14
사이콜락 T	96	울템 6000	51
사이콜락 TCA	90	울템 6100	25
사이콜락 LA	110	울템 6202	45
사이콜락 GSM	95	바록스 325/310-SEO	130
사이콜락 XMM	67	바록스 420/420-SEO	25~75°
사이콜락 DH	85	바록스 752	27~50°
사이콜락 X37	62	바록스 815	55
사이콜락 KJY	94	바록스 855	43
사이콜락 KJB	95	다른 수지	
사이콜락 XMA-AS	82	아세탈	85
렉산 미보강 그레이드	70	아크릴	68
렉산 500(10% GF)	40	나일론	99
렉산 3412(20% GF)	30	폴리에틸렌	169
렉산 3414(40% GF)	20	폴리프로필렌	86
노릴 SEO/110/SE 100	70	열가소성 폴리에스테르	124
노릴 731/SE1	60	다른 재료	
노릴 GFN1/SE1-GFN1	50	알루미늄	23
노릴 GFN2/SE1-GFN2	40	황동	18
노릴 GFN3/SE1-GFN3	30	콘크리트	14
수펙 6401	22	구리	16
수펙 6402	22	유리(조질 처리)	3
울템 1000/1010	56	소나무(나무결이 있는)	5
울템 2100/2110	32	아연	39
울템 2200/2210	25	강철	11

열전도도(w/mk) 23℃

구 분	열전도도	구 분	열전도도
GE 플라스틱 수지		다른 수지/재료	
사이콜락	0.17~0.22	나일론	0.260
렉산	0.19~0.22	폴리프로필렌	0.121~0.109
렉산 발포성형	0.13~0.16	폴리스티렌	0.052~0.121
노릴	0.16~0.28	고무(연질)	0.138
노릴 발포성형	0.12~0.13	유리	0.346~1.038
바록스	0.16~0.19	물(60℃)	0.652
지노이	0.18~0.19	공기	0.024
노릴 GTX	0.23~0.26	강철	45.35
울템	0.22	알루미늄	224.99
		구리	403.26

열경화성 플라스틱의 성질

성질	Phenol resin							Urea 수지	Melamine 수지	Melamine /Phenol	Epoxy 수지
	수분(수분) 충전	고강도 glass	고층자 면충진	고층자 섬유소	고층자 표충진	내열 석면충진	30% 광물충진				
예비조건 온도 ℃											
예비조건 시간 hr											
사용성형조건 실린더 온도 ℃											
사용성형조건 금형 온도 ℃	165~205	165~200	165~205	165~205	165~205	165~205	165~195	140~160	140~170	175~205	120~150
성형수축율 %	0.1~0.4	0.4~0.9	0.4~0.9	0.4~0.9	0.4~0.9	0.1~0.9	0.2~0.26	0.6~1.4	0.5~1.5	0.9~1.0	0.6~1.0
유동비 L/t (두께 2mm일 때)											
2. 차가공 화학도금											
도장인쇄	++	++	++	++	++	++	++	++	++	++	++
진공증착, Sparkling	+	+	+	+	+	+	+	+	+	+	+
Hot Stamping	+	+	+	+	+	+	+	+	+	+	+
초음파 용착	-	-	-	-	-	-	-	-	-	-	-
용제 접착·접착제 접착	++	++	++	++	++	++	++	++	++	++	+=
밀도 JIS K7112 g/cm²	1.37~1.46	1.69~2.0	1.38~1.42	1.38~1.42	1.37~1.45	1.45~2.0	1.42~1.84	1.47~1.52	1.47~1.52	1.5~1.7	0.75~1.0
인장강도 JIS k7113 kgf/cm²	330~600	460~1500	400~670	240~430	400~530	300~600	400~650	365~870	330~870	400~530	165~270
신율 JIS k7113 %	0.4~0.8	0.2	1~2	1~2	1~4	0.1~0.5	0.1~0.5	< 1	0.6~1.0	0.4~0.8	0.6~1.0
인장탄성률 JIS k7113 10³ kgf/cm²	50~115	125~200	173~193	173~180	160~173	165~200	165~200	67~100	73~93	53~80	93~120
충격강도(Izod) JIS k7110 kgf cm/cm	1.1~3.3	2.7~10	1.6~10	2.3~6	6~20	1.4~2	1.4~2	1.4~2.2	1.1~2.2	1.1~2.2	0.8~1.4
경도 Rockwell JIS K7202	M100~115	E51~101	M105~120	M95~115	M105~115	M105~115	E88	M110~120	M115~125	E95~100	
경도 Durometer JIS K7215											
결정 융점 ℃ / Glass 전위점 ℃											
열변형온도 (4.6 kgf/cm²) ℃											
하중변형온도 JIS K7207 (18.5 kgf/cm²) ℃	150~190	175~315	150~180	150~175	160~200	150~260	180~250	115~120	175~200	140~155	93~120
선팽창계수 10⁻⁵ cm/cm/℃	3~4.5	0.8~2.1	1.5~2.2	2.0~3.1	1.8~2.4	1.0~4.0	1.9~2.6	2.2~3.6	1.0~4.0	1.0~4.0	
투명성											
흡수성(24 hr) JIS K7209 %	0.3~1.2	0.03~1.2	0.6~0.9	0.5~0.9	0.6~0.8	0.1~0.5	0.1~0.3	0.4~0.8	0.3~0.65	0.3~0.65	0.2~0.1

DIN16901 성형재료의 공차등급 그룹표

1	2			4	5	6
				공차등급 그룹		
원재료의 약호	성 형 재 료			일반	수치를 직접 기입할 때	
					1종	2종
EP	Epoxy 수지 성형재료			130	120	110
EVA	Ethylene 초산 Vinyl 수지 성형재료			140	130	120
PF	Phenol 수지 성형재료	무기물 충전		130	120	110
		유기물 충전		140	130	120
UF MF	Amino 수지 성형재료 및 Amino 수지 Phenol 수지 성형재료	유기물 충전		140	130	120
		무기물 충전		130	120	110
		유기물 및 무기물 충전		140	130	120
UP	Polyester 수지 성형재료			130	120	110
UP	Polyester 수지 mat			140	130	120
	냉성형 재료			140	130	120
ASA	Acrylonitrile · styrene · acrylester 수지 성형재료			130	120	110
ABS	Acrylonitrile · styrene · butadiene 수지 성형재료			130	120	110
CA	Cellulose acetate 성형재료			140	130	120
CAB	Cellulose · acetate · butylate 성형재료			140	130	120
CAP	Cellulose · acetate · propynate 성형재료			140	130	120
CP	Cellulose · propynate 성형재료			140	130	120
PA	Polyamide 성형재료 (비결정. 비충전. 충전)			130	120	110
PA 6	Nylon 6 성형재료[1] (비충전)			140	130	120
PA 66	Nylon 66 성형재료[1] (비충전)			140	130	120
PA 610	Nylon 610 성형재료[1] (비충전)			140	130	120
PA 11	Nylon 11 성형재료[1] (비충전)			140	130	120
PA 12	Nylon 12 성형재료[1] (비충전)			140	130	120
	유리섬유 강화 Nylon 6. Nylon 66. Nylon 610. Nylon 11. Nylon 12 성형재료			130	120	110
PB	Polybutene 성형재료			160	150	140
PBTP	Polybutylene · terephthalate 성형재료	(비충전)		140	130	120
		(충전)		130	120	110

1	2		4	5	6
			공차등급 그룹		
원재료의 약호	성 형 재 료		일반	수치를 직접 기입할 때	
				1종	2종
PC	Polycarbonate 성형재료 (비충전, 충전)		130	120	110
PDAP	Diarylphthalate 수지 성형재료 (무기물 충전)		130	120	110
PE	Polyethylene 성형수지[1] (비충전)		150	140	130
PESU	Polyether · sulphone 성형재료 (비충전)		130	120	110
PSU	Polysulphone 성형재료 (비충전, 충전)		130	120	110
PETP	Polyethylene · threphthalate 성형재료 (비결정성)		130	120	110
	Polyethylene · threphthalate 성형재료 (결정성)		140	130	120
	Polyethylene · threphthalate 성형재료 (충전)		130	120	110
PMMA	Polymethyl · methacrylate		130	120	110
POM	Polyacetal 성형재료[1] (비충전) 성형품의 길이 <150mm		140	130	120
	Polyacetal 성형재료[1] (비충전) 성형품의 길이 ≧150mm		150	140	130
	Polyacetal 성형재료[1] (유리섬유 충전)		130	120	110
PP	Polypropylene 성형재료[1] (비충전)		150	140	130
	Polypropylene 성형재료[1] (유리섬유 충전. Talc 또는 석면충전)		140	130	120
PP/EPDM	Polypropylene rubber 혼합물 (비충전)		140	130	120
PPO	Polyphenylene · oxide 성형재료		130	120	110
PPS	Polyphenylene · sulphide (충전)		130	120	110
PS	Polystyrene 성형재료		130	120	110
PVC · U	무가소제염화 Vinyl 수지 성형재료		130	120	110
PVC · P	가소제를 함유한 염화 Vinyl 수지 성형재료		현재 미결정		
SAN	Styrenacylonitrile 수지 성형재료 (비충전, 충전)		130	120	110
SB	Styrene · butadiene 수지 성형재료		130	120	110
	Polyphenylene · oxide와 Polystyrene의 혼합물 (비충전, 충전)		130	120	110
	불화 Polyethylene-Polypropylene 성형재료		150	140	130
	열가소성 Polyurethane	Shore A경도 70 내지 90의 제품	150	140	130
		Shore D경도 50 이상의 제품	140	130	120

일반공차와 수치를 직접 기입할 때의 공차(DIN 16901)

일반공차 (호칭치수범위 / 공차)

공차등급 금그룹	판별기호	0~1	1~3	3~6	6~10	10~15	15~22	22~30	30~40	40~53	53~70	70~90	90~120	120~160	160~200	200~250	250~315	315~400	400~500	500~630	630~800	800~1000
160	A	±0.28	±0.30	±0.33	±0.37	±0.42	±0.49	±0.57	±0.66	±0.78	±0.94	±1.15	±1.40	±1.80	±2.20	±2.70	±3.30	±4.10	±5.10	±6.30	±7.90	±10.20
160	B	±0.18	±0.20	±0.23	±0.27	±0.32	±0.39	±0.47	±0.56	±0.68	±0.84	±1.05	±1.30	±1.70	±2.10	±2.60	±3.20	±4.00	±5.00	±6.20	±7.80	±9.90
150	A	±0.23	±0.25	±0.27	±0.30	±0.34	±0.38	±0.43	±0.49	±0.57	±0.68	±0.81	±0.97	±1.20	±1.50	±1.80	±2.20	±2.80	±3.40	±4.30	±5.30	±6.60
150	B	±0.13	±0.15	±0.17	±0.20	±0.24	±0.28	±0.33	±0.39	±0.47	±0.58	±0.71	±0.87	±1.10	±1.40	±1.70	±2.10	±2.70	±3.30	±4.20	±5.20	±6.50
140	A	±0.20	±0.21	±0.22	±0.24	±0.27	±0.30	±0.34	±0.38	±0.43	±0.50	±0.60	±0.70	±0.85	±1.05	±1.25	±1.55	±1.90	±2.30	±2.90	±3.60	±4.50
140	B	±0.10	±0.11	±0.12	±0.14	±0.17	±0.20	±0.24	±0.28	±0.33	±0.40	±0.50	±0.60	±0.75	±0.95	±1.15	±1.45	±1.80	±2.20	±2.80	±3.50	±4.40
130	A	±0.18	±0.19	±0.20	±0.21	±0.23	±0.25	±0.27	±0.30	±0.34	±0.38	±0.44	±0.51	±0.60	±0.70	±0.90	±1.10	±1.30	±1.60	±2.00	±2.50	±3.00
130	B	±0.08	±0.09	±0.10	±0.11	±0.13	±0.15	±0.17	±0.20	±0.24	±0.28	±0.34	±0.41	±0.50	±0.60	±0.80	±1.00	±1.20	±1.50	±1.90	±2.40	±2.90

수치를 직접 기입할 때의 공차범위

공차등급 금그룹	판별기호	0~1	1~3	3~6	6~10	10~15	15~22	22~30	30~40	40~53	53~70	70~90	90~120	120~160	160~200	200~250	250~315	315~400	400~500	500~630	630~800	800~1000
160	A	0.56	0.60	0.66	0.74	0.84	0.98	1.14	1.32	1.56	1.88	2.30	2.80	3.60	4.40	5.40	6.60	8.20	10.20	12.50	15.80	20.00
160	B	0.36	0.40	0.46	0.54	0.64	0.78	0.94	1.12	1.36	1.68	2.10	2.60	3.40	4.20	5.20	6.40	8.00	10.00	12.30	15.60	19.80
150	A	0.46	0.50	0.54	0.60	0.68	0.76	0.86	0.98	1.14	1.36	1.62	1.94	2.40	3.00	3.60	4.40	5.60	6.80	8.60	10.60	13.20
150	B	0.26	0.30	0.34	0.40	0.48	0.56	0.66	0.78	0.94	1.16	1.42	1.74	2.20	2.80	3.40	4.20	5.40	6.60	8.40	10.40	13.00
140	A	0.40	0.42	0.44	0.48	0.54	0.60	0.68	0.76	0.86	1.00	1.20	1.40	1.70	2.10	2.50	3.10	3.80	4.60	5.80	7.20	9.00
140	B	0.20	0.22	0.24	0.28	0.34	0.40	0.48	0.56	0.66	0.80	1.00	1.20	1.50	1.90	2.30	2.90	3.60	4.40	5.60	7.00	8.80
130	A	0.36	0.38	0.40	0.42	0.46	0.50	0.54	0.60	0.68	0.76	0.88	1.02	1.20	1.50	1.80	2.20	2.60	3.20	3.90	4.90	6.00
130	B	0.16	0.18	0.20	0.22	0.26	0.30	0.34	0.40	0.48	0.56	0.68	0.82	1.00	1.30	1.60	2.00	2.40	3.00	3.70	4.70	5.80
120	A	0.32	0.34	0.36	0.38	0.40	0.42	0.46	0.50	0.54	0.60	0.68	0.78	0.90	1.06	1.24	1.50	1.80	2.20	2.60	3.20	4.00
120	B	0.12	0.14	0.16	0.18	0.20	0.22	0.26	0.30	0.34	0.40	0.48	0.58	0.70	0.86	1.04	1.30	1.60	2.00	2.40	3.00	3.80
110	A	0.18	0.20	0.22	0.24	0.26	0.28	0.30	0.32	0.36	0.40	0.44	0.50	0.58	0.68	0.80	0.96	1.16	1.40	1.70	2.10	2.60
110	B	0.08	0.10	0.12	0.14	0.16	0.18	0.20	0.22	0.26	0.30	0.34	0.40	0.48	0.58	0.70	0.86	1.06	1.30	1.60	2.00	2.50
정밀가공기술	A	0.10	0.12	0.14	0.16	0.20	0.22	0.24	0.26	0.28	0.31	0.35	0.40	0.50									
정밀가공기술	B	0.05	0.06	0.07	0.08	0.10	0.12	0.14	0.16	0.18	0.21	0.25	0.30	0.40									

1) A : 금형에 의해 직접 정해지지 않는 치수
   B : 금형에 의해 직접 정해지는 치수

6.8 알아두면 좋은 상식

① 1온스(o.z) = 28.4g

② 가소화 능력

kg/h로 표시된다. 사출기의 가소화 능력은 시간당 생산되는 생산수량의 전중량(1회 사출량×사출횟수)에 대해 충분해야 한다.

가소화 능력이 부족하면 사출성형시간의 연장을 초래하고, 너무 높으면 실린더 내 수지의 체류시간 과다로 용융재료가 열에 의해 물성이 저하될 위험이 있다.

③ 1회 사출 용량비

성형품의 중량과 치수의 균일성을 유지하기 위해 사출기의 최대 사출용량은 피해야 한다. 1회 사출용량이 스프루와 러너를 포함한 제품중량보다 20~30% 정도 더 큰 성형기가 바람직하다.

④ 소요 형체력 판단

통상적인 금형 캐비티 내의 평균 압력은 약 $350 \sim 500 kg/cm^2$이다. 필요한 형체력을 추정하려면,

$$(350 \sim 500 kg/cm^2) \times 소요\ 성형품의\ 투영면적(cm^2) = 소요\ 형체력$$

이 된다.

⑤ 성형품의 크기와 사출량

성형기 카탈로그(Catalogue)의 '최대 사출량'의 30% 이상, 80% 이하가 가장 이상적이다.

즉, 성형품의 중량이 기계의 최대 사출량의 상기 범위일 때가 가장 좋다.

⑥ 성형품의 총중량은 사출할 재료의 밀도(비중)에 따라 바뀐다.

예) 기준치 : 일반용 P.S 수지밀도(비중) : 1.05

수지	비중
P.P	0.90
P.E	0.91~0.96
에틸렌 초산비닐 공중합체	0.93
P.A6,66,	1.14
AS	1.08
ABS	1.02~1.08
P.S	1.05
P.C	1.20
폴리우레탄	1.23
P.ET, PBT	1.31
폴리아세탈(CO-Polymer)	1.41
폴리아세탈(Homo-Polymer)	1.42
페놀	1.27

⑦ 사출능력(최대 사출량)은 사출할 수 있는 재료의 용적으로 표시하는 것이 바람직하다. 이러한 이유로 사출성형기의 카탈로그(Catalogue)에는 이론 사출량이 기재되어 있다.

→ 이론 사출량(V) $= \dfrac{\pi}{4}D^2 \times S$

D(cm) : 스프루Ø
S(cm) : 사출 스트로크(Stroke)

→ 실제 사출시에는 역류(Back flow)가 발생하므로 이론 사출량에서 역류부분을 빼줘야 한다. 즉,

실사출량(g) =이론 사출량(cm^3)×재료밀도(g/cm^3)×(1-α)

※ 여기서 'α'는 역류의 비율(%)로서 보통 5~15%이며, 사출성형기 카탈로그에는 일반용 P.S에 의한 실측치가 기재되어 있다.

⑧ 사출률

단위 시간 내에 성형기 노즐에서 사출되는 용융수지의 최대 용적(cm^3/sec)을 말하며, 그 성형기에서 발휘되는 사출속도의 최대치를 표시한다.

⑨ 성형품의 크기와 형체력과의 관계

$$F \rangle A \times Pm \times 1,000$$

> $A(cm^2)$: 러너와 게이트를 포함한 성형품의 총투영 면적
> $Pm(kg/cm^2)$: 캐비티 내의 평균압력
> $F(ton)$: 필요로 하는 형체력

→ 평균 형내압(形內壓) : $Pm(kg/cm^2)$

용융재료가 노즐을 통과 해서 스프루→러너→게이트→캐비티로 유동하기까지 도중의 저항(유동저항)에 의해 실제 금형 내에서의 사출압력(형내압)은 최초 설정된 압력보다 상당히 떨어지며(가열실린더 내 사출압력의 30~60%로 추정), 보통 평균적인 형내압(形內壓)은 350~500 kg/cm^2로 계산한다.

예외수지로는, 점도가 특히 높은 성형재료인 유리섬유 강화 플라스틱(FRTP)이 있으며, 평균 형내압(350~500kg/cm^2)에서 제외된다.

6.9 간단한 고장 배제

① 형체가 되지 않을 때(사이클 스타트(Cycle start) 불능)
- 이젝터 후진 미흡
  → 이젝터를 완전히 후퇴시킨다.
  이젝터를 조작할 때에는 이젝터 후진 리밋(Limit) 또는 근접 스위치(S/W)에 정확히 걸리도록 해야 한다.
- 안전문(Safety door)이 열려 있을 때
  → 안전문을 리밋(Limit)에 걸리도록 정확히 닫는다.
- 형체고압(高壓) 리밋(Limit)스위치 작동불량.
  → 점검 및 보수
② 형체 완료가 되지 않을 때
- 금형보호 거리·압력·속도 설정 미흡
  →알맞게 조절한다.
- 금형 내 이물질 여부 확인
- 형체완료 리밋(Limit) 또는 근접 스위치(S/W) 터치 불량

→ 터치될 수 있도록 조절한다.

③ 사출이 되지 않을 때

- 사출대 전진 리밋(Limit) 또는 근접 스위치(S/W)의 터치상태 불완전

  → 터치될 수 있도록 조절한다.

- 사출타이머(Timer) 고장

  → 수리 및 필요시 교체

- 사출압력 · 속도 컨트롤용 유압밸브 고장 혹은 밸브 내 이물질 유입

  → 밸브를 분해하여 이물질 제거

④ 형개가 되지 않을 때

- 형개 초기 속도가 낮다.

  → 속도를 조금 높여준다.

- 사출압력의 과다 설정

  → 직압식 사출기의 경우, 사출압력 과다로 캐비티에 수지가 많이 유입
  되면 금형이 열리지 않을 수도 있다.

- 장시간 형체 완료 상태로 방치할 때

⑤ 이젝터 작동 불능

- 형개완료 리밋(Limit) 또는 근접 스위치(S/W) 터치 불량

※ 위와 같이 비교적 단순한 이유로 인한 사출기의 작동 불능은 성형기의 기
본 사이클(공정 사이클), 즉 형체 개시→형체 완료→사출→계량→냉각→형
개 개시→형개 완료→이젝터를 항상 염두에 두고 그 범위 내에서 판단을
해보면 쉽게 해결된다. 이것이 불가능할 경우에는 전문적인 분야(전기, 유
압 등)로 파고 들어 문제점을 찾아야 하나, 사출성형기의 고장이란 위의
경우와 같이 단순한 이유일 때가 거의 대부분을 차지한다고 해도 지나친
말은 아닐 것이다.

◆ 저자 약력

· 1958년 대구 출생
· 대구 공고 화학공업과 졸업
· 플라스틱 사출성형 현장 실무 경력 20년
· 견습 과정부터 공장장급 과정까지 수료
§ 주요 근무 회사
 · (주) 평화산업
 · (주) 삼립산업
 · (주) 신성 플라스틱
 · (주) 금성정밀(K.S.P)
 · (주) 대동전자공업 외
현재 : 플라스틱 사출성형 조건 연구소 개소(사설)

플라스틱 사출성형 조건 CONTROL법

2023년 5월 30일 제1판제1인쇄
2023년 6월 2일 제1판제1발행

저 자 이 성 출
발행인 나 영 찬

발행처 **기전연구사**

서울특별시 동대문구 천호대로4길 16(신설동 104-29)
전 화 : 2235-0791/2238-7744/2234-9703
FAX : 2252-4559
등 록 : 1974. 5. 13. 제5-12호

정가 20,000원